中小学教师信息化教学培训教材　丛书主编　李兆君　高铁刚

多媒体课件理论与实践

乔立梅　张　佳　主　编

清华大学出版社
北　京

在教育、教学实践中总结的规律、方法，经过一定的处理实现显性化，通过培训的方式把显性化的规律、方法传递给需要的教师。与第一种方法相比，第二种方法更具有效率性。而开展培训活动，需要优质的教材，这种教材要满足教师提高教育、教学技能的需求。

以李兆君教授为核心的教师教育团队在教师教育领域具有一定的影响，特别是在中小学教师信息化教学能力培训方面取得了较大的成绩。他们出版的教材已先后被各地使用，受到一线教师的好评。其团队成员在国家级、省级培训中发挥了重要的作用。他们成绩的取得与努力是分不开的，是整个团队深入中小学进行调查、研究的结果。

本套丛书是集体智慧的结晶，是对一线教师信息化教学深入研究的结果，更是其团队大量培训经验的总结。

希望这套丛书能在中小学教师信息化教学培训中发挥重要的作用。

序 2

　　随着教育信息化的深入，信息技术环境逐渐成为课堂教学中的重要教学环境。在这样的教学环境中，教师的教学方式和学生的学习方式都发生了一定的变革。传统的教育教学的模式、方法受新技术的影响不断发展，一些新技术、新方法为教学提供新的发展空间，新的教学模式和方法不断涌现。因此，归纳总结信息技术环境下课堂教学的新理念、新模式、新方法具有重要的意义。这种意义不仅仅是理论上的意义，更重要的是实践上的意义。因为，把总结出来的新理念、新模式、新方法传递给教师，将能够有效提升一线教师的教育、教学水平，提高基础教育的教育、教学质量。

　　归纳、总结信息技术环境下的课堂教学的新理念、新模式、新方法并不是一个简单的事情。一方面，由于信息技术的发展迅速，所以信息技术总能为教育、教学提供新的工具和方法，增加信息技术在教育、教学中的潜力。另一方面，信息技术环境下课堂教学的新理念、新模式、新方法并不能自动显现，即便是一些老师已经拥有了很成功的经验，深入挖掘仍有较大的困难。因此，只有研究者深入到基础教育、教学一线，通过对一线教师的经验的系统分析和科学总结，才能够总结出一些基本的规律。当然这种规律也不是全部的规律，而只是部分规律。

　　本丛书作为一种尝试，努力通过研究者的研究总结出一些信息技术环境下基础教育课堂教学的基本规律。为了完成这种尝试，本书的研究者深入基础教育课堂教学一线，通过听课、与教师交流、开展教学研讨会议直接参与信息技术环境下的课堂教学，以期望发现信息技术环境下课堂教学中的基本规律。同时，研究者还广泛听取了同行的意见，通过查阅文献、访谈等活动了解信息技术环境下课堂教学的新进展。这些都为本丛书的研究者提供了有益的参考。

　　通过调研、查阅文献能够获得大量的信息、知识。如何把这些信息、知识按照一个体系组织起来并不容易。因为作为一套丛书，各册之间不应该是一个松散的组织结构，而应该是一种紧密相连、环环相扣的关系，为此编写者在知识点组织上下了一定的功夫。

　　由于本丛书的研究者都是教育技术工作者，因此，教育技术学研究中的一些启示对本书的编写提供了参考。1994 年，美国教育传播与技术学会发布了一个教育技术的定义："教学技术是关于学习资源和学习过程的设计、开发、利用、管理和评价的理论和实践。"（英文原文：Instructional Technology is the theory and practice of design, development, utilization, management and evaluation of processes and resources for learning.）这对本丛书体系结构的构建起到了一定的启示。2004 年 12 月 25 日，教育部印发了《中小学教师教育技术能力标准(试行)》，这是我国颁布的第一个有关中小学教师的专业能力标准。该标准对教育技术作出了如下定义：运用各种理论及技术，通过对教与学过程及相关资源的设计、开发、利用、管理和评价，实现教育教学优化的理论与实践。从该标准中，我们认为，可以从设计、开发、利用、管理和评价的角度进行丛书体系的构建，这样丛书体系初步确定为信息技术环境下课堂教学的设计、开发、利用、管理和评价的一种模式。

然而，在书稿的写作中，在对既有知识的整理中，我们发现，我们对信息技术环境下课堂教学管理的研究仍然较少，同时还缺乏这样的文献，而关于信息技术环境下课堂教学开发的内容很多，在调研中又发现大量老师在这方面存在较大的不足，教师需要深入把握这些开发技能和知识。因此本丛书的体系结构就变成了现在的形式。

　　首先，我们强调设计，强调信息技术环境下课堂教学设计的基础地位，有效的课堂教学一定是前期合理设计的结果。其次，我们把资源开发的两个内容分别处理，把狭义的资源收集、处理与课件设计、开发放在同等重要的位置。当然狭义的资源收集、处理是为课件开发提供基础。然后，当我们设计好教学设计方案并制作出优秀的课件时，我们如何上课呢？这时教学模式发挥了一定的作用。当我们上完课了，如何评价教学过程的合理性呢？教学评价的问题自然而然出现了。本丛书就是这样的一种体系构造，虽有一定的弊端，也具有一定的内在联系。

　　本丛书的研究者均具有较长时间的教师培训经验，因此，他们的经验也为丛书的完成提供了重要的保障。丛书中部分观点也是他们教研工作的总结，期望能够对一线教师的教学提供一定的借鉴。

　　由于教学研究是一个复杂的过程，教学经验总结是一个漫长的过程，加之丛书编写周期较短，可能存在一定的问题，恳请专家、学者批评指正。在此，也希望阅读本丛书的老师能够把您的意见和建议反馈给我们。

前　言

多媒体课件伴随着计算机辅助教学的深入发展而不断得到推广，并逐渐被广大一线中小学教师所关注。多媒体课件是信息化教学中重要的组成部分，是中小学教师开展信息技术与课程整合的重要资源，能恰当地处理、应用多媒体课件是实现信息技术与课程整合的重要前提，也是教师信息素养提升的主要渠道。多媒体课件主要依据现代教学理论的指导，根据教学大纲的要求，经过学习需求与对象分析、学习目标与内容设计，借助文字、图形、声音、动画、视频等计算机多媒体技术来呈现教学内容，解决教学中学生不易理解的、抽象的、复杂的、教师用语言和常规方法不易描述的某些规律和难以捕捉的动态内容，体现一定的教学策略和教学过程。

多媒体课件的研究主要涉及三个核心问题：①多媒体课件策略的运用；②多媒体课件的前期分析、设计与编制；③多媒体课件的科学应用。本书以这三个问题为核心，以促进多媒体课件的科学应用为目标，在大量实践调研和总结归纳的前提下，精心策划制作而成。希望本书的出版能为中小学教师设计、制作多媒体课件提供规范的流程，帮助教师总结多媒体课件设计、制作的常用技巧和方法，引导教师正确、科学地应用多媒体课件，以期通过信息技术的运用获得最佳的教学效果。

在本书的编写过程中，编者对全书的结构、内容、分工做了细致的安排，整合多方面的人力资源，通力合作，以保证本书的科学性和可读性。具体编写分工如下：第一章由乔立梅、编写；第二章由崔柳、乔立梅编写；第三章由董九阳、李微编写；第四章的第一节和第三节由乔立梅编写，第二节由刘琳琳编写；第五章由王全胜编写；第六章由何希栋、乔立梅、孙秀峰编写；第七章由何希栋编写；第八章由周绍华、王薇薇、隋君编写；第九章由隋君编写。此外，张佳参加了书稿的整体设计与统稿工作，王酉婕、王瑾参加了资料的收集与书稿的校对工作，唐秋旻参与了书中程序代码的编写与课件的调试工作。沈阳师范大学的白喆、郭宇罡、于菲、郝强为配套光盘的顺利完成付出了大量的心血。

感谢在本书编写过程中提供帮助的同事、同行和朋友们。书稿在形成的过程中，参阅了大量的国内外相关资料，并已在书后参考文献中一一列出，这里一并表示感谢。

由于编者水平有限，加上时间仓促，疏漏和错误在所难免，敬请广大读者批评指正。

编　者

2010 年 12 月

编 委 会

目　　录

第一章

认识多媒体课件

本章要点

- 理解课件和多媒体课件的概念。
- 知道多媒体课件的种类，熟悉多媒体课件的主要教学应用形式。
- 了解多媒体课件的发展历程，树立正确的多媒体课件应用观念。
- 了解多媒体课件未来的发展趋势，认识提升信息化教学技能对于教师个人发展的意义。

本章知识结构图

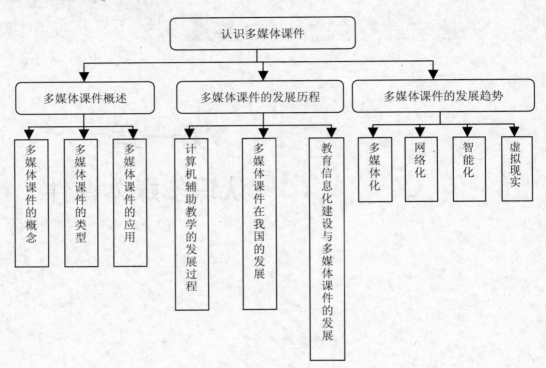

认识多媒体课件

多媒体课件概述 — 多媒体课件的发展历程 — 多媒体课件的发展趋势

多媒体课件的概念 — 多媒体课件的类型 — 多媒体课件的应用 — 计算机辅助教学的发展过程 — 多媒体课件在我国的发展 — 教育信息化建设与多媒体课件的发展 — 多媒体化 — 网络化 — 智能化 — 虚拟现实

第一节　多媒体课件概述

本节导读

通过本节的阅读，您会了解什么是多媒体课件，多媒体课件有哪些类型，不同类型的多媒体课件的主要特点是什么，以便把握多媒体课件在教学中的功能和应用方式。

案例研习

朱老师是一名年轻的小学数学教师，教学观念新，教学方法灵活，善于总结和创新。《用字母表示数》是北京师范大学出版社出版的四年级下册第七单元"认知方程"中的第一节课，是学习简易方程和初步了解代数知识的前提和基础。本课要使学生体会到用字母表示数的方法和作用是一种学习需要，以帮助学生建立符号化的思想。"用字母表示数"

是学生由具体数字过渡到用字母表示数的开始，是学生认知上的一次飞跃。如何帮助学生完成这样的飞跃，是本课能否成功的关键所在，下面我们看看朱老师是如何借助多媒体课件来解决这个关键问题的。

首先，朱老师在设计多媒体课件之前，对教学内容和学生认知特征、原有知识储备做了细致的分析，她认为：对于初次接触用含有字母的算式表示数学关系和数量，与学生原有的认知模式发生了很大的变化，这是一个由具体到抽象的过程，关键要让学生体验认知过程，从而建立数学模型。怎样才能让学生体验由具体到抽象的认知过程？新课标明确指出：要重视让学生从生活经验和已有知识中学习数学和理解数学。于是，在引入学习内容之前，朱老师在课件中设计了贴近学生生活的相关图片，如"肯德基"、"中央电视台"和"中国"等字母缩写导课，创设学习情景，由"字母在实际生活中的意义"唤醒学生既有认知经验，利用课件图文并茂的形象表达来吸引学生，激发学生的认知欲望。神奇的字母还有哪些功能？恰如其分地将学生带入本课的学习。

接下来，朱老师将初步的想法落实到字面上，形成了具体的教学设计方案。朱老师采用了创设问题情境—初步建立模型—解释与应用的教学模式，运用了案例学习、任务驱动、合作探究等教学方法，在课件中设计了数青蛙、猜年龄、摆小棒、补充儿歌等教学活动。

朱老师利用 PowerPoint 软件完成了本课多媒体课件的制作。课件包括：激趣导入(创设认知情景：字母在生活中的意义，字母还可以做什么)、数青蛙、猜年龄、数小棒(通过课件动画演示，了解字母代替数字的必要性，初步建立字母表示数的概念)、顺口溜，总结规律(利用课件的动画演示，将内容转变成朗朗上口的儿歌)；巩固练习；联系生活，拓展应用，探究多种解决问题的方法(利用多媒体课件演示：给楼梯铺地毯需要的长度的计算方法)。课件的主要界面如图 1-1 所示(完整课件请参见随书光盘)。

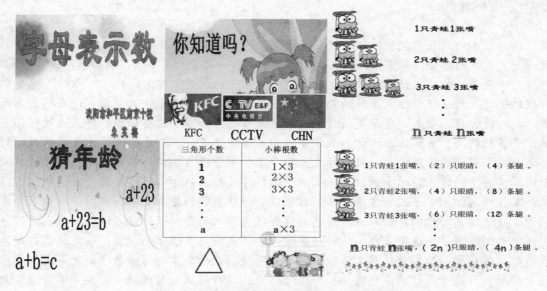

图 1-1　课件《用字母表示数》的主要界面

一座楼梯的侧面示意图如图所示，要在楼梯上铺一条地毯，则地毯至少需要多少长？若楼梯的宽为b，则地毯的面积为多少？

单位：米

地毯至少需要（a+h）米

面积为（a+h）b平方米

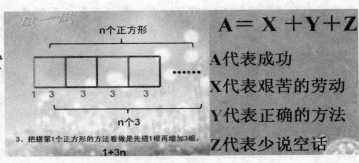

图 1-1 课件《用字母表示数》的主要界面(续)

最后，朱老师在多媒体教室中顺利完成了本课的教学。学生在朱老师的引导下，轻松愉快地学会了用字母表示数量的方法，能简单地运用字母完成从具体数字到抽象表达的过程，在不知不觉中完成了一次认知中的飞跃。多媒体课件的动态演示，帮助学生完成了认知过程的体验，从而发现隐藏其中的数学规律，同时，灵活多样的表现方式也帮助朱老师降低了教学难度，解决了教学难点。

课后，朱老师总结了多媒体课件的设计与制作对于本节课的作用，并写了反思日志。日志详细记录了课件设计制作的优点和缺点，在课堂教学运用过程中的时机、运用的方法、学生的反映，为日后能科学高效地设计制作多媒体课件，正确合理地利用多媒体课件辅助教学积累了宝贵的经验，同时，也极大地促进了信息时代一名数学教师的成长与发展。(案例来源：朱笑梅，沈阳市和平区南京街第十小学)

 **案例分析**

信息技术走进教育领域给教育、教学带来了很大的变化，从事一线教学工作的教师们对此会有更深的体会，多媒体计算机已成为教学中的一部分。当年的"教师、黑板、粉笔"时代与今天所面临的"计算机多媒体"、"互联网"的现代化信息时代，可以让人感受到时代的变迁，教学环境翻天覆地的变化。可能您十年前教着一元一次方程，现在您也在教着一元一次方程，但是，您是否问过您的学生是否已经知道了这些知识，并且通过网络了解了更多的解法。多媒体教学作为教学手段为教学带来了一次彻底的变革。多媒体教学的发展改变了教师的备课方式和授课方式，改革了教学手段。多媒体在改变您的同时也在深刻地影响着您的学生，学生的改变，必然带来教学目标、教学内容、评价方法的变化，因此，掌握信息化教学手段与方法是信息时代成为合格教师的基本要求。可能，有的教师会认为，接受信息时代的考验，成为信息时代合格教师只要会做课件就可以了，能利用课件讲课就达到要求了。这不是我们认为的答案，也不是应用多媒体的初衷。多媒体课件是为教师教学服务的，能高效、科学合理地运用课件提高教学效率，增强教学效果是大家共同追求的目标。这个目标的实现需要一个观念转变的过程与认知的过程，需要您不断地在教学中实践，只有掌握多媒体课件设计制作的科学方法，遵循多媒体课件应用规律，才能少走弯路，探索出一条信息技术与您的学科教学高效融合的途径。如果您对多媒体课件的认识与我们不谋而合，那么，请一步步走进下面的内容，希望能给您带来帮助和意外的收获。

一、多媒体课件的概念

伴随着"校校通工程"、"农村中小学现代远程教育工程"的推广应用以及"中小学教师教育技术能力建设"工作的不断推进，广大教师对课件这个名词已不再陌生。但是，什么是课件？大多数教师可能认为在上整合课(多媒体课或者网络课)时，在计算机上播放的材料就是课件。这种说法虽然直白、具体，但是却过于局限，下面我们就来全面认识一下什么是课件。

关于课件的研究是教育技术专家、学者最初关注的话题，也是教育技术研究的核心内容之一。早在20世纪八九十年代就出现了"课件"的概念，几种比较典型的说法如下。

(1) 课件是指教学的应用程序。根据教学目的、教学内容，利用程序设计语言，由教师编制的程序。(李运林、李克东，电化教育导论，1986)

(2) 课件是指用于教授某段教材的教学软件包。它是有明确的教学目的，反映教材内容、教材结构，具有相应的教学策略的程序系统。(丁有豫、解月光，计算机辅助教育，1987)

(3) 课件是在一定的学习理论指导下，根据教学目标的要求，由教学内容和教学决策组成的计算机软件。(萧树滋、庄为其、冯秀琪，电化教育概论，1988)

(4) 课件是为进行教学活动，采用计算机语言、写作系统或其他写作工具所产生的计算机软件以及相应的文档资料，包括用于控制和进行教育活动的计算机程序、帮助开发维护程序的文档资料以及与软件配合使用的课本和练习册等。(师书恩，计算机辅助教育基本原理，1995[20]；王吉庆，计算机教育应用，1992[21])

(5) 课件是在一定的学习理论指导下，根据教学目标设计的，反映某种教学策略和教学内容的计算机软件。(何克抗，教育技术培训教程，2005)

由此可以看出，课件是由教学内容和教学策略两大部分构成的。早期课件是利用通用程序设计语言或写作语言编写的，教学内容部分和反映教学策略部分被紧密地束缚在一起，形成的作品是封装固定的，后期应用时不能打散重组，只能按照课件既定的教学策略和教学内容进行应用。因此，具有很大的局限性和固定性。随着计算机技术、多媒体技术的不断进步和发展，课件制作也逐渐摆脱技术的束缚，逐渐地由固定转向开放。目前，课件的设计和制作大都是基于计算机软件平台，因此，更加灵活，不用过多考虑程序设计，设计开发者的视角更多地放在关注教学内容的设计以及教学的灵活应用上。由此，课件的概念也发生了很大的变化。

因此，目前更倾向于把课件(courseware)定义为：根据教学大纲的要求，经过教学目标确定、教学内容和任务分析、教学活动安排及界面设计等环节，借助计算机软件系统制作而成的课程软件。课件的内容可多可少，一个大的多媒体课件可以包括一门完整的课程内容，可运行几十课时；小的只运行10～30min，或者更少，国外将这类课件称为"堂件"(lessonware)。那么，什么是多媒体课件呢？多媒体课件是课件发展到现阶段的主要表现形态，主要是将多媒体计算机技术应用于课件设计制作过程中。具体解释为：在现代教学理论的指导下，根据教学大纲的要求，经过学习需求与对象分析、学习目标与内容分析、课件模式与课件结构的设计等阶段，借助文字、图形、声音、动画和视频等计算机多媒体技术来呈现教学内容，解决教学中学生不易理解、比较抽象、复杂的、教师用语言和常规方法不易描述的某些规律和难以捕捉的动态内容，具有一定教学策略和教学过程的计算机软件。多媒体有生动的画面、悦耳的声音，图文并茂、栩栩如生，增加了教育的魅力。同时有利于培养学习者的能力，有利于刺激学习者的发散思维和创造性思维，可以培养具有独立思考和创新意识、掌握创造实践能力的创新型人才。

优秀的多媒体课件应具有以下几个方面的内容。

(1) 向学习者提示的各种教学信息。

(2) 用于对学习过程进行诊断、评价、处理和学习引导的各种信息和信息处理。

(3) 为了提高学习积极性，制造学习动机，用于强化学习刺激的学习评价信息。

(4) 用于更新学习数据、实现学习过程控制的教学策略和学习过程的控制方法。

(5) 明确的教学目标，清晰的教学策略，这是编制者教育思想与教学方法的具体体现。

与传统的教学手段相比，多媒体课件的主要特征体现在：第一，多媒体课件可以创造出虚拟的现实世界，使情景教学成为现实。许多过去只能用语言进行描述的自然科学，现在可以活起来、动起来，用形象思维代替逻辑思维和抽象思维。第二，多媒体课件具有化繁为简、化难为易、化远为近、化大为小等丰富多彩的表现形式。第三，多媒体课件利用先进的声像压缩技术，可以在极短的时间内存储、传播、提供或呈现大量图文声像并茂的教学信息。第四，课件教学能减少重复性劳动。第五，多媒体课件作为教学资源可以共享。

 拓展阅读

相关术语解读——媒体、多媒体与多媒体技术

媒体(medium)是信息存在和传输的载体。它有两层含义，一是指承载信息的载体，二是指存储和传递信息的实体。首先，媒体是指载有信息的物体。没有载有信息的物体则不是媒体，例如，一张空白的纸，一张空白的光盘，都不能说是媒体，而只能说是书写、刻录信息的材料。空白的纸上只有印上文字形成报纸、书或空白光盘制成音乐 CD 才能称之为媒体。其次，媒体是存储和传递信息的实体。例如，正在传播与接收电视信号或网络信息的摄像机、录像机、电视、照相机、计算机等都属于媒体范畴。习惯上把媒体分为硬件和软件。硬件如上述列举的照相机、摄像机、电视机、计算机、投影仪、录音机、MP3、MP4等；软件如书本、录像带、计算机软件等。

多媒体(multimedia)是由 Multiple 和 Media 两个英文单词组成的，意为将文本媒体、听觉媒体、视觉媒体、视听媒体等多种媒体融为一体的媒体表现形式。一般认为，所谓多媒体就是指计算机与人进行交流的多种媒体信息，包括：文本、图形、图像、声音、视频、动画等元素。

多媒体技术(multimedia technology)即通过计算机把文本、图形、图像、声音、动画和视频等多种媒体综合起来，使之建立起逻辑连接，并对它们进行采样量化、编码压缩、编辑修改、存储传输和重建显示等处理。在实际应用中，一般情况下多媒体就是指多媒体技术，两者不做特别区分。

二、多媒体课件的类型

随着多媒体课件的普及应用，广大教师、学生、商家都开发了大量的多媒体课件。多媒体课件的种类繁多，从使用环境、使用对象、内容与作用三个不同角度可划分为以下几种类型。

(一)按照使用环境分类

根据多媒体课件是否能在网络上运行与传播，可分为单机版和网络版。凡是不能在网络环境下运行、传播的多媒体课件都称之为单机多媒体课件。反之，称为网络多媒体课件。需要提醒读者注意的是，并不是只有运用网络工具制作的多媒体课件才能称之为网络多媒体课件，例如，能在网络环境下运行的 swf 课件、pps 课件也可以称之为网络多媒体课件。这个维度的分类，只是考虑课件所应用的环境和受众的范围。

(二)按照使用对象分类

根据多媒体课件的使用对象，可分为助学型多媒体课件、助教型多媒体课件和教学结合型多媒体课件。

1. 助学型多媒体课件

助学型多媒体课件也称做自主学习型多媒体课件。其主要使用者是学生。此类多媒体课件要充分考虑学生使用的有效性，要具有完整的知识结构，能反映一定的教学过程和教学策略，提供相应的形成性练习，供学生进行学习评价，并设计友好的界面让学习者进行人机交互活动。利用个别化交互学习型多媒体教学软件系统，学生可以在个别化的教学环境下进行自主学习。

2. 助教型多媒体课件

助教型多媒体课件的使用对象是教师，主要用来辅助教师进行教学活动，使其更好地完成教学任务，通常应用在教师的课堂教学中。

3. 教学结合型多媒体课件

教学结合型多媒体课件是兼顾教师与学生两者使用的课件。该课件既可以作为教师辅助教学的手段，也可以用来让学生自主学习，功能较全面，内容丰富，技术要求较高。一般要学科教学专家、课件设计专家、教育技术专家等多方合作才能完成。

(三)按照内容与作用分类

根据多媒体课件在教学中的作用以及制作的出发点，可分为演示型、训练复习型、模拟实验型、游戏型、网络自主学习型等。本书就是按照这个维度的分类方法，通过案例引领的方法来让大家系统认识并规范学习多媒体课件设计、开发的方法与技巧的。

1. 演示型多媒体课件

演示型多媒体课件主要是为了解决某一学科的教学重点与教学难点而开发的，它注重对学生的启发、提示，反映问题解决的全过程，主要用于课堂演示教学。从使用对象来讲，它属于助教型课件，主要是根据教师的教学设计流程来呈现教学内容和教学策略，旨在突出教学重点，帮助解决教学难点，将抽象经验具象化，代替教师传递特定的教学内容，增加课堂教学容量，创设学习情境，激发学生的探究精神，使其获取较深刻的观察经验和抽象经验。

2. 训练复习型多媒体课件

训练复习型多媒体课件主要通过提出问题的形式，训练、强化学生某方面的知识和能力。课件在内容安排上，要有不同的等级，问题的提出要有层级性，逐级上升，根据每级目标设计题目的难度，使用者可以根据自身的实际状况选定适当的等级进行训练、学习。这类课件通常的应用形式有习题测试、模拟测试等，比较适用于识记教学中。

3. 模拟实验型多媒体课件

模拟实验型多媒体课件通常借助计算机仿真技术，模拟某种真实的情景，提供可更改参数的指标项，当学生输入不同的参数时，可及时给出相应的实验结果供学生进行模拟实验或观察实验等。常用于化学、生物、地理、物理等学科的教学中。

4. 游戏型多媒体课件

游戏型多媒体课件与一般的游戏软件不同，它是基于学科的知识内容，寓教于乐，通过游戏的形式，教会学生掌握学科的知识并提高其学习能力，引发学生的学习兴趣。常见的有英语学习、寓言故事教学等。

5. 网络自主学习型多媒体课件

网络自主学习型多媒体课件具有完整的知识结构，能反映一定的教学过程和教学策略，提供相应的形成性练习供学生进行学习评价，并设计友好的界面让学习者进行人机交互活动。这类课件通常借助网站开发工具来开发，并能在网络环境下运行、共享及传播，是学生通过网络进行自主、合作、探究学习的主要工具，也是网络学习的支撑平台。

除以上分类方式外，多媒体课件从课件的基本模式上还可以分为操练与练习型、指导型、咨询型、模拟型、游戏型、问题求解型、发现学习型等。无论何种类型的课件，都是教学内容与教学处理策略两大类信息的有机结合。基于篇幅有限，本书结合课件在中小学教学中的应用实际情况，采用第三种分类方法来分别讲述不同类型课件的设计、制作及应用方法。

三、多媒体课件的应用

多媒体课件应用于学科教学是计算机辅助教学(computer assisted instruction，CAI)的主要形式。从应用形式来看，可以分为课堂教学与课外活动。课外活动的应用一般以主题探究的形式开展，在这种应用形式中，大部分以学生应用为主，一般要求学生以小组合作的形式完成某一主题活动的探究和报告，最后的学习成果以提交作品或者做汇报的形式完成。这类应用比较适用于社会实践调查研究、情感体验等学习。例如，小学科学课程"探索地球的奥秘——地震"专题。将多媒体课件应用于常规课堂教学可称为狭义上的"信息技术与学科课程整合"，这样的课程俗称为"整合课"。目前，根据整合课开展的环境，可细分为三种：基于多媒体教室环境、基于多媒体网络教室环境和基于交互式电子白板环境。

(一)基于多媒体教室环境的应用

基于多媒体教室环境下的教学通俗地称做多媒体教学，它是指在教学过程中，根据教学目标和教学对象的特点，利用多媒体计算机，综合处理和控制符号、语言、文字、声音、图形、图像、影像等多种媒体信息，把多媒体的各要素按教学要求进行有机组合，并通过屏幕或投影仪投影显示出来，同时按需要加上声音的配合，以及使用者与计算机之间的人机交互操作，完成教学或训练过程。[1]基于多媒体教室环境下的多媒体课件应用是信息技术应用于学科教学中最多、最广泛的形式。多媒体课件的设计与应用在多媒体教学中起着关键的作用，其设计与制作有着较强的学科特性，不同学科需要不同类型的多媒体课件，不同学科多媒体课件的应用模式也有区别。本书将在第四～第八章分别以案例的形式进行详尽的描述。

 拓展阅读

多媒体教室的构成

多媒体计算机是多媒体教室中的核心设备，它与不同层级和数量的硬件设施搭配使用，可以构成不同种类的多媒体教室。通常根据投影显示设备的不同，将多媒体教室分为电视机型多媒体教室、投影仪型多媒体教室和交互式电子白板型多媒体教室三种类型。目前，我国农村中小学现代远程教育工程中模式二的标准配置属于电视机型多媒体教室。由于交互式电子白板这一新兴媒体的迅猛发展趋势和特殊教学功用，我们将在下文中专门介绍电子白板型多媒体教室的构成。对于常见的多媒体教室，主要由多媒体计算机、投影显示系统、数字视频展示台、音响设备和中央控制系统等多种现代教学设备组成，实景图如图1-2所示，系统结构图如图1-3所示。

图1-2 多媒体教室实景图

---

① 李克东. 多媒体技术的教学应用(上) [J]. 电化教育研究，1994(03)：1.

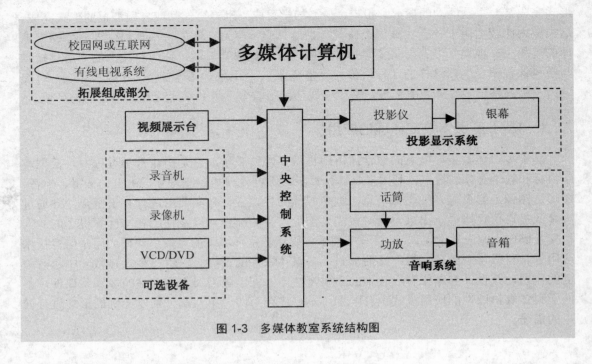

图 1-3　多媒体教室系统结构图

(二)基于多媒体网络教室环境的应用

　　网络环境下的教学应用是基于计算机互联网的教育领域内的一种新型的教学方式,它是运用先进的网络技术、多媒体技术、计算机技术、数据库技术等现代信息技术,通过网络传授知识、实现教学目标的一种现代化教学方式。目前网络教学的主要形式有:虚拟课堂教学、课件方式教学、在线方式教学和客户化教学。在学校教育中,网络教学的主要应用形式是基于多媒体网络课件的,因此,多媒体网络课件在这类课堂教学中起着十分重要的作用。基于多媒体网络教室环境下的网络教学多以学生自主学习、探究学习、协作学习为主,因此,多媒体网络课件要具有丰富的内容、明确的教学目标、恰当的自主学习策略、相关的资源链接等。关于多媒体网络课件本书将在第八章做详细的介绍。

拓展阅读

多媒体网络教室的构成

　　多媒体网络教室是一个多媒体局域网,是在传统的教室里融入计算机技术、网络技术和多媒体技术的一种新型教室。该教室将多台计算机通过计算机网络和多媒体设备连接起来,能够较好地实现图形、图像、声音、文字等多种媒体的综合应用,实现网上多媒体信息的传输和共享;同时,该教室还可连入学校校园网,并通过校园网与互联网相连,实现大范围的资源共享和信息交流。多媒体网络教室的实景图如图 1-4 所示,系统结构图如图 1-5 所示。

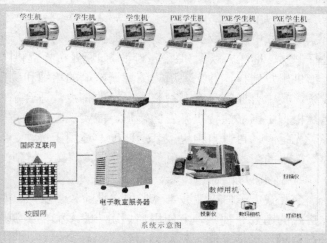

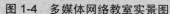

图1-4　多媒体网络教室实景图　　　　图1-5　多媒体网络教室系统结构图

(三)基于交互式电子白板环境的应用

交互式电子白板是由硬件电子感应白板(white board)和软件白板操作系统(active studio)集合而成。它以"触摸屏+传统黑板+素材库+特色功能"为基本特征,体现的是"多媒体课件+板书批注"为主要功能的设计理念,对于优化多媒体课堂的教学过程和教学质量提供了有效支持。其主要功能可以分为三个方面。

1. 具有传统黑板的功能

教师完全可以把交互式白板作为一块普通的黑板使用,将要讲解的内容通过电子笔书写到交互式电子白板上,也可以使用不同颜色的"笔"和"电子板擦"等工具进行板书的美化、加工和涂改等。交互式电子白板还支持使用者在多种格式文件上进行画批写注。除此之外,交互式电子白板还具有自动记录与回放功能,可以将教师的板书过程全部记录下来,并在应用软件的支持下实现板书回放,以更好地支持识字课、头脑风暴讨论法等教学。

2. 具备"计算机+投影仪"的多媒体教室功能

交互式电子白板环境是多媒体教室环境的一种,可以实现"计算机+投影仪"的全部多媒体教室功能。如教师可以将多媒体资源呈现在交互式电子白板上,这些资源既可以是教师提前准备好的 PPT 课件,又可以是存储在计算机中的其他数字化多媒体资源。但与普通投影幕布显示资源的方式不同,在交互式电子白板环境下,教师可以通过即时屏幕点击的方式进行多媒体资源的播放。这样,一方面可以将教师从"死守"在计算机边进行各种操作"拉回"到课堂中,恢复了言语和肢体语言对于学生理解所学内容的作用;另一方面,也减少了教师"奔波"于大屏幕和计算机之间的辛苦,更避免了对学生注意力的干扰。

3. 交互式电子白板的特殊功能

交互式电子白板的一些特色功能(如交互控制功能、记录存储功能、资源管理功能等)已经在前面有所提及,这里重点介绍一些细节功能。

1) 强大的书画功能

交互式电子白板提供了多种性能的书写笔，用户可用书写笔或手指直接在显示屏幕上进行书写、标注、绘图和任意擦除。如巨龙白板提供了普通笔、毛笔、荧光笔、排笔 4 种笔形供用户选择，并允许用户随意调整笔的粗细和颜色，以书写不同风格、大小和颜色的线条。其中普通笔具有书写整齐平滑的特点，适合字母、数字书写，也适用于圈、画。毛笔是根据中国书法特点开发的笔形，能实现毛笔书写效果，便于书写田字格方块字。在选择荧光笔时，可以自由更改其透明度，适用于标注、突出重点内容。排笔是一种具有"立体"效果的美术笔形，适用于书写英文、蒙文、新疆文字、阿拉伯文字等。

2) 强大的教学功能

交互式电子白板能够兼容多种常见的教学软件，如 PowerPoint、Word、Excel 文档及各种格式的图片、视频，方便用户调用丰富多彩的资源库。其中编辑功能可以对每一个对象进行编辑，包括复制、粘贴、删除、组合、锁定、图层调整、平移、缩放、旋转等。链接功能支持文本的超链接，以便链接到其他页面或应用程序，也可以利用超链接添加声音和视频文件等，极大地丰富了课堂内容，同时保证了教学环节的连贯性。

3) 多种辅助功能

交互式电子白板提供了多种辅助教学功能。其自带的常用电子教具，如数学教学中的直尺、量角器工具等，可以方便地用于图、测量、角、扇形等知识的教学过程中。如聚光灯、放大镜、遮屏、刮奖刷、计时器等，不仅可以使基于交互式电子白板的教学具有特殊的视觉效果，还可以有效支持课程教学策略的实施。

4) 网络共享、远程交互功能

交互式电子白板一般内置了网络浏览器，师生在进行课堂教学时，不必退出白板工作界面就能随时直接上网。交互式电子白板还可以通过网络进行视频、音频等信息的传送，实现资源共享和远程交流，不仅可以加强班级之间、学生之间的交流与合作，同时还在远程教学、在线培训、远程视频会议等方面大有用武之地。

作为一种变革性的教学手段，交互式电子白板具有独特的优势，补充了从演示型多媒体教学到网络条件下的个别教学之间的空白，更加适应教学需求，促进了课堂教学方式的改革。

 拓展阅读

交互式电子白板教室的构成

严格说，交互式电子白板环境是多媒体教室环境的一种，但其具有更加丰富、完善的功能。一个有效的交互式电子白板硬件系统包括交互式电子白板、计算机和数字投影仪三部分。它以计算机技术为基础，借助 USB 线与电脑连接进行信息通信，利用投影仪将电脑显示器上的内容同步投影到交互式电子白板屏幕上。在白板软件平台的支持下，可以通过手指触摸或感应笔代替鼠标在白板上直接操作，轻松实现即时书写、标注、画图、编辑、打印、存储等多项功能。交互式电子白板环境的实物图如图 1-6 所示，系统结构图如图 1-7 所示。

目前市场上主流的交互式电子白板品牌有加拿大斯马特(SMART)、英国普罗米修斯

答题、选择回答或解决一个问题；最后，立即提供正确答案。答案可以包括在同一程序结构内，也可另纸提供或见之于教学机器的不同窗口，学生答对了，就可以进行下一个项目的学习。程序教学法的主要过程如图1-8所示。

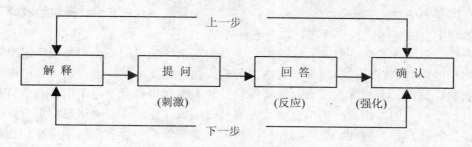

图 1-8 程序教学过程

(二)第二代教学软件——多媒体课件

这个时期的多媒体课件(multimedia courseware)主要是在20世纪80年代以后多媒体技术和微型计算机技术发展和普及的基础上发展起来的。多媒体技术计算机的出现是计算机发展史上的一次革命，也是计算机辅助教学史上的一次重大变革。多媒体课件借助计算机综合处理文本、图形、图像、音频、视频、动画等多种媒体表现形式，彻底改革了课件的表现形式，改变了课件应用的广度、深度以及应用形式。多媒体课件不仅深入到高校、研究机构，而且在基础教育中广泛铺展开来，这样从根本上影响了计算机辅助教育的发展。这个时期多媒体课件的设计开始受认知主义学习理论的影响，在CAI课件设计中，人们开始注意学习者的内部心理过程，开始研究并强调学习者的心理特征与认知规律。进入21世纪后，随着网络技术的发展和广泛应用，多媒体课件开始由单机版走向网络版，这使得多媒体课件作为宝贵的教学资源开始得到更广泛的分享。由于网络资源的丰富以及教育理念的变化，建构主义学习理论的思想开始在多媒体课件中体现出来，多媒体课件设计开始从最初的强调强化、程序、步骤变得更加开放、灵活，更加强调以学生为中心，强调多媒体课件要成为帮助学生建构知识的有利资源。多媒体课件是计算机辅助教学主要的信息化资源，也是目前基础教育开展信息化教学研究的主要内容。

(三)第三代教学软件——积件

积件(integrableware)既是多媒体课件形式的新发展，又是一种资源开发和应用的新思想。下面将介绍积件的概念、构成及特点。

1. 认识积件

积件是由教师和学生根据教学需要自己组合运用多媒体教学信息资源的教学软件系统。积件思想作为一种关于CAI发展的系统思路，是对多媒体教学信息资源和教学过程进行准备、检索、设计、组合、使用、管理、评价的理论与实践。它不仅仅是在技术上把教学资源素材库和多媒体组合平台的简单叠加，还是从课件的经验中发展出来的现代教材建设的重要观念转变，是继第一代教学软件课件之后的新一代教学软件系统和教学媒体理论。

2．积件的构成

积件由积件库和组合平台构成，包括教学信息资源、教学信息处理策略与工作环境。

1) 积件库

积件库是教学资料和表达方式的集合，它可将大量的知识信息素材提供给教师和学生在课堂教学中自由使用。积件库包括以下五种类型。

第一种，多媒体教学资料库。这是以知识点为基础的(project-based)、按一定检索和分类规则组织的素材资料，包括图形、表格、公式、曲线、文字、声音、动画、电视等多维信息的素材资源库。多媒体教学素材资料库将反映人类知识信息中与中小学教学有关的部分，这是一个巨大的知识集合。信息量太大容易产生如"迷航"、"信息垃圾"、"知识消化不良"等新问题。因此，通常将积件库按照与当前学校课堂教学联系的密切程度，将教学素材资源库分为最常用库、次常用库和扩展库三类，并配以方便、快速、自动、智能的光盘和网络检索方法。

第二种，微教学单元库。微教学单元是以帮助教师讲授某个教学难点，或帮助学生学习某个知识技能点为目的，或为学生探究认知而创设的学习环境等而设计的"小课件"和"微世界"，它的设计、开发方法与原来的课件类似，不同的是微教学单元是供教师、学生在教学中重组使用而准备的资源，所以它一般不需要封面设计，也不需要多余的背景、多余的解说配音等，短小精悍、符合积件组合平台要求的接口格式，可以方便教师、学生检索和组接在当前的教学情境中运用。

第三种，虚拟积件资源库。该资源库将网络上的资源作为积件库资源。积件库的建设必须考虑到当前全球网络化的发展趋势，一个学校、一个地区甚至全国、全世界的教学信息资源都可以由师生在课堂教学中通过网络进行检索、重组，灵活地结合当前教学需要运用。例如，农村中小学现代远程教育工程提供的教学资源库包含了教学课件、学科教学、资源管理、教学设计、教学资源等方面的信息和素材，这样联网的学校或者教师个人的电脑，可以直接调用该教学资源网上的素材用于课堂教学。

第四种，资料呈现方式库。这里有供教师选用的各种教学素材表达的方式。仔细分析学校课堂计算机辅助教学的信息呈现方式，教师最常用的有十多种。例如，屏幕上的图形和文字的移动，变大变小，反白，闪烁，声音开关，各种强调的方式，引导学生注意的方式，概括总结的方式等。将多种多样的资料呈现方式进行归纳分类，设计成供教师容易调用与赋值的图标，就形成了教学资料呈现方式库。

第五种，教与学策略库。课堂教学的模式、方法与策略千千万万，但考察我国中小学教学的实际情况，教师们授课和学生们学习经常使用的方法就几十种，其中最常用的方法包括：讲述方式、问答方式、习题演练方式、记忆背诵方式、动手操作方式等，将不同的策略方式设计成可填充重组的框架，以简单明了的图标表示，让教师在教学中根据自己的需要将不同的素材、微教学单元与不同的资料呈现方式和教学策略方式相结合，将产生"组合爆炸"式的效果，能够灵活地应对各种教学情况；让学生在学习中根据自己的需要将不同的素材、微教学单元与不同的资料呈现方式和学习策略方式相结合，更能帮助学生发挥主观能动性，进行积极探索和认知学习。注意总结优秀教师的教学经验和方法进入教学策略库，给青年教师学习参考，对培养师资、用活教材、提高教学质量都很有意义。

上述不同类型的积件库中，多媒体教学资料库和微教学单元库是具体的教学知识内容库，可称为实库；虚拟积件资源库、资料呈现方式库、教与学策略库是知识获取与表达运用的形式，可称为虚库。多媒体教学资料库中的各种素材类似于生物的细胞，微教学单元库中的各种教学"小课件"类似于生物的组织或器官，这些基本的细胞、组织和器官可以构成千姿百态的"生物"世界。

2) 积件组合平台

积件组合平台是供教师和学生用来组合积件库并最终用于教学的软件环境。广大教师盼望有一种类似"傻瓜照相机"的特别适合课堂教学使用的积件平台。积件平台软件的基本特点是：无需程序设计，方便地组合积件库各类多媒体资源，面向普通中小学教师，易学易用。目前教学软件开发平台以 PowerPoint、Flash、Dreamweaver、Premiere、Authorware、Director、几何画板、方正奥思、永中 Office 等应用较广。这些优秀的多媒体组合平台对普及学校课堂计算机辅助教学、教学素材资源的建设起到了很好的推动作用，但它们还不是我们所说的积件组合平台，可以算作积件平台的初级阶段。因为这些组合平台主要着眼于多媒体软件的设计和运用，但还缺乏从中小学课堂教学需要、教学策略与表达方面来考虑平台的功能。目前，我国一些高校(比如军事院校)、计算机软件公司正在着手研制适合中国学校教学需要的积件组合平台，且已取得了可喜的进展。同时，Authorware、PowerPoint等国际上很有影响的主流软件也会不断加强其功能，不断升级的版本的功能将会更加强大，使用更加方便。

目前，经过实践的不断探索，以网络浏览器为基础的积件组合平台将成为教育软件平台发展的主流方向。

3．积件的特点

积件是针对课件的局限性而发展起来的新的教学软件模式和新的资源建设思想，它的主要特点如下。

1) 注重人的主体性

我国先哲提出，"天地之间，莫贵于人"。积件将教学信息资源与教学思想、教法、学习理论相结合的主动权交给了教师和学生，将过去课件设计者从事的教学设计回归到教师和学生的手中，成为教师和学生教学活动的工具，因而适应任何类型的教师和学生，具有高度的灵活性和可重组性，充分体现了面向 21 世纪尊重人、以人为主体的教育思想。教学设计和学习理论的运用，不是在课件开发之初，而是由教师和学生在教学活动中进行的，真正做到以不变(积件)应万变(教学实际)，计算机成为课堂教学的有力工具，成为教师和学生个性与创造性充分发挥的技术保障。

2) 积件与教材版本无关性

积件是以知识点为分类线索的，这样，无论教材课程体系如何变化，教材版本如何变化，积件都可被师生应用于当前的教学活动中。

3) 基元性与可积性

教学资源素材愈是基本的，附加的边界约束条件愈少，其重组的可能性就愈大。例如，一段下雨的素材(图片、动画、电视)，语文教师可用来讲散文、古诗或作文意境，生物教师可用来讲生态，地理教师可插入气候的课程演示中，物理教师则可用来讲水的状态变化和落体运动。如果让学生来发表意见，他们则可以提出上百种创意，甚至是教师和专家们也可能会意想不到的。

从计算机硬件和软件技术发展的历史看，20世纪80年代以后，可重构技术(reconfigurable technology)、可演化硬件(evolvable hardware)、构件或组件开发技术(component-ware)成为计算机技术发展的潮流，积件思想就是构件和可重构技术等计算机技术在教学软件发展思路上的体现。

从基元性和可积性来看，课件与积件类似于中国科技史上的雕版印刷与活字印刷的关系。印刷术始于雕版印刷，但雕版印刷局限性太大，进而有活字印刷发明，同样是印刷术，但活字印刷却是人类文明史上的一个重大的飞跃。

4) 开放性与自繁殖性

积件的素材资源和教学策略资源都是以基元方式入库供教师重组使用的，因而在任何时候、任何地方、任何使用者(教师、学生)都可以将最新的信息和自己的作品添加入库，只要确立了积件的信息标准、入库规范，积件在教学活动中就自然具有开放性、自繁殖性。随着计算机技术的发展和全体师生的参与，积件的迅速发展将不可思议，就像今天Internet上的信息爆炸一样。

5) 继承性与发展性

积件与课件的关系是继承与发展的关系，积件包含了课件的特殊性，课件是积件的特例。对于个别化教学、学生自学、教师讲解某一特定问题、家庭教育、网络上的学习等，课件是比较适宜的教学软件。它们的不同点是课件适用于某一具体的教学情境，积件适用于任何变化的教学情境，积件更适宜于以教师、学生相互交流为主的课堂教学情景。课件经过适当加工(去除冗余部分，规范接口标准)，就可被纳入积件的微教学单元库，为其他教师重组使用；积件经某教师组合成为适合当前教学情境的内容，也就构成了一个"临时"的课件(准确地说，是"堂件")。课件与积件可以相互转化，相互组合，相互包含，这体现了CAI辩证哲学的生动魅力。

6) 技术标准规范性

为了实现积件在校、地区、全国、全球的可重组性，积件的各类信息资源必须遵从当今世界的主流标准和规范。例如，文本的格式、图形的格式、声音的格式、动画的格式、Internet网络接口的格式等都必须与世界主流应用软件一致，否则无法实现素材资料的组合。教学信息的分类、编码应有类似"中图法"图书分类的法则。此外，还应考虑光电阅读、条码扫描系统、CD-ROM、VCD制式等多方面的因素。这需要在国家一级层次上确立法规性的标准。

7) 易用性、通用性、灵活性、实用性

积件集中了当代应用软件的设计思想精华，它有大量丰富的教学素材，用起来很方便，操作界面直观、清晰、人性化、教学性强，适于全体师生及不同的教学情境，成为课堂教学的实用工具。

积件不仅是教学软件开发史上的一次变革，积件思想还会影响到其他类型的电教教材的建设。例如，录像带、录音带，电视教学片等。但因录像带本身的线性检索方式和课堂播放的不便，使得录像带在教学中的应用仍未普及。现在，有的学校和电视台将计算机检索、非线性控制播放系统与录像带素材库相结合，使得音像资料的编制、检索和播放也有可能向着积件思想方向发展，逐步实现音像教材在课堂教学中的实时非线性任意组合播放。

拓展阅读

积件的开发

积件的开发分为积件库和积件组合平台两部分的开发，其中组合平台涉及底层软件的设计开发，需由有实力的软件公司和编程专家来实现，开发难度较大。积件库的开发在学校一级就可实现，一般由熟悉计算机应用软件的教师和学科教师在一起合作就可以编制。

在目前尚无国家级标准规范的情况下，各实验学校可尝试做一些小范围的积件库，这只需掌握文本类应用软件(如 Word)、图形加工类软件(如 Photoshop、Animator、3DS)、声音加工类软件(如 Wave Studio、Cakewalk)和一些实用工具软件即可。在具有中国特色的积件组合平台尚未研制出来以前，让教师在自己的教学中借用 PowerPoint、Authorware 去组合运用素材库和微教学单元库。这对于体会积件在教学中运用的魅力，探索开发和运用积件的经验，培训师资队伍是十分有益的。但要注意，在标准化和技术规范未确立之前，任何大规模的努力都将会造成人力物力的浪费。

目前，积件库素材资源的来源大致有以下几个渠道。

第一，将现有的课件或其他软件中的素材重新分离、整理、还原。

第二，将现有纸张载体的资料(图、文)数字化处理(扫描、重新录入，类似西方国家目前正在进行的图书馆数字化运动)。

第三，自己开发教学中急需的、针对教学难点的微教学单元。

第四，购买计算机软件公司和出版社发行的积件库光盘。

第五，从 Internet 上下载可用于教学的信息源片段。

(四)多媒体课件与积件

第一代教学软件课件在开发设计过程中以学习理论和教学设计来代替教师，其功能定位于教育的主体地位，排斥了教师的作用，这样就凝固了教学思想和理论，附加了设计者的个性风格，教师无法按自己的意愿改造课件，其结果事与愿违。第二代教学软件积件本身不带有任何企图包办教师教学的思维或理论，更注重用教学理论培训教师，积件库和积件组合平台供教师任意选用，为教育的主体服务，因而受到教师欢迎。课堂教学与 CAI 的关系是体用关系，CAI 的实质是"辅助"的工具，而不是代替教师。科技与教育，教育为主。明确教学活动中人与媒体的主辅关系，明确计算机在教学活动中的工具性，这是积件思想对 CAI 认识的深化。

积件是从传统 CAI 课件的基础上发展出来的新型 CAI。多媒体课件画面是运动的，思想和方法却是静止的；其超文本结构是多维的，但整个程序的组合却是唯一的。积件实现了静与动的统一，一维与多维的统一，教学素材和教学理论的分离与结合的统一，结构化与非结构化的统一，有形与无形的统一，有限与无限的统一，基本规则与无穷变幻的统一，解决了教学活动中人的主体性与媒体工具性之间的辩证统一关系。

积件是多媒体课件的发展和进步，但是，就像媒体发展一样，不是新的媒体出现就会替代原来的传统媒体，就像计算机不能完全代替黑板和粉笔一样，每种媒体都有其固有的特点和优势，媒体的应用总会受到应用环境和功能的限制，因此，多媒体课件的开发和应用仍然是当前计算机辅助教学的核心资源。

教师与多媒体课件的应用

发展 CAI 最重要的是全体教师的参与。积件思想改变了教学软件的设计、开发与教学软件的使用相互割裂的局面，使教师能够利用计算机这一有力工具，自觉运用教学设计和学习理论，自己制作适合各种教学情境的教学软件。在学校课堂教学中运用好积件的关键是教师的教育思想和教育技术修养。因此，学校教育技术现代化，归根到底是学校领导和教师的现代化。对教师来说，学习和运用现代教育技术必然要经历两次大的转变。目前，中小学教师教育技术能力建设已经推广开来，中小学教师的信息化水平得到了很大的提高，这将是加快信息化建设的肥沃土壤，也是 21 世纪信息时代教师迅速成长的基础。

三、教育信息化建设与多媒体课件的发展

21 世纪是知识经济的时代。信息技术的飞速发展，为知识经济的发展奠定了坚实的技术基础。我国的教育面临着一系列的挑战，教育的观念正迅速转变，教育内容不断更新，教学手段日新月异，一场席卷全球的教育改革浪潮正在乘风破浪。传统的教育越来越不适应社会的发展，教育的根本出路就是改革，而教育改革的重要途径之一是教育信息化。

信息化是人们追求或推动一个系统中信息资源利用和信息技术应用的过程，它包含 4 个方面的含义：信息资源应是信息化的核心；信息资源的利用与信息技术的应用是信息化的目的；信息网络是信息化的基础；信息化应有与之对应的保障机制。

我国教育信息化的开展实际上早在 1982 年就开始在北京几所大学的附属中学进行试点工作。但由于各方面原因的制约，发展不够均衡。1999 年末，教育部宣布我国中小学从 2000 年 9 月份开始逐步开设《信息技术课程》，公布了"中小学信息技术指导纲要"，并在 2000 年 10 月召开的"全国中小学信息技术教育工作会议"上，决定从 2001 年起用 5～10 年的时间在全国中小学基本普及信息技术教育，努力实现基础教育跨越式发展。在此会议上，教育部提出中小学普及信息技术教育的两个主要目标。

一是开设信息技术必修课，加快信息技术教育与其他课程的整合。会议指出到 2005 年前，在所有的初级中学以及城市和经济比较发达地区的小学开设信息技术必修课，争取尽早在全国 90%以上的中小学开设信息技术必修课程，同时要促进信息技术的应用与课程教学改革的有机结合。

二是全面实施中小学"校校通"工程，努力实现基础教育的跨越式发展。用 5～10 年的时间加强信息基础设施和信息资源建设，使全国 90%左右独立建制的中小学能够与网络连通，使每一名中小学生都能共享网上教育资源，也使全体教师都能普遍接受旨在提高素质教育水平和能力的继续教育，并争取在 2010 年前使全国 90%以上独立建制的中小学都能上网。条件较差的少数中小学也可配备多媒体教学设备和教育教学资源。

此外，2005 年国家加大信息化建设的投入，开始在全国农村中小学进行信息化软硬件

的建设。农村小学开始配置多媒体教室设备，包括投影仪、银幕、多媒体计算机；农村初中配置多媒体教室设备和多媒体网络教室设备，多媒体教室的配置与小学的设备相同，网络教室包括 30 台学生机、1 台教师计算机、1 台服务器。同时，提供多媒体资源和基于网络的资源库。

为促进信息技术应用，提高中小学教师教育技术能力，2006 年开始在全国进行教师教育技术能力建设工程，通过教育教学理论、技术培训使广大教师对信息化环境下的教学体会更深刻，激发教师利用信息技术的热情，普遍提高教师信息技术应用的水平。

正是这个时期，以多媒体课件作为重要核心的教学资源开始被广大教师所熟悉，并有相当多的一部分教师开始致力于多媒体课件设计、开发和应用，使多媒体课件得到教学一线教师的广泛参与，不再只是专业技术人员的专利，促进了多媒体课件朝着服务教学、根植教学的方向发展，克服了前期企业或者专业技术人员开发的课件脱离一线教学实际需求的弊端，使多媒体课件的可持续发展找到了土壤，从而促进了多媒体课件百花齐放的繁荣景象。

活动建议

阅读完多媒体课件的发展过程之后，您认为多媒体课件未来的发展趋势是什么？作为一线教学工作者，您认为现在的多媒体课件在哪些方面不能满足您的教学需求呢？不妨列出 3 点您的思考。

_____

_____

_____。

第三节　多媒体课件的发展趋势

本节导读

本节在了解多媒体课件发展历程的基础上，将向您介绍多媒体课件未来的发展趋势，总结多媒体课件的应用对于信息化时代的教师个人发展与教师教育技术能力建设的意义。

随着个别化学习和网络学习的不断发展进步，多媒体课件开始朝着多媒体化、网络化、智能化、虚拟现实等方向发展。

一、多媒体化

多媒体化是指将音像技术、计算机技术和通信技术三大信息处理技术结合起来，形成一种人机交互处理多媒体信息的新技术，并应用于计算机辅助教学领域。多媒体课件的多媒体化主要体现在其形式大多采用图形、图像、声音、动画等多种媒体，以实现多种感官的综合刺激。多媒体化有利于知识的获取和保持，符合人们的认知规律。

二、网络化

综合数据库、流媒体、XML 等计算机网络的关键技术，出现了基于校园网、互联网的"在线"多媒体课件教学/学习系统。多媒体课件的网络化发展不仅能够将分散的教育资源集中、共享，解决当前资源重复建设问题，扩大教学规模，还能够在有限的教育投资下，充分发挥教育资源的优势，使更多、更分散的学习群体能有效地受到良好的教育，来适应远程教育、终身教育、移动教育的需要。随着计算机网络技术的飞速发展，多媒体课件的网络化必将越来越完善、丰富和规范。

三、智能化

在多媒体课件的制作中，应充分利用人工智能技术形成智能课件系统。与传统多媒体课件相比，智能课件系统具有更全面的功能和更完善的教学环境，能够使每个学习者都享有学习的主动权。比如，它能及时回答学习者提出的问题；不仅能查出学习者练习时出现的错误，还能诊断错误的原因；能根据学习者的反应制定不同的教学内容；在人机会话方面具有一定的自然语言处理能力等。智能课件系统之所以具有这些功能，是由它的系统结构和智能化设计决定的。一个典型的智能课件系统主要有教材知识库、学习者模型、个别指导模块(包括指导策略和逻辑推理)及人工接口等部分组成。在这些结构中，对教学效果影响较大、促进个别化教学有效开展的主要是学习者模型和教材知识库。

四、虚拟现实

将虚拟现实技术应用于多媒体课件出现了虚拟教室、虚拟图书馆、虚拟实验室、虚拟校园、虚拟大学等新概念。虚拟现实多媒体课件是由多媒体技术与仿真技术相结合而形成的一种人机交互世界，在这种人机交互世界里学习者可以获得一种身临其境的、完全真实的感觉。虚拟现实多媒体课件的应用开发远远超出了教育的范畴，并开始向着社会化的方向发展。

教育的群体化环境效应指出，教育教学活动的实现更多地依赖于师生、同学之间的交互作用和群体动力，协作学习模式能够取得更好的教学效果。学习者共处的学习环境对其身心发展是十分重要和有益的，好胜心和互助性可以促进学习，竞争性环境则有助于学习和获取知识。当前多媒体课件应该能够提供一个符合学习者认知规律的学习环境或促进学习的合作环境。鉴于上述原因，在多媒体课件的制作中考虑师生、同学之间协作、交流学习的模式，并利用计算机的协同技术创造良好的交流、互动的学习环境是非常必要的。因此，研究以交互为主要特征的互动式多媒体课件具有重要的现实意义。

 拓展阅读

信息时代教师个人发展

《国家中长期教育改革和发展规划纲要》指出：以提高质量为核心，全面实施素质教育，推动教育事业在新的历史起点上科学发展，加快教育信息化进程，以教育信息化带动教育现代化。到2020年，基本实现教育现代化。信息技术对教育发展具有革命性影响，必须予以高度重视。应把教育信息化纳入国家信息化发展的整体战略，超前部署教育信息网络。到2020年，基本建成覆盖城乡各级各类学校的教育信息化体系，促进教育内容、教学手段和方法现代化。充分利用优质资源和先进技术，创新运行机制和管理模式，整合现有资源，构建先进、高效、实用的数字化教育基础设施。加快终端设施普及，推进数字化校园建设，实现多种方式接入互联网。重点加强农村学校信息基础建设，缩小城乡数字化差距。加快中国教育和科研计算机网、中国教育卫星宽带传输网升级换代。制定教育信息化基本标准，促进信息系统互联互通。纲要中运用了大篇幅的文字阐述了教育信息化环境建设规划，说明未来教育发展中信息技术的强大功能和重要作用。

此外，纲要中还重点强调了：要加强优质教育资源的开发与应用，加强网络教学资源体系建设。既要引进国际优质数字化教学资源，开发网络学习课程，建立数字图书馆和虚拟实验室，建立开放灵活的教育资源公共服务平台，促进优质教育资源普及共享，又要创新网络教学模式，继续推进农村中小学远程教育，使农村和边远地区师生能够享受优质教育资源，促进教育教学模式的改革和创新。

要充分发挥信息技术在教育教学中的作用，关键要强化教师的信息技术应用意识，提高教师应用信息的技术水平，更新教学观念，改进教学方法，提高教学效果。鼓励学生利用信息手段主动学习、自主学习，增强其运用信息技术分析解决问题的能力，加快全民信息技术的普及和应用。

百年大计，教育为本。教育大计，教师为本。有好的教师，才有好的教育。严格教师资质，提升教师素质，努力造就一支师德高尚、业务精湛、结构合理、充满活力的高素质专业化教师队伍。教师要关爱学生，严谨笃学，以人格魅力和学识魅力教育感染学生，做学生健康成长的指导者和引路人，提高教师业务水平。通过研修培训、学术交流、项目资助等方式，培养教育教学骨干、"双师型"教师、学术带头人和校长，造就一批教学名师和学科领军人才。

作为教育信息化发展进程中的一名教育工作者，每个人都不能脱离信息化环境、信息化课堂，而固守着过去传统的教学模式。面临挑战与机遇，发展自身的信息素养、提高个人信息技术应用能力，加强信息技术环境下的教育、教学研究活动，这不仅是教师个人综合业务水平的提升，也是新时期教育发展的需要，更是推进素质教育、培育21世纪合格人才的需要。

活动建议

    面临教育信息化大踏步前行的发展趋势，您是否准备好了信息技术应用的技能与方法？如果还没有，请您把最想提升的 3 项技能写下来，以便能够有目的地提升自身的信息素养，同时，希望本书能够给您提供一些帮助。

_____

_____

_____。

第二章
多媒体课件的设计与开发

本章要点

- 了解多媒体课件设计开发的原则及标准。
- 知道多媒体课件设计、开发的理论基础。
- 掌握多媒体课件设计、开发流程。
- 能根据不同的学科需要选择恰当的设计开发策略与方法。

本章知识结构图

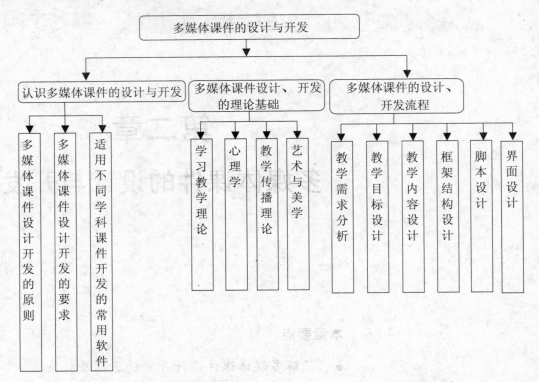

第一节　认识多媒体课件的设计与开发

本节导读

　　本节主要帮助读者认识多媒体课件的设计与开发，使其了解多媒体课件设计开发的原则与标准，知道适用不同学科课件开发的软件有哪些，在教学中能够应用适当软件设计和制作多媒体课件。

案例研习

　　刘老师在讲授小学英语的重点句型 It's time to do sth. 时，为使学生有深入的了解，加深其印象，根据自己的教学设计制作了一个多媒体课件，课件中通过图 2-1 所示的画面分别展

Action 和 Fs Command 可以实现交互性，使 Flash 具有更大的设计自由度。另外，它与当今最流行的网页设计工具 Dreamweaver 配合默契，可以直接嵌入网页的任一位置，非常方便。而且在 Flash 4.0 的版本中已经可以支持 MP3 的音乐格式。

与其他教学工具不同的是，Flash 采用了"流"技术的播放方式，动画是边下载边播放，如果速度控制得好，几乎感觉不到文件还没完全下载，这样就能使整个教学过程流畅自然。但 Flash 也有美中不足之处，其主要缺点如下。

(1) 需教师具有较好的计算机基础知识，对教师美工基础有一定的要求。

(2) 基于时间帧的概念，将结构复杂化，并且给修改与管理造成极大不便。

(3) 交互功能的实现比较复杂，需要使用 ActionScript 脚本语言。

(4) 它不支持影像，多媒体支持格式少。

(5) 制作所需花费的时间比较长。

(6) 用户的浏览器必须要安装 Flash 播放器才能正常浏览。

(三)方正奥思

方正奥思是由北大方正技术研究院开发的一个可视化、交互式的专业的多媒体集成创作和发布工具。它易学易用、功能强大、控制灵活、具有丰富的多媒体表现能力，使得初学者能够快速入门，对熟练的用户更可以提高制作效率。其主要优点如下。

第一，方正奥思采用的页面式结构(类似 PowerPoint 软件)、基于对象的页面布局，相比较于 Authorware 的流程机制，更加简单明了，易于理解掌握。

第二，方正奥思用动作编辑代替了语言编程，特别方便非计算机专业的老师和学生学习使用。

第三，方正奥思内建的丰富的过渡效果节约了用户的大量时间。

第四，能够制作非常丰富的交互效果。

第五，方正奥思的多媒体集成功能明显强于 Flash。Flash 只适合制作矢量动画，而严重缺乏多媒体的集成控制功能，无法实现多种媒体资源的整合。

第六，方正奥思对教师的计算机水平要求相对较低，易学易用。

(四)几何画板

几何画板软件是由美国 Key Curriculum Press 公司设计并发布的一款几何课件制作软件。它的全名是"几何画板——21 世纪的动态几何"。几何画板软件非常小，系统要求配置也不高，只需 PC486 以上兼容机、4MB 以上内存、Windows 3.x/95/98 简体中文版即可。几何画板是教育部基础教育司向全国中小学数学教师推荐的一款教学辅助软件，是探索几何奥秘的一种新工具。

1. 几何画板的特点

几何画板是一个适用于几何(平面几何、解析几何、射影几何等)教学的软件平台。它为老师和学生提供了一个观察和探索几何图形内在关系的环境。它以点、线、圆为基本元素，通过对这些基本元素的变换、构造、测算、计算、动画、跟踪轨迹等，构造出其他较为复杂的图形。

几何画板最大的特色是"动态性"，即可以用鼠标拖动图形上的任一元素(点、线、圆)，而事先给定的所有几何关系(即图形的基本性质)都保持不变。

2. 几何画板的应用范围

几何画板是针对几何学科的多媒体工具。它专注于几何问题的研究，课件的开发、应用。数学教师可用几何画板讲授数学中各种"图"的问题，物理教师可用几何画板将一些物理模型图形化，学生可用几何画板自己学习、研究、发现数学和物理问题。具体体现在以下几个方面。

1) 交流工具

几何画板对几何图形和几何规律的表现十分准确，而且表现方法更新、更动态、更活泼。几何画板可以给图形着色、标符号和加注释。每个画板可做细微的修改，甚至大修大改成新的画板保存起来，所以几何画板特别适合进行几何交流，便于几何研究和专题讨论。

2) 演示工具

几何画板能满足多媒体演示的要求，可对问题进行准确的、动态的表达。几何画板配合大屏幕投影仪、液晶投影板或者计算机显示转电视信号的转换设备，就可以成为一套很好的演示工具。

3) 探索工具

几何画板不仅给数学带来了一个新的、有力的工具，更重要的是它为新的探索式教学方法提供了可能。学生可以在教师的指导下运用几何画板去发现、去探索、去表现、去总结几何、代数、函数、物理甚至其他学科的知识点与规律，从而可以更好地理解和掌握知识。

4) 反馈工具

了解学生的思路和对概念的掌握程度在教学中是相当重要的一个环节，也是难度较大的一个环节。而几何画板给出了复原、重复，隐藏、显示，拖动、运动和动画，建立脚本等方法，便于师生之间了解沟通。

可见，几何画板不仅成为学科教师一个"教"的工具，而且还是学生"学"的工具。

(五)Mathcad 7.0

Mathcad 是美国 Mathsoft 公司推出的一款交互式的数学系统软件，也是一款适于制作理科多媒体课件的工具软件。在理科类(例如，数学、物理)的教学中有大量的函数、图形表现这方面的内容，Mathcad 要比一般的通用多媒体创作工具更方便、更科学。

1. Mathcad 7.0 的特点

Mathcad 7.0 的主要特点是输入格式与人们习惯的数学书写格式很近似，采用WYSWYG(所见所得)界面，适合广泛的数学计算。Mathcad 可以看做是一个功能强大的计算器，没有很复杂的规则，同时它也可以和 Word、Lotus、WPS 2000 等字处理软件很好地配合使用，可以把它当做一个出色的全屏幕数学公式编辑器。Mathcad 在输入一个数学公式、方程组、矩阵之后，计算机能直接给出结果，而无须去考虑中间计算过程。Mathcad 7.0 Professional 还带有一个程序编辑器，对于一般比较短小的或者要求计算速度比较低时，采用它也是可以的。这个程序编辑器的优点是语法特别简单。

值得注意的是，在加入软件包自带的 Maple 插件后能直接支持符号运算。用户可以在计算机上输入数学公式、符号和等式等，很容易地算出代数、积分、三角以及很多科技领域中的复杂表达式的值。

特别是 Mathcad 7.0 显示各种图形以及科学的动画的功能，使我们对问题的理解更加容易。

2. Mathcad 7.0 的主要功能

Mathcad 7.0 的主要功能有：数学运算、各种单位的自动转换、数据的输入输出、强大的编程功能、智能的可视化的功能、格式化功能、Web 综合功能、扩展的功能、内含的电子书和指导。

以上是常用的多媒体课件制作工具简介，每种软件都有其自身的优势与劣势，因此我们不能说哪种软件是万能的，通常可以说一种软件的优势即是其他软件的劣势。我们选择多媒体课件制作工具时一定要遵循经济高效、简单易用、兼容通用等原则。要成功地开发一个优质的多媒体课件，常常会用到几种软件，我们只有取各家之长，才能制作出优秀的课件。据此，我们可以从课件类型、教师计算机水平、资金状况等方面对工具软件进行优化选择。

拓展阅读

Science Word 软件介绍

Science Word，顾名思义，就是科技文档字处理软件，专门用于编写教学讲义、试卷、科技论文、科技图书，建设数字图书馆等，是科研与教育信息化的基础软件。它极大地方便了科技与教育工作者对复杂科技文档信息的处理，同时实现了科技文档在互联网上的交流与检索。

该软件的主要功能有以下几个方面。

1. 融为一体的文字、公式混合编排

独创的非线性文档编辑技术，将公式和数学符号完全融入文字流中，使公式、符号和文字成为一个有机的整体，形成特有的科技文档的"公式文字流"。公式一方面具有普通文字流的属性特征，如字体、字号、颜色等；另一方面具有自己的逻辑结构。编排文字的同时，随时进行公式的编排，相互之间没有任何障碍。

2. 平面几何

动态关联技术的运用使几何图形的创建蕴含在各种数理关系中。当基本图形或图形元素发生变化后，与之关联的图形也将随之发生变化，但它们之间所具有的数理关系将不会发生改变，依然保持着它们原有的数学特征。

3. 立体几何

通过基本图形及逻辑关联技术的广泛运用，充分发挥用户的思维创造力，创建出各种

满足要求的空间立体图形，如球体、锥体、棱柱及各种多面体。

4. 与几何图形融为一体的函数曲线绘制

通过三维坐标系的建立，利用系统提供的三维图形设计功能，创建各种富含三维效果的空间图形，更加直观地表达科技文档的内容。具有逻辑关联的空间曲面、三维空间图形的创建使系统在处理科学图形上达到了更加深远的层次。

5. 空间曲面与三维空间图形

通过坐标系智能管理函数曲线，通过各种方式(如函数方程、极坐标、参数方程、曲面方程等)建立曲线，并和几何图形设计功能融合在一起，创建图形与曲线之间关联而互动的科学逻辑图形。

6. 物理逻辑图形

系统提供了用于物理学科设计所需要的相关的图形标识图，如力学、运动学、电学、磁学、光学、热力学等，通过这些标识图可以方便地创建所需要的各种物理学科的逻辑图形。

7. 化学实验图形

化学标识图为设计绘制化学实验图提供了完善的元件图和器件图，通过这些标识图可以很快地绘制出所需要的各种复杂的化学实验图。

8. 高分子结构式

根据各种键、取代基、苯环、环烷烃、环分子的样式，运用"——关联"技术和方式快速设计构建高分子结构，如氨基酸、DNA、芳香族化合物、RNA等。同时，还提供了各种常见的高分子模板库。

9. 图形资源库

在科技文档中的图形是千变万化、成千上万的，系统提供扩展图形库的功能，不仅包含一些常用的图形资源，同时还可以随时将在系统中设计创建好的图形保存在扩展图形库中，以便今后随时调用。

10. 具有公式编排特色的表格

创建、设计各种类型的表格，实现表格内公式、文字的相互融合，设计出文字与公式的混合编排的表格内容。表格内的非线性公式线性化是非线性技术的再次体现。

11. 自动生成目录

自动创建科技文档的目录结构，一览无余地获知科技文档的内容概述和标题。

12. 书签

书签是一个定位点，直接定位到文档的位置及文档中的特定内容，可以从其他位置直接跳过去，为文档索引、链接、定位、查找提供便利条件。

　　建构主义认为学习者只能根据他们自己的经验解释信息，并且他们的解释在很大程度上是各人各异的，这就对传统的学习理论提出了严重挑战。行为主义教学理论注重于外部刺激的设计，认知主义着眼于知识结构的建立，建构主义则特别关心学习环境的设计。虽然新理论不断出现，但并不意味着旧理论的失效，恰恰相反，它们在很大程度上是互相补充的。应该全面地了解各种理论的应用价值，并对它们加以合理的综合和利用。

(四)系统教学设计理论

　　教学设计是应用系统科学的方法分析和研究教学问题、确定解决它们的方法和步骤并对教学结果做出评价的一种教学规划过程和操作程序。它以分析教学的需求为基础，以确立解决教学问题的步骤为目的，以评价反馈来检验设计与实施的效果。教学设计是以学习理论、教育传播理论和系统科学方法论作为理论基础的。

　　教学设计的基本原理包括：目标控制原理、要素分析原理、优选决策原理和反馈评价原理。目标控制原理指教学过程中教师的活动、媒体的选择和学生的反应都会受到教学目标的控制；要素分析原理指对构成教学系统的各个组成部分进行分析，找出对系统性质、功能、发展和变化有决定性影响的要素进行研究，而把次要因素忽略；优选决策原理即应用系统科学方法，对各种待选的教学设计方案进行比较评价，从中选取最佳的决策；反馈评价原理即利用反馈信息，对教学效果进行评价，并对设计的教学策略进行修改。

　　多媒体教学软件的教学设计，就是要应用系统科学的观点和方法，按照教学目标和教学对象的特点，合理地选择和设计教学媒体信息，并在系统中有机的组合，形成优化的教学系统结构。

二、心理学

　　心理学是研究人的心理现象发生、发展规律的科学。人的心理现象是多种多样的，它可以概括为图 2-4 所示的内容。

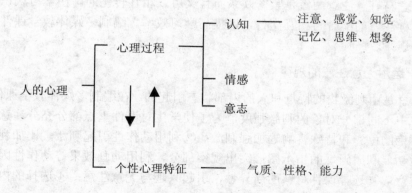

图 2-4　心理现象结构示意图

　　注意、感觉、知觉、记忆、思维和想象都是认识客观事物的性质与规律而产生的心理活动，在心理学上称它为认知过程。人认识客观事物时，还会产生情感与意志。一般将认识、情感与意志这些心理现象统称为心理过程。由于个人的先天因素、生活条件、教育程度和社会实践活动的不同，这些心理过程在每个人身上产生时又有个人的特征，形成不同的个性，如气质、性格、能力等。

教学过程是一种学习认识过程，教学活动只有符合人的心理认识发展规律，才能取得好的教学效果。编制多媒体教学课件，也应符合学生的心理发展规律。因此，教学人员必须懂得用心理学的理论，特别是认识过程的心理学规律去指导多媒体教学课件编制工作。下面重点介绍注意、感知、记忆、思维等知识过程的心理活动与多媒体教学课件编制的关系。

(一)注意

注意是心理活动对一定对象的指向和集中。注意对学习认识活动具有以下重要功能。

第一，选择的功能。选择有意义的、符合要求的和当前活动相一致的有关刺激，避开与之无关的其他刺激并抑制对它们的反应。

第二，保持的功能。使注意对象的映像或内容维持在意识中，得到清晰、准确的反映，直到达到目的为止。

第三，调节和监督的功能。控制心理活动向着一定方向或目标进行。

根据产生和保持注意有无目的性和意志努力的不同，可把注意分为无意注意和有意注意。

无意注意是事先没有预定的目的，也不需要做努力的注意。引起无意注意的外部因素是刺激物的特点：①相当强烈的刺激，刺激物之间相对的强度、形状、大小、颜色或持续时间等方面特别显著、突出；②刺激物的活动和变化；③刺激物的新异性；等等。引起无意注意的内部因素是外界刺激物符合人的内部状态。例如，需要、兴趣、情绪和知识经验等。

有意注意是有预定的目的、需要做一定努力的注意。在学习过程中，为了保持有意注意，必须排除与学习任务无关的干扰，提高学习自觉性，与注意的分散作斗争。

无意注意与有意注意两者是紧密联系而且又可以相互转化的。在学习认识活动中，要充分利用两种注意的配合与相互交替，以提高学习效率。编制多媒体教学课件要善于灵活运用注意的规律。

1. 善于运用无意注意的规律

无意注意是由刺激物的特点和人的内部状态引起的。在编制多媒体教学课件时要注意：①控制课件中不同部分对象的刺激强度，为了使学生对课件重点部分充分注意，可以用放大特写、鲜艳的色彩和特殊音响等加强刺激；②利用动作性引起刺激，比如利用课件中对象本身的运动，利用闪烁的指示图形突出观察部分，利用动画效果等动作性因素去引起学生的无意注意；③选择课件材料的新异性，引起兴趣与无意注意；④选择的内容与呈现的方法能满足学生需要和激发学生的兴趣等。

2. 培养学生的有意注意

激发学生学习的自觉性和克服困难的意志力，是培养学生有意注意的主要途径。编制多媒体教学课件，要注意提示学习的目的与意义，并且在教材内容展开后要不断提出问题，并且每一专题要布置学习后的作业或测验，这些都有利于提高学生的有意注意。

3. 善于运用两种注意互相转换的规律

学生长时间地有意注意，会引起疲惫和注意的涣散，但若过分强调多媒体教学课件要生动形象，而引起学生的无意注意，又难以完成抽象、概括学习。因此，多媒体教学课件编制要善于将生动形象的画面与理论抽象交替进行，使学生的两种注意力有交替转换和节奏性变化，去有效完成学习任务。

4. 遵循有意注意与无意注意的共同特征

无论是有意注意还是无意注意，它们都具有共同的特征，编制多媒体教学课件也要遵循与利用这些特征去提高多媒体课件的质量。

1) 注意的范围

注意的范围是指在同一时间内意识能清楚地把握对象的数量。编制多媒体教学课件时，画面上出现的注意对象集中，排列有规律成为相互联系的整体，注意的范围就大；另外，要根据学生的经验和知识水平去控制注意的范围和数量，才能取得好的教学效果。

2) 注意的稳定性

注意的稳定性是指注意长时间地保持在感受某种事物或从事某种活动上。多媒体教学课件的画面过于单调、呆板或是静止的，注意就难以稳定。若多媒体教学课件的画面是生动形象的、变化的、活动的，注意就容易稳定。另外，激发学生的兴趣与良好情绪，注意也易于稳定、持久。

3) 注意的分配

注意的分配是指一个人把自己的注意指向于不同的对象或活动。多媒体教学课件是一种视听结合的工具，学生既要注意看又要注意听，因此，要求多媒体教学课件的画面与内容要配合得好，才能实现注意力的分配，获得良好感知。用学生所熟悉的音乐作为背景音乐，会使学生注意音乐而分散对图像画面的注意。

4) 注意的转移

注意的转移是指人们根据新的任务，主动地把注意力从一个对象转移到另一个对象上。如多媒体教学课件开头部分的处理就非常重要，从画面到音响都应引人入胜，使学生的注意能迅速转移到多媒体课件的活动上来。另外，多媒体课件中的动作的组接、画面的变换以及新的学习内容的引入等，也要符合学生注意转移的规律。

(二)感知

感觉是人对直接作用于感觉器官的客观事物的个别属性的反映，知觉则不是事物个别属性的反映，而是对事物的各种属性、各个部分的整体反映。我们通过感觉知道事物的属性，通过知觉对事物有一个完整的映像。感觉和知觉同属于认识过程的感性阶段，它们都是对事物的直接反映。所以感知是我们认识世界的基础，是掌握知识最基本的心理活动。

感觉是刺激物作用于人体的感觉器官、传递神经和大脑皮层的相应区域而产生的。体外刺激产生外部感觉，包括有视觉、听觉、嗅觉、味觉和触觉。体内刺激产生内部感觉，包括肌肉运动感觉、平衡感觉和内脏感觉等。刺激必须有适当强度才能引起我们的感觉。

知觉也是刺激物作用于人的感觉器官，有多种分析器官联合活动，在头脑中产生事物完整的映像。由于一切事物都是在空间、时间中运动着的，根据知觉所反映事物的空间、时间和运动属性，表现为空间知觉(包括对物体形状、大小、方位、立体和远近等特性的知觉)、时间知觉(反映客观现象的延续性和顺序性)和运动知觉(反映事物在空间的位移)等。尽管知觉所反映的事物的特征有不同，但各种知觉都有共同的基本特性。

1. 知觉的基本特性

1) 知觉的整体性

当我们感知一个熟悉对象时，只要感觉了它的个别属性和特性，使之形成一个完整结构的整体形象，就是知觉的整体性。知觉的整体性除依赖于知觉者过去的经验外，还与知觉对象的特点有关，如接近、相似、连续和封闭等因素，均能影响知觉的整体性。如图 2-5(a) 所示，在空间上彼此接近的黑点更容易被知觉为一个整体；如图 2-5(b)所示，在大小、形状、颜色或形式上相似的刺激物更容易被知觉为一个整体；如图 2-5(c)所示，人们一般会把图中的图形看成是一个圆圈和一个矩形重叠在一起，知觉倾向于将刺激组织成我们最熟悉的某种模式；如图 2-5(d)所示，乍一看，我们会将最左边的图形看成是一组圆圈，尽管每个圆圈上都有缺口。这是因为知觉有将缺口加以"弥补"而成为一个连续的完整形状的倾向。

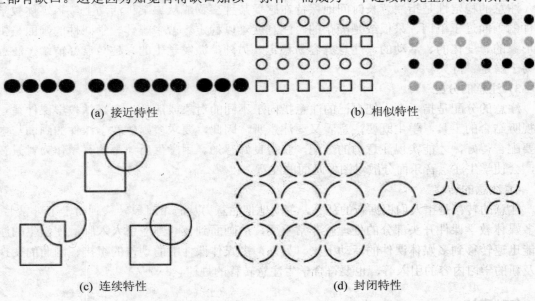

(a) 接近特性   (b) 相似特性

(c) 连续特性   (d) 封闭特性

图 2-5 影响知觉整体性的因素

2) 知觉的选择性

日常生活中，作用于人的事物与现象是多种多样的，从纷繁的作用对象中较清楚和明晰地分化出来的仅是几个事物与现象，这称为知觉的选择性。知觉的选择性依赖于个人的动机、情绪、兴趣与需要，反映了知觉过程的主动性，也依赖于知觉对象的刺激强度、运动、对比、重复等。

3) 知觉的相对性

知觉是根据事物的相对关系来进行反映的，在诸多事物中能被我们清楚知觉到的是知觉的对象，而与知觉对象同时出现仅被我们模糊地感知的则是知觉对象的背景。图 2-6(a) 所示的双关图形中以白色为感知对象则是花瓶，以黑色为感知对象则是两个相对的人头。知觉的相对性还表现在采用的参照物不同，知觉会有不同结果。如图 2-6(b) 所示，若把 1、2、3 这三面组成立方体，可看到 7 个立方体，把 3、4、5 这三面组成立方体，则产生 6 个立方体的知觉。我们赏月时，时而感觉云动，时而感觉月动，就是因为选定的静止参照物不同所致。影响知觉相对性的客观因素有刺激物的变化、对比、位置、运动等。

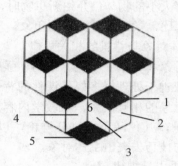

(a) 背景转换　　　　　　　　(b) 参照物转换

图 2-6　对象与背景转换的双关图形

4) 知觉的理解性

知觉是一种感性形象，但我们对它总是赋予一定的意义，并用词把它表达出来，这一特性亦称为知觉的理解性。影响知觉理解性的主要因素是个人的知识和经验，记忆和语言的指导作用对其也有重大影响。

2．感知规律

多媒体教学课件是一种形象化的视听教材，它主要依赖图像信号和声音信号来刺激人的视觉和听觉器官，使学生获得感知并促进思维，从而理解和掌握知识。因此，在编制多媒体教学课件时必须注意下列感知规律。

1) 刺激强度规律

作用于感觉器官的事物与现象必须达到一定的刺激强度，才能被人们清楚地感知。因此，多媒体课件呈现的图像画面的大小、颜色与声音的强度都应使学生在适当距离内能清楚地感知到。比如：电视屏幕出现的文字一般不能多于 7 横行，每一横行不能多于 10 个字，这样大小的字，才能产生足够刺激强度，便于学生看清楚；要尽可能多用近景或特写画面，使图像有足够清晰度与分辨率；物体颜色的还原要准确，有适当的饱和度；声音要清晰，音量大小要适当。

2) 整体规律

人们在同时接受纷繁众多的刺激时，总会按接近、相似、闭合、连续等形式将它构成整体，或按部分主要特征以旧知识经验将它组成为整体。因此，多媒体课件中的画面要遵循这一规律去构图。不适合的构图，会将一种事物的整体知觉为几个或几种事物的不同部分，从而组合成另一种事物的整体。对于学生而言，完全没有经验的新事物应安排在画面上整体呈现，而一些已熟悉的事物应呈现事物的部分主要特征，这样才会有更好的知觉效果。

3) 对比规律

在性质或强度上对比的刺激物同时或相继地作用于感觉器官时，往往能使一个人对它们的差异感知得特别清晰。在多媒体课件编制中，我们往往采用大小对比、新旧对比、明暗对比、色彩对比、虚实对比、主体对象与背景的对比、运动与静止的对比等手法，突出课件中对象不同成分的特征。比如，要说明一个物体的大小，最好在它旁边设置一件学生非常熟悉其大小的物体；介绍新事物时，利用学生已了解的有联系的事物同时或先后出现，然后进行对比，学生会有深刻的印象。

4) 主体对象与背景的相关规律

主体对象和背景在颜色、运动、强度等方面的差别愈大，被知觉的对象就愈清晰地显现出来，应善于处理好多媒体课件的背景与主体对象的相互关系：①背景一般是表现环境或与主体对象的相互关系，与教学内容无关的背景物不要出现在画面上；②作背景的布幕或道具布景，其色泽不宜过分鲜艳，以免喧宾夺主；③可用明暗对比来突出主体对象；④用运动的技巧去突出主体对象。

5) 言语引导规律

课件中画面的直观图像加以文字字幕或解说言语的引导，促进学生的知觉理解，唤起学生大脑皮层两种信号系统的协同活动，使他们更好地理解教材。多媒体课件中的语言解说词与画面的配合可以有几种形式：①语言在前的形式，在感性材料出现之前的语言解说，它主要起动员、提示和引导的作用；②同时或交错进行的形式，这时解说词主要起引导观察感性材料，以及对直观材料进行命名、概括、解释或补充的作用，是把形象化的感性材料提高到抽象化的概念层次，同时消除直观材料的局限性，避免学生形成知识的缺陷与错误；③语言在后的形式，主要是起点总结、概括和强化的作用。多媒体课件应根据实际需要，有针对性地选用不同的语言表达形式，使学生的感知和思维活动服从于促进理解的要求，提高学生理解知识的效果。

(三)记忆

感觉和知觉是当前的事物在人头脑中的直接映像，记忆是过去经历过的事物的印迹在人头脑中的再现。记忆的过程可分为三个阶段，如图2-7所示。外界的物理刺激引起感觉，它留下的痕迹就是感觉记忆。如不注意便瞬间消逝，如注意了，感知就转入第二阶段——短时记忆。对短时记忆的信息，如果不及时加工和复诵也会消失，经过复诵能再次输入短时记忆，并且进入长时记忆。信息在长时记忆中以听觉的、视觉的、意义的方式进行整理、归类、存储和提取。

记忆的过程也可以相对地区分为识记、保持、重现三个基本环节，对它们进行分析，掌握其规律性，对编制教学媒体有重要的指导作用。

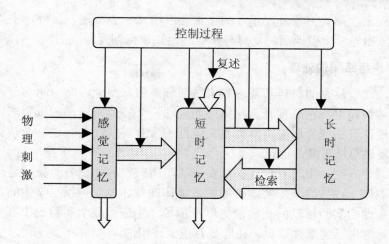

图 2-7 记忆过程模式图

识记是获得事物的映像并成为经验的过程，它可区分为无意识记和有意识记、机械识记和意义识记。保持是过去经历的事物映像在头脑中得到巩固的过程，它是对识记的材料进一步加工、储存的过程。识记过的东西，不能再认和重现，或者错误地再认或重现，就叫做遗忘。研究表明，遗忘是按先快后慢的规律进行的，还与其他因素有关，熟练的动作遗忘最难，形象材料比文字抽象材料更易记住，有意义的材料比无意义的材料遗忘得慢，进行复习与组织活动是克服遗忘的好方法。遵循这些规律去编制与使用教学媒体，就能使学生忘得少些，记得多些，保持时间长些。因此，利用记忆的规律编制教学媒体要注意以下几点。

1. 充分利用无意识记的规律

无意识记是事先没有自觉的目的，也没有经过特殊的意志努力的识记。人相当大一部分的知识经验是通过无意识记获得的。生动、具体的形象比语言文字的、抽象的东西更易识记。优秀的多媒体课件，应能使学生在无意中记住更多的内容。在多媒体课件中选用一些难度适中而新颖的题材、生动有趣的画面、激动人心的事件、通俗简练的解说等，学生不需付出太大的努力就能记忆住，就能在轻松有趣的情景中学到科学知识和人生哲理。

2. 充分利用意义识记的规律

机械识记是在对事物没有理解的情况下，依据事物的外部联系机械重复所进行的识记；意义识记则是在对事物理解的基础上，依据事物的内在联系所进行的识记。它是通过积极的思维活动，掌握事物的本质特性，找到新材料和已有知识的联系，并把它纳入已有知识系统中来识记的。意义识记的材料容易记住，保持的时间长，且易于提取。利用意义识记规律编制教学媒体，应注意内容的展开要符合科学逻辑性，应用形象与抽象结合起来，讲清道理，并且注意将内容归类或系统化为简要的结论，这样会产生良好的记忆效果。

3. 复习是重要的环节

为了获得精确而牢固的知识经验，避免或减少遗忘，在编制多媒体课件时，对重要的内容可以用多种表现形式去重复，重要的结论还应用文字去复述。另外，多媒体课件可附上教学指导书，指导学生做课后的复习与作业，使知识得到及时巩固。

4. 重视开头与结尾的处理

研究表明，比较复杂的材料其开端和末尾部分被遗忘得少，而中间部分就容易遗忘。因此，教学媒体编制要特别重视开头与结尾的处理，要将要求记忆的重要内容安排在这两部分。一般来说，开头应开门见山地提出关键性的带有启发性的问题，或是提出学习的要点，在结尾要复述总结重要的结论。

另外，研究还表明，学习者积极参加实践活动所获得的知识与经验，是最难遗忘的。因此，我们应编制一些指导学生实践活动的多媒体课件，去加强指导学生的课内外活动。比如，指导学生课堂实验活动的正确操作以及指导学生进行教学实验或生产实践的示范性多媒体课件，对学生迅速掌握知识、技能是有重要作用的。

(四)思维

思维是客观事物间接的、概括的反映，它所反映的是客观事物共同的、本质的特征和内在联系。学生掌握知识，不仅要认识事物的现象和外部联系，更需要通过复杂的思维活动理解事物的本质特性和内在联系。因此，教师教学时，应根据课题内容和要求的不同，善于组织学生的思维活动，在教学实践中注意培养和发展学生的思维能力。同样，用于教学活动的多媒体教学课件，它的选材、拍摄、技巧、画面组接以及解说词的配合，必须符合学生思维过程的心理活动规律，能引起学生进行积极的思维活动。思维活动过程是由分析、综合、比较、抽象、概括和具体化等几个环节交错而有机地构成的。其中，分析与综合是思维的基本环节，其他环节都是通过分析、综合来实现的。

分析是把事物的整体分散为各个部分、个别特性或个别方面。综合是把事物的各个部分或不同特性、不同方面联合起来。若进一步把同类事物的各个部分、个别方面或个别特征加以对比，确定被比较事物的共同点和不同点及其关系，就是比较。比较后，抽出同类事物的本质特征，舍弃非本质特征的思维过程，就是抽象。若把同类事物的本质特征加以综合并推广到同类其他事物的思维过程就是概括。若进一步将通过抽象和概括而获得的概念、原理、理论，回到具体实际，以加深、加宽对各种事物的认识，就是思维过程的具体化。可见，思维活动过程的几个基本环节是密切联系着的。教学媒体编导要掌握思维活动过程的规律才能编制出符合学生思维活动，利于培养和发展学生思维能力的视听教学媒体。因此，应注意以下几点。

(1) 媒体手法与思维活动过程相配合。如，用全景表现事物整体，推至近景或特写分析事物的个别部分和个别特征；用整体画面或电视编辑技巧、动画技巧逐一显示的手法加以综合；用画面分别、迭化等特技手法进行比较；用迭化、淡入、淡出的手法进行抽象、概括，用划变、拉幕进入具体化等。

(2) 镜头运动、镜头组接、段落及整部电视教材结构都必须符合学生的思维活动规律。任何推、拉、摇、移、跟的镜头都应是有目的的，因为学生不仅是跟着运动的镜头看，也在跟着运动的镜头思维。镜头的组接更要符合学生的逻辑思维，几个镜头不同顺序的组接，会具有完全不同的意义。至于段落和教材的结构都应该符合科学逻辑性，以及思维认识过程的规律。

(3) 思维具有指向解决问题的特性。提出问题并不断解决问题，应该贯彻在教学媒体的始终，这样才有利于启发学生思考问题，培养学生的思维能力。

(4) 视听教学媒体应充分利用形象化的特点，提供一定数量的感性材料去发展学生的形象思维能力，同时，材料要具有典型性、代表性，并且把直观形象提高到抽象层次，使学生掌握用表象来进行分析、综合、抽象与概括，从而进入抽象思维的阶段。

三、教学传播理论

传播理论是媒体的基本理论，本章我们已利用传播的信息与符号分析了媒体的本质，这里介绍的传播过程与编码、译码也是教学媒体编制与利用的基础理论。

(一)教学媒体与传播过程

人类传播过程是一个非常复杂的过程。人们研究了各种复杂的传播现象并提出了许多简化的模式。所谓模式就是再现现实的一种理论性的、简化的形式。传播过程的模式，就是将复杂的传播过程分解为若干个组成要素，然后分别研究找出这些要素的特性、功能和它们之间的相互关系，然后用理想性的、简化的形式表示出来。这些形式包括有文字的、图解的以及数学的表示形式。传播学研究者提出的传播过程的模式有好几百个，拉氏维尔的"5W"传播模式(文字形式)、商侬—魏佛传播模式(图解形式)以及奥斯古—宣伟伯的传播模式(图解形式)，都是非常有代表性的传播模式。这里仅介绍商侬—魏佛传播模式。

商侬—魏佛在研究通信问题时，提出了一个具有 6 个要素的没有反馈的线性传播模式，后来人们用来解释人类传播过程加入了第七个要素——反馈，成为一种用 7 个要素的图解形式表示的双向传播过程模式，如图 2-8 所示。

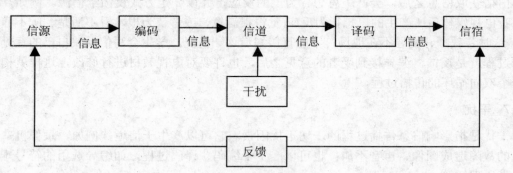

图 2-8　商侬—魏佛传播模式

利用这一传播模式可以解释与指导教学媒体编制与运用的全过程。

1. 信源——信息的来源

在电视教材中，信息的来源就是课程教学大纲中所规定的教学内容。这些内容必须是教学媒体编导所必须熟悉与掌握的，否则就无法作为知识的信息源用来编制教学媒体。

2. 编码——包括信源编码和信道编码

信源编码将信息转换为符号，相当于编导编写文字稿本与分镜头稿本的工作。在这里要考虑使用哪种符号去呈现选定的教学内容。比如，哪些内容宜用图像符号去呈现，哪些内容是用语言符号去配合与加强等。信道编码将符号转换为信号，相当于电视教材的摄录制过程，按稿本进行摄像、录像、编辑、配音合成等，把符号转换为相应的电磁信号记录储存在录像带上。

3. 信道——信号传送的通道

电视信号传送的通道有闭路电视系统和开路电视系统两种。闭路电视系统是电视媒体在放像机上播放，输出的电信号用电缆直接输送至电视机，电视机再将电信号转换为屏幕上相应的光信号和扬声器里相应的声音信号。开路电视系统则不用电缆传送，而是将电视信号调制为高频，在空间以无线电波的信号输送，电视机用天线接收电信号后，再重现为相应的光信号与声信号。

4. 译码——包括信道译码和信宿译码

信道译码是将信号转换为符号，如观看电视的学生，用眼睛、耳朵接收电视呈现出的图像光信号与声音信号，然后将这些信号传至大脑。学生按已有的知识经验将它转换为相应的符号，然后再将符号转换为相应的信息意义，这就是信宿译码。

5. 信宿——信息的接收者

如视听电视媒体的学生将加工整理的信息意义储存在大脑里，增加了自身的知识与能力。

6. 反馈

信宿获取信息之后，会产生思想行为上的反应，并以一定方式反馈给信源。例如，学生视听电视媒体后所产生的思想行为反应(觉得很满意，或者认为根本看不清楚、听不懂，等)。这时若教师、编导不在现场，不能直接知道这一情况，学生会写信反映自己的意见，这一过程就是反馈。编导接到受者的意见之后，也许要对电视教材进行修改，这样就构成了一个双向循环的传播过程。

7. 干扰

干扰是指影响信息传播过程的一切干扰因素。它可以产生于信道，例如，录像机、电视机的故障造成图像、声音不清；也可以产生于编码、译码过程，如编导选用的符号难以被受者所理解等。

以上我们从传播模式的几个要素出发，扼要解释了视听教学媒体编制与运用的全过程。

(二)教学媒体与编码、译码

1. 编码与教学媒体编制过程

编码包括信源编码和信道编码。信源编码是将信息转换为符号，信道编码是将符号转换为信号。它与教学媒体的编制过程是完全一致的。

信源编码在电视媒体编制中，相当于编导人员进行电视媒体稿本的编写工作。无论是编写文字稿本，还是编写分镜头稿本，都是将教材信息用设想的符号去表示的工作过程。文字稿本是将信息转换为符号的粗略设想，而分镜头稿本则是依据文字稿本把转换的符号加以具体化。信源编码即稿本编写的工作，是由编导人员去完成的。编导人员在完成将信息转换为符号的稿本编写过程中，责任非常重大。选择的符号是否恰当，符号的编排是否合理，符号代表意义能否为学生所理解接受，都直接关系着整部电视教材的质量。所以，电视教材稿本编写工作是编制工作中一项最关键的工作。

信道编码相当于电视媒体的摄录制作过程。从摄像、录像、编辑到配音合成等制作工作，尽管程序很多，但都是将稿本拟定的符号转换为信号，然后，记录、储存、加工得到相当于分镜头稿本的合成信号(以磁信号方式记录储存在录像带里)。制作的技术质量，就是符号转换为相应信号的技术指标，直接会影响到图像、声音是否清晰，颜色是否准确，同时对电视教材的质量也有重大影响，所以编导人员仍需指导制作全过程的工作。

2. 译码是学生视听与思维的过程

译码包括信道译码和信宿译码，信道译码是将信号转换为符号，信宿译码是将符号转换为信息意义。这一过程相当于学生收看电视节目时的视听和思维过程。

信道译码相当于学生收看电视节目时的视听过程。当媒体呈现的光信号进入人的视觉器官——眼球时，经眼球的角膜和水晶体聚焦投射到眼球后部的视网膜上成像，视网膜上的视神经细胞将感受到的光刺激转换为神经冲动，然后通过神经中枢系统传至大脑皮质，从而感受到相应的视觉符号。当电视的声音信号进入人的听觉器官——耳朵时，声波使内耳的淋巴液随之振动并带动基底膜振动，使基底膜上的毛状细胞轴突所组成的听神经纤维传往中枢神经和大脑皮质，从而感受到相应的听觉符号。可见，视觉通道和听觉通道的译码都是依靠人的视听感受器和神经传导系统共同活动去完成的。

信宿译码相当于学生在大脑中将感受到的符号转换、解释为信息意义。这一过程，学生要将感受到的符号与大脑中储存的符号进行模式识别、分析比较，然后确定其信息意义，所以这是一种思维活动过程。学生的经验与知识水平不同，也就是大脑中储存的信息符号有差异，因此在提取出来与新感受到的符号比较时，也有不同的解释，从而出现不同的意义。

译码过程是在接受信号的学生身上进行的。为了取得好的译码效果，我们应培养和提高学生的视听能力与思维能力，同时应使学生掌握全面的基础知识，并在实践中积累丰富的经验。在课堂教学中使用电视教材时，教师在学生视听的前后给予适当的提示指导，可以帮助学生正确解码，更好地掌握与理解电视教材的内容。

四、艺术与美学

艺术是美学的一个研究领域，多媒体课件与各类艺术有密切关系，与美学也有密切关系。我们说教学是一种艺术，多媒体教学课件的编制更要综合运用艺术的理论与技巧，遵循美学的规律，使多媒体课件不仅能恰当地利用艺术形式传授教学内容，而且能通过艺术美对学生进行美的教育。

(一)多媒体课件与艺术

多媒体课件是集多种艺术形式于一体的综合性艺术。绘画是视觉的艺术，音乐是听觉的艺术，讲课是教学的艺术，电影、电视是时间与空间的艺术。而多媒体课件则集上述种种艺术的某种特性于一身，从而具有多样化、综合化的特征。课件画面构成的审美属性决定了它的视觉艺术特征，而课件中的音乐、音效的引用合成又决定了它的听觉艺术特征。课件通常是由多幅画面组成，随着教学时间的推进而逐步完成的，其艺术效果也体现在时间的流程上，因此又具有电影、电视的某种艺术特征。而课件的教学功能在集文字、图形、图像、动画、声音、视频于一体后，提高了教学的直观性和生动性，激发了学生的学习热情，课件本身又具有较高的教学艺术性。所以说，多媒体课件是集多种艺术形式于一体的综合性艺术。

(二)多媒体课件构成中的艺术要素

多媒体课件构成中有两大艺术要素，即视觉要素和听觉要素。在每一个大的要素下，还有若干个小要素。

1. 视觉要素

在课件中，视觉要素是指人们眼睛所能看到的屏幕内的视觉形象，它包括文字、色彩、形象、动画等。

1) 文字

文字包括课题文字、标题文字、小节文字、正文文字等。文字的设计要素是字体、字号、色彩、效果。

2) 色彩

色彩可以分为两个方面，即整体色调和局部色彩。所谓整体色调是指课件画面总的色彩组织或配置。通常会以某一种颜色为主导，构成画面总的色彩倾向性。如冷调、暖调、高调、低调等。局部色彩主要是指课件中的图形、图像、标题等的色彩。

3) 图形与图像

在计算机软件中，图形是以矢量的方式来表述的，图像是以像素或位图的方式来表述的。图形与图像是课件中必不可少的视觉元素。

4) 构图

构图是指课件中文字、色彩、图形、图像等形象元素在屏幕上的位置安排。课件构图所应遵循的基本美学原则与平面设计相同，但它也有自己独特的地方，如全文字画面、以动态的方式显示等。

5) 动画

课件中的动画分两种形式：一种是画面与画面之间的切换关系，如淡进淡出、实进虚出等；另一种是画面内的形象元素根据需要进行移动，如物理课件中的力学原理演示、多行文字的逐行显示等。动画的运用会使学生的注意力始终追随着教学目的的进程。

2．听觉要素

在课件中，听觉要素是指插入课件中的声音素材。它包括片头和片尾音乐、背景音乐、动画音效、对白、旁白、文章朗诵、解说词等。其中，片头和片尾音乐是课件中的画龙点睛之笔。

(三)课件制作中的艺术设计

1．构图与色彩

在课件内容确定后，对于形式的设计，首要的考虑因素是构图和色彩。构图和色彩这两个因素在课件的整体构成中往往起着统领的作用，它们的确定基本上奠定了课件的设计形式和风格。决定画面色调的主要因素是底纹色彩，因为它的面积最大。片头、片尾的构图与正文内容的构图形式可以分开来考虑，但在形式及色彩上，片头、片尾一定要与正文构图的形式及色彩具有某种内在的联系，不然会给人带来一种不完整感。

2．片头

片头是指一个课件的开始画面。片头内容一般包括课题名称、制作者姓名、单位等。稍复杂一些的片头还会包括欢迎画面、教学要求、内容导航等。一个好的片头，能够立刻将学生的眼光吸引到即将开始的课程上，使学生的注意力集中到下一步将要进行的内容。所以在制作课件时，一定要重视片头的作用，它是整个课件的精彩亮相。

片头忌花哨，但一定要有音乐和动画的配合。只有这样，才能吸引学生的注意力，充分发挥多媒体的优势。在设计片头动画时，要安排好画面的视觉流程和时间节奏的关系，既不可拖拉，也不可让人目不暇接。音乐的选择要注意风格和意境，音乐的节奏和动画的节奏一定要协调。

3．片尾

片尾是指课件结束的画面。与片头相比，片尾应简洁大方。文字信息要少，一句感谢词、一首欢送曲就够了。

4．图形

课件中会经常使用到图形。简单的图形可以在制作课件的软件内完成，复杂的图形则需要借助专门的矢量软件，如 CorelDRAW、FreeHand、Illustrator 等，然后通过置入的方式调到多媒体集成软件中去。图形与背景的色彩关系通常是以色相、明度对比为主的关系。

5．图像

图像也是经常在课件中要用到的素材。人们所获得的图像素材，并不一定完全符合制作课件的要求，这就需要对图像素材进行加工和编辑。这种加工编辑必须用专门的图像处理软件来完成，如 Photoshop、PhotoDRAW 等。图像置入到课件中后，它与背景的关系应以明度和纯度对比为主。只有这样，图像的色彩效果才会凸显出来。

6．动画

动画是课件片头中必不可少的构成要素，课件内容中很多知识点的讲授有时也需要动画效果来支持。虽然多媒体集成软件本身都具有完成简单动画的功能，但复杂的动画却需求助于专门的动画软件，如 Flash 或 3ds MAX 等。

7．导航按钮

导航按钮通常是课件中必不可少的经典细节之一，既是课件中的功能键，又是一个装饰点。导航按钮的制作可以在课件集成软件中完成，当然也可以到更专业的软件中制作，还可以制作成动画形式等。

8．标题文字

虽然文字的作用是传递信息，但也有一个形象的问题。课题或标题文字的设计是文字中的画龙点睛之笔。一般来说，使用专门软件对其设计，效果有保证。如 Cool3D、Photoshop、3ds MAX 等，这些软件所设计的文字立体感强、材质漂亮、视觉效果好。

9．视觉流程

视觉流程是广告设计中的一个术语，是指人们观看画面时，会有一个共同而自然的视觉流动顺序。课件中的视觉流程与静态画面视觉流程的最大区别是，它是以动态的方式出现的，而且完全受设计者的操作安排。就整个课件而言，视觉流程和整个课件的知识结构同为一体；就单个画面而言，视觉流程则是视觉元素出现的先后顺序。视觉流程的表现形式一般以动画、知识流为媒介，它同时也体现了课件的时间流。

10．音乐与音效

音乐在课件中的作用主要是渲染气氛，烘托意境，活跃课堂教学，吸引学生的注意力。片头、片尾的音乐是必需的，一般以轻松和明快的风格为主。背景音乐的设置则要视课件的类型来决定其有无，如：以练习为主的课件，可设背景音乐，但音乐的节奏要舒缓；而以讲授为主的课件，则没有设背景音乐的必要，因为它会给教师的讲课造成干扰。音乐设置后，还需在课件中设置相应的按钮或菜单，以便根据需要进行开关。动画音效的运用要视具体情况而定，如果是为了提示学生注意，则可用，但要慎用，因为不恰当的音效可能会分散听者的注意力，而过度地使用音效，则会令人生厌。朗诵、解说等，一般不宜用音效，即使用也一定要有节制，必须使用普通话，语速要适中、语音要优美，尽可能带有情感，背景不要有杂音等。

(四)多媒体课件与美学

"美学是研究自然美和艺术美的科学"，是研究美、审美、创造美的一般规律的科学。多媒体教学课件除了传授知识、技能外，还应以优美的画面形象，给人以美的享受，接受美的陶冶与教育。

1．多媒体课件要体现美的特性

美有现实的美和艺术的美，无论是现实的自然美、社会美，还是艺术的美，它们都具有共同的特性，多媒体课件要体现这些特性。

1) 形象性

美的事物和现象总是形象的、具体的，是感官可以直接感受到的。美作为内容和形式的有机统一，它的内容是通过一定的色、形、声等物质材料所构成的外在形式表现出来的。任何抽象的概念、定义或原理，尽管有严谨的科学性，但它们都不是审美的对象。例如，具体的花，它的美可通过花瓣、花蕊的形与色表现出来，但离开具体材料的"花"，它就是一个抽象概念，就谈不上美不美了。多媒体课件是以画面、图像为主要形象特征来表现教学内容的，也就是说，用文字符号所代表的教学内容在多媒体课件中被具体和形象化了。那么，教学内容的科学美，教学方法的形式美，就要通过形象的美来实现了。因此，多媒体课件的艺术美最主要、最基本的是形象美，它包括形象的构思、色彩、色调等。

2) 感染性

美不只是具体的、形象的，而且还具有很强的感染力。它不是直接诉诸于人的理智，而是诉诸于人的情感，通过作用于情感，使人们在精神上得到很大的愉悦与满足。无论是面对着艳丽的鲜花、招展的红旗，还是聆听着优美的乐曲，人们都会情不自禁地心旷神怡。美的感染性是从美的内容和形式的统一中体现出来的。在女子排球国际比赛中，我国运动员获得了冠军。当看到冉冉升起的五星红旗，奏起中国国歌的电视画面时，我们会激动得流出眼泪。因为这时升起的国旗，奏响的国歌，在内容上代表了中国人民的胜利，是中国的荣誉与骄傲；另外，是美的形式，五星红旗的飘扬，特别是与激动的运动员叠印在一起的优美画面，再配合雄壮庄严的国歌乐曲，确实使人感到激动、感到兴奋，激励人们为祖国的强大与繁荣去拼搏。编制多媒体课件，在考虑内容科学性的同时，要充分体现出美的感染力，激发学习者的感情，使多媒体课件在科学内容和美的形式上达到高度的和谐和统一。

3) 社会性

美是受人们的社会实践所规定与制约的，美的客观性与社会性是辩证地统一在一起的。美的社会性，首先表现在它对社会生活的依赖。美来源于人类的社会实践，是一种社会现象。其次，美的社会性还表现在它的社会效用上。人类之所以需要美，追求美，就是因为它对人自身和对社会有用。美的效用不仅表现在经济实用上，还表现在精神上。一件衣服，虽然首先考虑其使用价值，但人们讲究色彩、式样，其重要原因是使人在精神上获得满足感。美在陶冶人的精神方面，能丰富人们的生活，愉悦人们的心情，启发人们的思想，使人们视野开阔，品格更加高尚，精神更加振奋，对社会的精神文明建设有着重要作用。多媒体教学课件的艺术美，要在促进社会的文明进步方面发挥作用。

2. 多媒体课件艺术美要遵循美的物质组合规律

就美的形式来看，它是由构成事物外形的物质材料的自然属性以及它们的组合规律所呈现出来的审美特征共同决定的。构成形式美的主要物质要素是色彩、形状和声音，而这些要素必须按照一定的组合规律组织起来，才会具有一定的审美特性。组合规律又分为各部分之间的组合规律和总体组合规律。属于各部分之间的组合规律主要是匀称和比例，对称和均衡，反复和节奏；属于总体组合规律主要是和谐与多样的统一。

1) 匀称和比例

事物形式要素之间的匀称和比例是人在实践活动中通过对自然事物的总结抽象出来的。毕达哥拉斯学派提出的黄金分割律，实际上是一种常用的比例关系。据说，毕达哥拉斯平拿着一根木棒的两端，并叫他的友人在这棒上刻下一个记号，其位置要使木棒两端的比例不相等，但要令人看来觉得满意。经反复试验与后来几何学家作图证明，均是 1：1.618，近似值是 5：8。这一比例被视为最令人满意的比例，故称之为"黄金分割"。显然，符合黄金分割律的比例，一般说来的确是美的。在日常生活中，人们也常以此来衡量事物的造型。如门窗、床铺以及书刊等的宽长之比，也多符合这一要求。当然不能把一切事物都按这一比例去绝对化地要求，否则会陷入形而上学的困境，反而违背了美的规律。

2) 对称和均衡

对称是生物体自身结构的一种符合规律的存在形式。人体、动物体和植物的叶脉等都有对称性。人类在长期的生活实践中也认识到对称不仅是人类生产、生活的需要，而且对称形式还给人以审美的愉悦。如果事物在左右、上下、前后的布局上出现等量而不等形的情况，即双方虽外形大小不同，分量是对应的，则被称为均衡。均衡可分为天平式、杠杆式、跷板式等多种，这些对造型艺术构图是很有用的。在绘画、雕塑、建筑艺术中，对称、均衡布局能产生庄重、严肃、宏伟、朴素的艺术效果。在多媒体课件的画面构图中，也应遵循这一规律。

3) 反复和节奏

各种物质材料按相同方式排列，就产生了单纯性的反复，产生了整齐一律的美。林荫道上一棵槐树一棵柳树，每一组形成一个层次，各个层次形成反复，就是从错综复杂见重复。有规律的反复，形成节奏。连续层次之间安排适当的停顿，则可使节奏更加分明。节奏是事物正常发展规律的体现，也是符合人类生活所需要的。昼夜交替、季节变化，人体的呼吸、脉搏的跳动、工作的张弛，都是生活中的节奏。音乐节拍的强弱、长短交替，舞蹈动作的反复变化，建筑物上窗户、柱子的排列，绘画中垂直线、水平线、斜线、曲线的重复配置，冷暖色及明暗色的反复、调和，戏剧与电影中紧张场面与抒情场面的交替安排等，都形成了节奏。总之不论在生活中还是在艺术中，打扰了节奏，就违反了事物的正常规律，因而也失去了美。在多媒体课件中，内容与画面形式的安排、色彩与音乐的处理、难与易、原理与应用等都应有规律、有节奏的安排，这样才能获得美的效果，获得良好的教学效果。

4) 和谐与多样的统一

从构成形式美的总体来看，其基本规律是多样的统一。和谐就是多样统一的具体表现。"多样"是整体各个部分在形式上的区别与差异性，"统一"则是指各个部分在形式上的某些共同特性以及它们之间的某种呼应、衬托的关系。客观世界是无比丰富的，因此，只有五色错呈、五音协奏，才能符合人类的审美要求。客观世界的事物是相互关联的，支离破碎、杂乱无章是违背人类要求的。多样的统一性就是要在丰富多彩的表现中保持着某种一致性。

多样的统一包括两种类型：一种是对立因素之间的统一，称之为对比；一种是多种非对立因素相互联系的统一，形成不太显著的变化，称之为调和。就色彩而言，蓝与蓝绿、黄与黄橙、红与紫红，都是具有同一色相的同类色，彼此间可产生和谐的色彩；音乐中利用谐音原理使两个以上的音按一定规律同时发响，形成和声。不同的色、形、声因素在质、量、时、空等方面都可以形成强烈的对比。绿叶扶红花，红绿两色就形成异常鲜明的补色对比。无论是对比，还是调和，都要有变化，在变化中体现出多样统一的美。总之，在变化中求统一，在统一中有变化，看似无规律而实不离规律，才能呈现出生动的气息、深远的意味，进入完善的美景。

3．多媒体课件要体现美的教育

我们的教育是要培养德、智、体、美、劳全面发展的新人。美育是教育的一个重要部分。多媒体课件不仅要传授知识与技能，而且要善于通过画面、声音所形成的艺术美去对学生进行美育的教育。因此，多媒体课件的编制从素材选取、摄影的画面构图、色彩色调、音乐以致整体结构上的组织与节奏都要符合美的规律。另外，教师要培养学生对美的欣赏与判断的能力，对美的事物产生同感共鸣，对丑的事物产生厌恶、憎恨。要激发学生能在现实的学习与生活中创造美的环境、美的心灵、美的精神境界。

请结合自身教学经验体会各种学习理论与教学理论在课件制作活动中的优点与不足。

_____

_____

_____。

第三节　多媒体课件的设计开发流程

本节主要介绍多媒体课件的设计开发流程。通过本节的学习，您将清晰地理解多媒体课件设计开发的流程，初步掌握多媒体课件的制作方法。

与一般计算机教学应用系统设计一样，多媒体课件也有一套完整的设计开发流程，多媒体课件设计开发的一般工作流程可以分为分析、设计、制作、评价及修改几个不同阶段。其中，分析过程包括：需求分析、目标分析、资源分析；设计过程包括：教学设计、结构设计，最后形成脚本；制作过程包括：工具选择、媒体制作、媒体整合；评价过程包括：形成性评价和总结性评价。多媒体课件设计开发的流程图如图2-9所示。

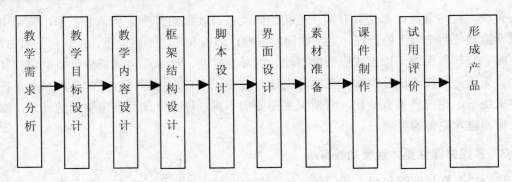

图 2-9　课件开发流程

一、教学需求分析

(一)需求分析的实质

对设计多媒体课件进行需求分析，其实质就是看该课件是否符合学生学习的需求。通俗地讲，学习需求分析就是要分析课件开发的必要性如何？在动手设计之前，我们不妨先问一问自己："为什么要开发这个课件？""不使用这个课件对教学有何影响？"如果不了解这一点，就有可能造成人力、物力和财力上的浪费。

需要明确的是，所谓需求分析，是指学习者的需求，而不是教师的需求，更不是指具体的教学方法与手段的需求。如果偏颇地理解教学需求的含义，就有可能导致盲目追求高新科技的倾向，结果是得不偿失。

(二)需求分析的过程

多媒体课件的需求分析主要包括课件目标分析、课件内容选择、课件使用对象分析、课件运行的环境分析和课件开发成本的估算等方面。

(1) 课件目标的确定包括确定教学内容的重点和难点，确定如何利用多媒体课件弥补传统教学方式的不足，确定采用何种教学模式(辅助讲解工具、学生自学用、作为考试工具用)，以及确定采用一种模式还是多种模式的组合。

(2) 课件内容选择应当以教学大纲为依据，最好由从事教学实践的教师或从事教学、心理研究的工作者来决定，应尽量突出教学中的难点和重点。

(3) 课件使用对象分析。应注意分析学习者在从事新的学习或进行练习时，其原有知识水平或原有的心理发展水平对新的学习的适合性。该分析通常包括学习者的一般特点分析、学习者对学习内容的态度，以及已经具备的相关基础知识与技能的分析和学习者使用计算机能力的分析。

(4) 课件运行环境分析。课件运行的环境包括硬件环境和软件环境两个方面。既要考虑课件的开发平台、计算机语言选用，又要考虑到教学系统中相应的教学环境和教学设备。

(5) 课件成本估算。其包括估算现有的设备和条件是否满足课件开发的要求，需购置的设备及软件的经费，以及将课件推向市场等相关费用。

二、教学目标设计

确定课件的选题以后，应明确该课件的教学目标，进行教学目标设计。课件可以是研究学习型的，也可以是教学型的。主要工作包括确定课件的开发目的、课件所针对的对象或学生通过使用该课件要达到的具体教学目标。同时，应特别注意在教学中采用教学课件的优势在什么地方。

此阶段的工作就是要更加明确课件开发的主要目的：要达到什么样的教学目标，要解决教学工作中什么样的问题，这些问题在传统教学中能否解决或解决效果如何，开发该课件对教学目标的实现有何意义，对教学对象有何帮助，课件相比现行的教学方法和教学模式有什么优势，它所面临的教学对象以及它们的特征和教学需求是什么等。课题选择者对这些问题进行深入思考和分析研究，为下一步调查研究工作奠定基础。课题选择者应撰写该课件的目标和体现开发思路的文档材料，作为可行性研究的基础性文档资料。同时，课题选择者应深入教学第一线，积极和广泛征求、收集意见，使所开发的课件更能满足教学对象的学习要求，并真正符合教学目标的要求。

三、教学内容设计

不同类型、不同使用目的的多媒体课件，其教学设计过程中的具体方法和步骤会有所不同，但就其设计的结果来说都必须回答以下三方面的问题。

(1) 我们期望学习者通过课件的作用学到什么知识？掌握什么技能？获得何种能力的培养？这是确定教学目标和学习内容的问题。

(2) 对于特定的学习者，多媒体课件采用怎样的策略、方法来组织教学内容信息，安排何种学习活动才能达到预期目标？这是分析学习者特征、确立知识结构、确定教学策略、选择并设计信息媒体的问题。

(3) 多媒体课件如何及时评定和强化学习效果？这是进行教学评价的问题。

因此，分析学习者的特征、确定教学目标和学习内容、选定教学策略、设计知识结构、选择设计信息媒体和制订学习评价标准是课件教学设计的基本问题。

四、框架结构设计

多媒体课件信息量大，具有集成性、交互性、控制性强等特点，所以须根据教学设计的结果对课件的整体结构作好设计和规划，它是教学设计的基本思想在软件设计上的具体体现。课件结构一般使用多媒体课件的超媒体结构和导航策略结构。

超媒体结构中的三个基本要素是节点、链和网络。

(一)节点

节点是超媒体中存储数据或信息的单元。节点中信息的载体可以是文本、图形、图像、动画、音频、视频等。在多媒体课件中，节点可以有文本类、图文类、听觉类、视听类等多种形式。

(二)链

链是表示不同节点中存放信息的联系。它是每个节点指向其他节点，或从其他节点指向该节点的指针。链的具体形态体现在跳转关系上，可以通过"热键"、"图标"、"按钮"的方式实现节点之间的跳转。

(三)网络

网络是超媒体中由节点和链构成一个信息的有向网络。在设计网络结构时应考虑主模块与子模块之间、知识单元与知识点之间、知识单元与知识单元之间、知识点与知识点之间的逻辑关系和层次关系以及它们之间的跳转关系，形成一个非线性的网络结构。

传统的教学内容的信息组织结构都是线性的和有序的，而人类的记忆是网状结构，联想检索会导致不同的认知路径。线性结构的教学内容客观上限制了人类以自由联想记忆结构的非线性网状结构的方式来组织信息，它没有固定的顺序，也不要求学习者按照固定的顺序来提取信息。这种非线性的信息组织方式就是超媒体。多媒体课件的信息结构大多采用超媒体的结构方式。

由于超媒体结构中信息内容比较多，内部信息间关系复杂，学习者在沿链学习的过程中容易迷失方向，往往不知道处于信息网络的什么位置上。因此，在设计超媒体结构时，需要认真考虑向学习者提供引导措施，这个措施就是"导航"。它能避免学习者偏离教学目标，可引导学习者进行有效学习，提高其学习效率。

我们常用的导航策略如下。
- 提供检索机制。
- 提供信息网络结构图。
- 提供联机帮助手册。
- 预置或预演学习路径。
- 记录学习路径并允许回溯。
- 使用电子书签等。

五、脚本设计

脚本在课件开发中占有重要的地位，是在教学设计基础上所作出的计算机与学生交互过程方案设计的详细报告，是下一阶段进行软件编写的直接蓝本，是课件设计与实现的重要依据。它不仅影响到课件开发的过程，还直接影响到课件的开发质量和效率。课件设计、课件制作和课件使用是通过脚本连接在一起的，同时，脚本也是课件制作的直接依据。脚本设计是保证课件质量、提高开发效率的重要手段，没有设计优秀的脚本，不可能成为设计优秀的课件。

(一)脚本分类

多媒体课件的脚本可分为文字脚本和制作脚本两种。文字脚本是学科专业教师按照教学过程的先后顺序，将知识内容的呈现方式描述出来的一种方式。它包括教学目标的分析、教学内容和知识点的确定、学习者特征的分析、学习模式选择、教学策略的制定、媒体的选择等内容。

但多媒体教学软件的制作，还应考虑所呈现的各种媒体信息内容的位置、大小、显示特点，所以需要将文字稿本改写成制作脚本。多媒体教学软件的制作脚本是进行课件交互式界面以及媒体表现方式的设计，将文字脚本进一步改编成适合于计算机实现的形式。

(二)脚本格式

脚本卡片是构成脚本的一个不可或缺的重要因素，是脚本的基本单元。脚本卡片又可分为文字脚本卡片和制作脚本卡片。

文字脚本卡片一般包含序号、内容、媒体类型和呈现方式等，其基本格式如表 2-1 所示。

表2-1　文字脚本卡片的基本格式

序　号	内　容	媒体类型	呈现方式

(1) 序号：是用来安排文字脚本卡片序列的。文字脚本卡片的序列是根据教学内容的划分和教学策略的设计，并按教学过程的先后顺序来确定的。

(2) 内容：即某个知识点的内容或构成某个知识点的知识元素，或是与某知识内容相关的问题。一般以文字、图形、图像、动画、解说、效果声等作为知识内容，以问题和答案以及反馈信息作为练习与测试的内容。

(3) 媒体类型：是教师根据教学内容和教学目标的需要，结合各种媒体信息的特点，合理地选择文本、图形、图像、动画、解说、效果声等各种媒体类型。

(4) 呈现方式：主要是指每一个教学过程中，各种媒体信息出现的先后次序(如是先呈现文字后呈现图像，还是先呈现图像后呈现文字，或者图像与文字同时呈现等)和每次调用的信息总数(如图形、文字、声音同时调用，或只调用图文，或只调用文字等)。

制作脚本对多媒体课件的编制提供了直接依据，它告诉课件制作者如何去制作课件，给出具体的制作要求，包括界面的元素和布局、画面的显示时间及切换方式、人机交互方式、色彩的配置、文字信息的呈现、音乐和音响效果和解说词的合成、动画和视频的要求以及各个知识点之间的链接关系等，如图 2-10 所示。

对于脚本卡片的基本要求是：反映课件设计的结果；实现画面设计；对课件制作的支援；表示课件运行的概括。

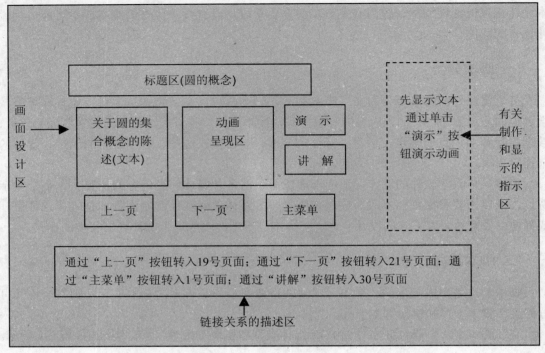

图 2-10　制作脚本卡片的基本格式

(三)编写脚本时应注意的问题

在编写课件脚本时要注意以下几个方面。

- 文本字体大小、颜色使用适当。
- 多媒体元素显示顺序根据教学需要合理设计。
- 显示方式的设计包括采用何种动画方式、如何显示时间长短等,以便于学生观察、思考。
- 链接关系的表述要清楚、无误。
- 制作好的卡片要分类按序存放。

六、界面设计

多媒体课件的界面是学习者和计算机进行信息交换的通道,它提供了一种控制方法或是操作模型。学习者根据屏幕显示的界面,通过键盘、鼠标、触摸屏、监视器等物理设备对屏幕显示(如图符、菜单)作出反应,完成人机之间的交互作用。在多媒体课件中,大量采用图形界面,图形界面要素主要包括窗口、菜单、图标、按钮、对话框和热键等。

(一)窗口

窗口是指屏幕上的一个个矩形的区域,是多媒体课件屏幕界面最主要的呈现处,它包含一个对计算机的特定视口，可以与屏幕相对独立的变化。一个窗口可能很小，只包含一个短信息或是一个单域；也可能很大，占用大部分或全部可用的显示空间。窗口可用以表示不同级别的各种信息，也可同时呈现各种不同信息，还可以顺序显示各级别的和各种类的信息，访问来自不同资源的信息，合并几种不同的信息源，执行多任务，将同一任务进行多种表示等。

(二)菜单

一个教学系统常包含大量数据，并要执行多种功能，通常设计者会在屏幕上制作一个学习者使用的选项列表，使学习者正确使用系统，或建立一连串屏幕。这种使学习者可以从第一个屏幕总的评述中一级一级地达到目的的选项即是我们所说的菜单。菜单的使用提示了用户可用的功能及他们可能没意识到或已忘记的信息。

(三)图标

图标是多媒体课件中一种常用的图形界面对象，它是一种小型的、带有简洁图案的符号，它的外形能直观地表示它的内容或意义。但对图标含义的理解仍取决于使用者平时的生活经验，一个符号的形状由人们任意规定，所以，某些图标的意义只有通过学习才能掌握。

(四)按钮

按钮有时称为按压按钮，类似于电子设备和机械设备中常见的控制按钮，它在屏幕上的位置相对固定，并在整个系统中功能一致。学习者可以通过鼠标单击对它们进行操作，也可以用键盘和触摸屏进行操作。多媒体课件中的按钮种类繁多，但总的来说，按钮通常是矩形的，设计时可以将其设计成方角矩形、圆角矩形、带斜边的矩形、带阴影的矩形等，但在一个课件中，按钮的外形应该保持一致性。在设计按钮时要考虑按钮的定位，例如，是放在窗口底部还是上部或右边等。

(五)对话框

对话框通常以弹出式窗口出现，对话框用于用户之间进行更细致、更具体的信息交流，常由一些选择项和参数设定空格组成。

(六)热键

热键一般在文本中出现，它是采用变色(或鼠标点到时才变色)的方法提醒使用对象，通过热键对变色的内容作详细说明或注解。热键有时可以针对一个字、一个词或一个特定的区域，从而形成热字、热词或热区。

上述这些界面要素以不同的方式实现人机之间的交互，并通过它们将多媒体课件的局部内容和全部内容联系起来。其中的按钮是超媒体界面的重要表达要素。

七、开发、调试、应用阶段

多媒体课件的完整制作流程除了前期的分析、设计，随后就到了正式的开发阶段，课件开发通常是基于某个开发平台或者是专门的课件制作软件，本章第一节已经向读者介绍了常用的课件开发软件，具体开发方法将在第四章～第八章以案例的形式进行介绍。为保证多媒体课件制作的稳定性和实用性，通常情况下，课件制作完成之后需要进行调试。一般情况下，调试需要在不同计算机系统下运行以保证课件运行的稳定性；另外，要保证课件的稳定性和重复使用率，就是反复使用不会出错，即容错率。课件调试良好运行后就可以应用到教学中了。具体应用案例将在第四章～第八章进行详细介绍。

选择一节新课，设计并制作一个多媒体课件，在制作过程中，反思并总结存在的问题，把教材中没有出现的问题及解决办法写在下面的横线上。

_____

_____

_____。

第三章

多媒体素材的收集和整理

本章要点

- 了解不同种类多媒体素材的定义、类型以及应用形式。
- 了解在网络环境下多媒体素材的收集和管理方法。
- 掌握不同种类多媒体素材的编辑方法。
- 能根据自身的教学需要完成相关多媒体素材的收集和整理。
- 能对不同种类素材的教学应用效果进行理性反思。

本章知识结构图

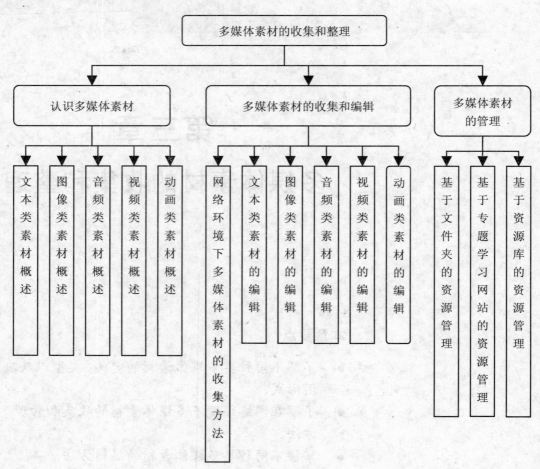

第一节 认识多媒体素材

本节导读

　　本节主要帮助学习者认识多媒体素材以及合理、恰当地应用多媒体素材进行教学活动。通过本节的学习，学习者应了解多媒体素材的定义、类型以及应用形式。

案例研习

王老师想制作一份高质量的多媒体课件，使自己的课堂教学更加丰富。但是课件中可以包含的元素多种多样……，SWF 格式的动画文件和 MPEG 格式的视频文件哪一个更加合适？GIF 格式的图片也是会动的，它也是动画吗？MP3 是我们熟知的音频文件，它和 MIDI 文件有什么区别呢？这些问题促使王老师查阅了相关资料，了解了多媒体素材的定义、类型和应用形式，最终为学生制作出了一份高质量的多媒体课件。

案例分析

多媒体素材包括文本、图形、图像、声音、视频、动画等多种表现形式，将它们应用于多媒体课件中可以配合不同的教学活动，帮助学生更好地获得知识。但每一种素材都有多种存在形式，不同格式和形式的素材都有不同的特性。只有了解这些，才能够在制作课件时准确而快捷地定位素材。认识多媒体素材，了解其定义、类型和应用形式是教师在制作课件之前必须做好的基本功课，也是当代教师应该具备的基本素养。

一、文本类素材概述

(一)文本的定义

文本是指字母、数字和符号，文本文件除了换行和回车外，不包括任何格式化信息，它是 ASCII 码文件。在多媒体应用软件中虽然有多种媒体可供使用，但是在有大段的内容需要表达时，文本方式使用最为广泛。尤其是在表达复杂而确切的内容时，人们总是以文字为主，其他方式为辅。另外，与其他媒体相比，文字是最容易处理、占用存储空间最少、最方便利用计算机输入和存储的媒体。文本显示是多媒体教学软件非常重要的一部分。多媒体教学软件中概念、定义、原理的阐述，问题的表述，标题、菜单、按钮、导航的制作都离不开文本信息。它是准确有效地传播教学信息的重要媒体元素。因此，屏幕画面上少不了文本。

(二)汉字的计算机处理原理

在多媒体计算机中处理汉字，首先要求在该多媒体计算机中具有汉字系统。所谓汉字系统，就是计算机中处理汉字的软件系统。它包括三个方面：一是汉字操作系统，包括汉字信息输入输出管理软件、文字信息处理软件、汉字字库等；二是汉字输入法，就是在汉字操作系统支持下，把汉字输入到计算机中所采用的方法，例如，全拼拼音输入法、简拼拼音输入法、双拼拼音输入法、五笔字型输入法等；三是汉字编辑软件，用于对文本的编辑排版，目前较常用的汉字编辑软件有汉字处理之星 Wordsfor、Word Processing System 及 Word 等。

(三)文本类素材的类型和特点

目前，多媒体课件的编辑合成工具多以 Windows 为系统平台，Windows 系统下的文本文件格式较多，如 Word 文件格式(*.doc)、纯文本文件格式(*.txt)、WPS 文件格式(*.wps)、Portable Document Format 文件格式(*.pdf)等。

.doc：doc 是 Microsoft Word 字处理软件所使用的文件格式。

.txt：txt 文本是纯 ASCII 码的文本文件，纯文本文件是无格式的，即文件里没有任何有关字体、大小、颜色、位置等格式化信息。Windows 系统的"记事本"就是支持 txt 文本的编辑和存储工具。所有的文字编辑软件和多媒体集成工具软件均可直接调用 txt 文本格式文件。

.wps：wps 是中文字处理软件的格式，其中包含特有的换行和排版信息，它们被称为格式化文本，只能在特定的 WPS 编辑软件中使用。

可移植文档格式——PDF

PDF 全称为 Portable Document Format，译为可移植文档格式，是一种电子文件格式。这种文件格式与操作系统平台无关，也就是说，PDF 文件不管是在 Windows、UNIX 还是在苹果公司的 Mac OS 操作系统中都是通用的。这一性能使它成为在 Internet 上进行电子文档发行和数字化信息传播的理想文档格式。越来越多的电子图书、产品说明、公司公告、网络资料、电子邮件开始使用 PDF 格式文件。PDF 格式文件目前已成为数字化信息事实上的一个工业标准。

对普通读者而言，用 PDF 制作的电子书具有纸版书的质感和阅读效果，可以"逼真地"展现原书的原貌，并且显示大小可任意调节，给读者提供了个性化的阅读方式。由于 PDF 文件可以不依赖操作系统的语言和字体及显示设备，因此阅读起来很方便。这些优点使读者能很快地适应电子阅读与网上阅读，无疑有利于计算机与网络在日常生活中的普及。但是，PDF 文件需要使用相关的阅读器进行阅读，常用的官方阅读工具是 Adobe Acrobat Reader 中文版。

二、图像类素材概述

这里所说的图像类素材主要包括图形素材和图像素材两类。

(一)图形素材

计算机中的图形是数字化的，在多媒体系统中的图像有两种类型，一种是矢量图，另一种是位图。这里所讲的图形是矢量图。矢量图是通过一组指令集来描述的，这些指令描述构成一幅图的所有直线、圆、圆弧、矩形、曲线等的位置、维数、大小和形状。显示时需要专门的软件读取这些指令，并将其转变为屏幕上所显示的形状和颜色。矢量图是利用称为 Draw 的计算机绘图程序产生的，其主要用于线形的图画、美术字、工程制图等。但是对于一个复杂的图像，如果用矢量图形格式来表示，则需要花费程序员和计算机大量的时间。

图形素材的类型和特点如下。

- .WMF：Windows 图元文件格式。该文件短小，图案造型化，整个图形往往由各个独立的组成部分拼接而成，图形往往较粗糙，并且只能在 Microsoft Office 中调用编辑。
- .EMF：Windows 增强性图元文件格式。该文件同 WMF 文件一样都是由微软公司开发的基于 Windows 平台的矢量图形。只是 EMF 是为了弥补使用 WMF 的不足而开发的，它可支持更多的 GDI 函数，图像效果更好，基于 Windows 32 位扩展图元文件格式。
- .CDR：由 CorelDRAW 制作生成的。该文件是 CorelDRAW 软件中的图形文件保存格式，属于 CorelDRAW 专用文件存储格式，只有安装 CorelDRAW 相关软件才能打开该图形文件。CDR 文件常出现在商标设计、模型描绘等商业领域。

(二)图像素材

这里讲的图像是指位图，位图即位映射图，它是由描述图像中各个像素点的强度与颜色的数位集合组成的。位图图像适合表现比较细致，层次和色彩比较丰富，包含大量细节的图像。生成位图图像的方法有多种，最常用的是利用绘图的工具软件绘制，用指定的颜色画出每个像素点来生成一幅图形。图像素材的类型和特点如下。

1. .BMP

BMP(Bitmap 的缩写)图像文件是几乎所有 Windows 环境下的图形图像软件都支持的格式。这种图像文件将数字图像中的每一个像素对应存储，一般不使用压缩方法，因此 BMP 格式的图像文件都较大，特别是具有 24 位图像深度的真彩色图像更是如此。由于 BMP 图像文件具有无压缩特点，因此，在多媒体节目制作中，通常不直接使用 BMP 格式的图像文件，而只是在图像编辑和处理的中间过程使用它保存最真实的图像效果，编辑完成后转换成其他图像文件格式，再应用到多媒体项目制作中。

2. .JPEG

JPEG 图像文件格式采用的是较先进的压缩算法。这种算法在对数字图像进行压缩时，可以保持较好的图像保真度和较高的压缩比。这种格式的最大特点是文件非常小，用户可以根据自己的需要选择 JPEG 文件的压缩比，当压缩比为 16:1 时，获得的压缩图像效果几乎与原图像难以区分；当压缩比达到 48：1 时，仍可以保持较好的图像效果，仔细观察图像的边缘可以看出不太明显的失真。因为 JPEG 图像的压缩比很高，因此非常适用于处理大量图像的场合。JPEG 图像格式是目前应用范围非常广泛的一种图像文件格式。

3. .GIF

GIF(graphics interchange format)的原意是"图像互换格式"，是 CompuServe 公司在 1987 年开发的图像文件格式。GIF 文件的数据是一种基于 LZW 算法的连续色调的无损压缩格式。

其压缩率一般在 50%左右，它不属于任何应用程序。目前几乎所有相关软件都支持它，公共领域有大量的软件在使用 GIF 图像文件。GIF 图像文件的数据是经过压缩的，而且采用了可变长度等压缩算法。除此之外，GIF 格式可以保存多幅彩色图像，如果把存于一个文件中的多幅图像数据逐幅读出并显示到屏幕上，就可构成一种最简单的动画。因此，大家看到的 GIF 动画其实质是图像文件。

4. .PNG

PNG(portable network graphics)图像文件格式提供了类似于 GIF 文件的透明和交错效果。它支持使用 24 位色彩，也可以使用调色板的颜色索引功能。可以说 PNG 格式图像集中了最常用的图像文件格式(如 GIF、JPEG)的优点，而且它采用的是无损压缩算法，保留了原来图像中的每一个像素。

以上四种常见的图片存储格式的特点对比如表 3-1 所示。

表 3-1　几种常见的图片存储格式及特点

格　式	特　点
BMP	无压缩，不会丢失图像的任何细节，但是占用的存储空间大
JPG(JPEG)	一种常用的压缩格式，占用的存储空间小
GIF	颜色的失真度较大，有动态和静态两种
PNG	一种位图文件存储格式，适用于颜色有限的图像(如地图、漫画)，对真彩色图像(如照片)不太合适

三、音频类素材概述

(一)声音的定义

声音是指在人的听觉范围 20～20000Hz 内的机械波。音调、音强和音色称为声音的三要素。音调又称音高，与声音的频率有关，频率高则声音高，频率低则声音低。音强又称为响度，即声音的大小，取决于声波振幅的大小。而音色则是由混入基音的泛音所决定的，每个基音又都有其固有的频率和不同音强的泛音，从而使得每个声音具有特殊的音色效果。

声音通常有语音、音效和音乐三种形式。语音指人们讲话的声音；音效指声音的特殊效果，如雨声、铃声、机器声、动物叫声等，它可以是从自然界中录音的，也可以采用特殊方法进行人工模拟制作；音乐则是一种最常见的声音形式。

在多媒体教学软件中，语言解说与背景音乐是多媒体教学软件中重要的组成部分。最常见的有三类声音，即波形声音、MIDI 和 CD 音乐，而在多媒体教学软件中使用最多的是波形声音。

(二)音频素材的类型和特点

常见的声音文件的类型有 WAV、MIDI 和 MP3 等。

1．.WAV

WAV 是波形声音文件格式，它是通过对声音采样生成的。在软件中存储着经过模数转换后形成的千万个独立的数码组，数码数据表示声音在不连续的时间点内的瞬时振幅。

2．.MIDI

MIDI(乐器数字接口)是一个电子音乐设备和计算机的通信标准。MIDI 数据不是声音，而是以数值形式存储的指令。一个 MIDI 文件是一系列带时间特征的指令串。实质上，它是一种音乐行为的记录，当将录制完毕的 MIDI 文件传送到 MIDI 播放设备中去时，才形成了声音。MIDI 数据是依赖于设备的，MIDI 音乐文件所产生的声音取决于用于放音的 MIDI 设备。MIDI 音乐格式与 WAV 波形声音文件格式的优缺点对比如表 3-2 所示。

表 3-2　MIDI 与 WAV 的优缺点对比

类　型	优　点	缺　点
WAV	有可靠的放音质量和潜在的高质量音频	不适合控制乐曲的所有细节。文件数据大，占用处理器较大空间
MIDI	文件数据紧密。占用处理器的空间较小。在一定条件下能产生比数码音频更好的声音。允许控制一首乐曲中最细微的部分。允许不改变音调而改变音阶	在没有控制的环境中，放音质量不可靠。使用起来比数字波形声音难度大，通常需要懂一些音乐知识

3．.MP3

MP3 是以 MPEG Layer 3 标准压缩编码的一种音频文件格式。MPEG 编码具有很高的压缩率，通过计算可以知道，一分钟 CD 音质(44 100Hz，16bit，2 Stereo，60s)的 WAV 文件如果未经压缩需要 10MB 左右的存储空间。MPEG Layer 3 的压缩率高达 1：12。以往 1min 左右的 CD 音乐经过 MPEG Layer 3 格式压缩编码后，可以压缩到 1MB 左右的容量，其音色和音质还可以保持基本完整而不失真。

几种常见的声音格式特点对比如表 3-3 所示。

表 3-3　几种常见的声音存储格式及特点

格　式	特　点
WAV	无压缩，音质最好，但占用的存储空间大
MIDI	电脑音乐的统称，占用的存储空间很小
MP3	将 WAV 压缩后的一种音乐格式，占用空间小，声音质量高
WMA	微软公司的一种声音格式，占用空间比 MP3 小，且声音质量很高

四、视频类素材概述

(一)视频的定义

视频(Vedio)与动画一样,由连续的画面组成,只是画面是自然景物的动态图像。视频一般分为模拟视频和数字视频,其中,电视、录像带是模拟视频信息。当图像以每秒24帧以上的速度播放时,由于人眼的视觉暂留作用,我们看到的就是连续的视频。多媒体素材中的视频指数字化的活动图像。VCD光盘存储的就是经过量化采样压缩生成的数字视频信息。视频信号采集卡是将模拟视频信号在转换过程中压缩成数字视频,并以文件形式存入计算机硬盘的设备。将视频采集卡的视音频输入端与视音频信号的输出端(如摄像机、录像机、影碟机等)连接之后,就可以采集捕捉到视频图像和音频信息。

视频文件是由一组连续播放的数字图像(Vedio)和一段随连续图像同时播放的数字伴音共同组成的多媒体文件。其中的每一幅图像称为一帧(Frame),随视频同时播放的数字伴音简称为"伴音"。在计算机上将压缩后的视频文件播放出来,仍然要保持原模拟电视的分辨率、颜色和播放速度,这个过程称为解压缩或视频解码。如果对数字电视进行压缩和对压缩的文件进行解码所需的计算时间相同,这种压缩编码方式称为对称压缩编码;反之称为不对称压缩编码。通常,视频压缩所需时间大于解压缩所需时间,采用的是不对称压缩编码。

由于视频中包含声音信息,因此在对视频进行压缩时,也要对其中的声音信息进行编码和压缩。完整的视频压缩格式应当包括对视频和伴音的压缩和协调处理。

(二)视频素材的类型和特点

常见的视频文件有 AVI、VOB、DAT、WMV、MPEG、RM、MOV 等。

1..AVI

AVI 是 Audio Video Interlaced 的缩写,意为"音频视频交互"。该格式的文件是一种不需要专门的硬件支持就能实现音频与视频的压缩处理、播放和存储的文件。AVI 视频文件的扩展名是"*.avi"。

AVI 格式文件可以把视频信号和音频信号同时保存在文件中,在播放时音频和视频同步播放,AVI视频文件的应用非常广泛,并且以其经济、实用而著称。

2..VOB

VOB 是 DVD 视频文件存储格式。该文件可以通过 DVD 播放机播放。

3..DAT

DAT 是 VCD 视频文件存储格式,是 DVD 格式发展前的主流视频文件格式。此类文件可以通过 VCD 播放机播放。

4..WMV

WMV 是编码视频文件,是一种视频压缩格式,该格式的视频文件虽然经过压缩,但是却可以获得较高的压缩比，从而既降低了文件的大小，又保证了画面的质量，是网络中比较受欢迎的流媒体视频格式。

5. .MPEG

MPEG 是 Motion Picture Experts Group 的缩写。MPEG 方式压缩的数字视频文件包括 MPEG1、MPEG2、MPEG4 在内的多种格式，我们常见的 MPEG1 格式被广泛用于 VCD 的制作和一些视频片段下载的网络应用上面。

使用 MPEG1 的压缩算法，可以把一部 120min 长的电影压缩到 1.2GB 左右大小；使用 MPEG2 的压缩算法压缩一部 120min 长的电影，可以压缩到 4～8GB 大小。

6. .RM

实时声音(Real Audio)和实时视频(Real Vedio)是在计算机网络应用中发展起来的多媒体技术，它可以为使用者提供实时的声音和视频效果。Real 采用的是实时流(Streaming)技术，它把文件分成许多小块，然后像工厂里的流水线一样下载。用户在采用这种技术的网页上欣赏音乐或视频，可以一边下载一边用 Real 播放器收听或收看，不用等整个文件下载完才能收听或收看。Real 格式的多媒体文件又称为实媒体(Real Media)或流格式文件，其扩展名是.rm、.ra 或.ram。在多媒体网页的制作中，该格式文件已成为一种重要的多媒体文件格式。如果要在网页中使用类似 Real 格式文件那样的"流式播放"技术，不仅要求浏览器的支持，还需要使用支持流式播放的网页服务器。

7. .MOV

MOV 是 Apple 公司为在 Macintosh 微机上应用视频而推出的文件格式。同时，Apple 公司也推出了为 MOV 视频文件格式应用而设计的 QuickTime 软件。这种软件有在 Macintosh 和 PC 上使用的两个版本，因此，在多媒体 PC 上也可以使用 MOV 视频文件格式。QuickTime 软件和 MOV 视频文件格式已经非常成熟，应用范围也非常广泛。

几种常见的视频格式文件的特点对比如表 3-4 所示。

表 3-4　几种常见的视频存储格式及特点

格　式	特　点
AVI	由视频和音频两部分组成，无压缩，高质量，但占用存储空间大
RM	质量不高，占用空间小，一般用于低速网上实时传输音频和视频信息的压缩格式
DAT	VCD 影碟中的视频文件

(三)常用的视频编辑软件

视频编辑就是通过对捕获来的视频影像进行编辑处理来完成部分片段的制作。而计算机处理视频影像则是利用数字方式对数字化的视频信息进行编辑处理，制作出具有多种视觉效果的视频文件。具有数字视频编辑功能的软件很多，其中比较常用的有 Windows Movie Makers、Adobe Premiere、Media Studio Pro、Sony Vages、会声会影、After Effects 等。

视频的制式

视频影像实质上是快速播放的一系列静态图像，当这些图像是实时获取的人文和自然景物图时，称为视频影像。

视频有模拟视频(如电影)和数字视频，它们都是由一序列静止画面组成的，这些静止的画面称为帧。一般来说，帧率低于 15 帧/秒时，连续运动视频就会有停顿的感觉。

我国采用的电视标准是 PAL 制，它规定视频为 25 帧/秒(隔行扫描方式)，每帧 625 个扫描行。当计算机对视频进行数字化时，就必须在规定的时间内(如 1/25 秒内)完成量化、压缩和存储等多项工作。

五、动画类素材概述

(一)动画的定义

动画是通过一系列彼此有差别的单个画面来产生运动画面的一种技术，通过一定速度的播放可达到画中形象连续变化的效果。要实现动画首先需要有一系列前后有微小差别的图形或图像，每一幅图片称为动画的一帧，它可以通过计算机产生和记录。只要将这些帧以一定的速度放映，就可以得到动画，称为逐帧动画。

在教学中，往往需要利用动画来模拟事物的变化过程，说明科学原理，尤其是二维动画，在教学中应用较多。在许多领域中，利用计算机动画来表现事物甚至比电影的效果更好。因此，较完善的多媒体教学软件都应配有动画以加强教学效果。

(二)动画素材的类型和特点

常见的动画文件有 FLC、SWF、AVI 等。

1. .FLC

FLC 是 Flash 源文件存放格式。在 Flash 中，大量的图形是矢量图形，因此，在放大与缩小的操作中没有失真，它制作的动画文件所占的体积较小。Flash 动画编辑软件功能强大，操作简单，易学易用。

2. .SWF

SWF 是 Macromedia 公司(现已被 ADOBE 公司收购)的动画设计软件 Flash 的专用格式，是一种支持矢量和点阵图形的动画文件格式。它具有缩放不失真、文件体积小等特点。SWF 采用了流媒体技术，可以一边下载一边播放，目前，被广泛应用于网页设计、动画制作等领域，SWF 文件通常也被称为 Flash 文件。

3. .AVI

严格来说，AVI 格式并不是一种动画格式，而是一种视频格式，它不仅包含画面信息，亦包含声音效果。因为包含声音的同步问题，因此，这种格式多以时间为播放单位，在播放时，不能控制其播放速度。

活动建议

不同格式的多媒体文件在文件大小、清晰度等属性上都有不同，请根据本节学习内容并结合自身教学的实际经验，总结不同类型文件在使用时应注意的事项，请将您的总结写在下面的横线上。

_____

_____

_____。

第二节　多媒体素材的收集和编辑

本节导读

本节主要帮助学习者认清在网络环境下多媒体素材的收集方法，使其知道如何编辑文本、图像、视频和动画类素材。

案例研习

张老师想为学生制作一份精美的多媒体课件，他想使课件中包含文本、图片，还想通过一段视频短片来使学生更全面地了解知识。此外，张老师还需要一个动画来辅助新知识的讲授……想要完成这样一个课件，素材必不可少。网络中存在着大量的相关素材，但是如何获取这些素材并为己用呢？而且有些素材并不一定完全符合张老师的设计要求，他又如何将这些素材进行编辑和再加工呢？

案例分析

多媒体课件可以集文本、图形、图像、声音、视频、动画于一体，配合不同的教学活动，帮助学生更好地获得知识。但在网络中存在着浩如烟海的素材，如果没有正确且得当的收集和编辑方法，则极易出现面对素材无从下手获取的局面，或无法让素材充分满足课件的需要。因此，学会掌握收集和编辑多媒体素材的方法便成了教师在制作课件之前的必修课，这也是当代教师应该具备的基本能力。

一、网络环境下多媒体素材的收集方法

网络资源异常丰富，具有大量的文字、图像、声音、视频、动画等多媒体资料。在网络中，除了可以偶然发现和顺链寻找之外，也可以利用搜索引擎查找资源后再使用软件下载。从广义上说，网络搜索引擎就是用来对网络信息资源管理和检索的一类软件，是在Internet上查找信息的工具或系统，也是在浩瀚的网络信息海洋中寻找所需信息的必备工具。常用的网络搜索引擎有百度、谷歌等。

在网络环境下，还可以使用 FTP 的方式来传输信息。FTP 是 Internet 上使用非常广泛的一种通信协议，它是由支持 Internet 文件传输的各种规则所组成的集合，这些规则可以使 Internet 用户把一个文件从一个主机复制到另一个主机上，因而为用户提供了极大的便利条件。

利用网络搜索引擎和 FTP 文件传输方式可以方便网络资源的搜索，而使用一些常用的下载工具则可以迅速而有效地将资源从网络上下载到本地。常用的下载工具有迅雷软件、维棠软件等。下面就介绍几种多媒体资源的收集方法。

(一)使用搜索引擎查找资源

1. 查找与课文"触摸春天"相关的文本资源

这里以百度搜索引擎为例。运行 IE 浏览器，在地址栏中输入百度搜索引擎的地址：www.baidu.com，然后按回车键进入该搜索引擎的首页，如图 3-1 所示。

图 3-1　百度搜索引擎首页

在关键词输入文本框中输入"触摸春天"，单击"百度一下"按钮，则会在跳转页面中显示出与"触摸春天"相关的网页资源，如图 3-2 所示。

提示卡

若想快速寻找与"触摸春天"相关的文本类资源，可以直接在搜索引擎中输入关键词并定义搜索的文件类型。如输入："触摸春天 filetype:doc"，便可直接搜索到文件类型为 Word 文档的与"触摸春天"相关的资源。

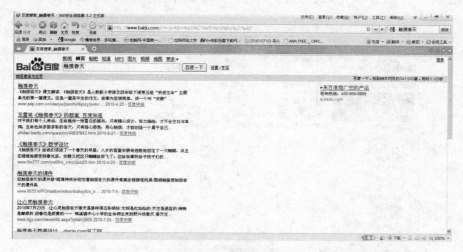

图 3-2　查找网页资源

2. 搜索与"触摸春天"相关的图像类资源

保留"触摸春天"关键词，单击关键词输入文本框上面的"图片"超链接，则显示出与"触摸春天"相关的图片资源，如图 3-3 所示。此时，单击关键词输入文本框下方"图片尺寸"中的"大图"、"中图"、"小图"等超链接，可以使结果按照指定范围显示。也可以直接在关键词中添加所需图片的大小，如输入"触摸春天 800*600"则可以搜索大小为 800*600 的与"触摸春天"相关的图片。

图 3-3　查找图片资源

3. 搜索与"触摸春天"相关的音频类资源

在搜索引擎上保留"触摸春天"关键词，单击关键词输入文本框上面的 MP3 超链接，则显示出与"触摸春天"相关的多媒体资源，如图 3-4 所示。此时，选中关键词输入文本框下方的不同单选按钮则可以分别显示指定格式的资源，如"mp3"、"wma"、"rm"或"其它格式"等。注意，如果选中"其它格式"单选按钮，其搜索结果中可能包含一些视频资源；如果选中"全部音乐"单选按钮，则搜索结果中可能包含一些 Flash 资源。

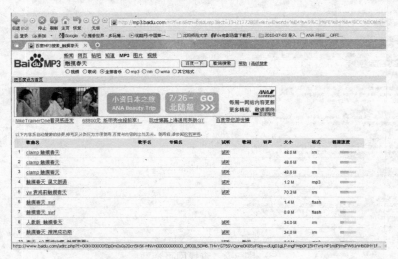

图 3-4　查找 MP3 资源

4. 搜索与"触摸春天"相关的视频类资源

保留"触摸春天"关键词，单击关键词输入文本框上面的"视频"超链接，则显示出与"触摸春天"相关的视频资源，如图 3-5 所示。

图 3-5　查找视频资源

5. 搜索与"触摸春天"相关的动画类资源

如果要查找一个 Flash 动画资源，则需要单击关键词输入文本框右侧的"高级搜索"超链接，在"高级搜索"页面中设置关键词并在"文件格式"下拉列表中选择 flash 选项，如图 3-6 所示。然后单击"百度一下"按钮，则可搜索到与所设置关键词相关的 Flash 文件。

高级搜索	
搜索结果	包含以下关键词
	触摸春天
文件格式	只搜索指定格式
	flash

百度一下

图 3-6　"高级搜索"页面

拓展阅读

利用搜索语法进行搜索

搜索引擎是通过内部的某些软件程序把 Internet 上的信息进行分类整理，或者是通过人工组织的方式把某些数据归类，形成一个可供查询的大型数据库。可以说："搜索是一种组织和查询信息的方式！"

一般来说，在每个搜索引擎中均提供分类目录及关键词检索这两种信息查询的方法。而这些搜索引擎的基本用法是搜索引擎站点中都提供一个可以输入关键词的文本框和一个"搜索"按钮，用户可以在文本框中键入关键词，然后单击"搜索"按钮，搜索引擎就会自动地在其内部的数据库中进行检索，最后把与关键词相符合的或者是与关键词相近的网站显示在结果页面中，接着用户只需通过搜索引擎提供的链接地址，就可以访问到相关信息。这种查询方法的关键之处在于关键词的选择和表达上。

如果关键词选择不当，搜索的结果会返回大量无用的垃圾信息，或者有用的信息被淹没在大量的冗余的页面之中。所以在选择关键词时，应该熟练掌握关键词的语法表达方式，这样就可以少走弯路，得到更精确的搜索结果，从而迅速找到自己所需要的信息。虽然各个搜索引擎的搜索语法不完全相同，但下述搜索语法还是比较通用和常见的。

(1) 直接输入关键字，搜索引擎就把包括关键字的网站和与关键字意义相近的网站地址一起返回给用户。例如，输入"网上教学"，搜索引擎就会把"网上学习"、"远程教学"以及"网上教学"等内容的网址一起反馈给用户，因此这种查询方法往往会返回大量不需要的信息。

(2) 利用双引号来查询完全符合关键字串的网站。例如，输入"电脑硬件"，会找出包含网络资源的网站，但是会忽略包含"电脑硬件行情"的网站。这种查询方法要求用一对半角的双引号将关键字括起来。

(3) 在关键字前加"t:"，搜寻引擎仅会查询网站名称。例如，输入"t:电脑"，将找出包含"电脑"的网站名称。

(4) 在关键字前加"u:"，搜寻引擎仅会查询网址(URL)。例如，输入"u:yancheng"，将找出包含"yancheng"的网址。

(5) 利用"+"来限定关键字串一定要出现在结果中。例如，输入"电脑+网络"，将找出包含电脑和网络的网站。

(6) 利用"-"来限定关键字串一定不要出现在结果中。例如，输入"电脑-网络"，将找出包含"电脑"但除了"网络"的网站；输入"发如雪-html"，会在"发如雪"的相关网页中过滤掉后缀名为 html 的网页。

(7) 利用"*"代替所有的字母，用来检索那些变形的关键词或者是不能确定的关键词。例如，输入"电*"后的查询结果可以包含电脑、电影、电视等内容。

(8) 利用"()"可以把多个关键词作为一组，并进行优先查询。例如，输入"(电脑+网络)-(硬件+价格)"来搜索包含"电脑"与"网络"的信息，但不包含"硬件"与"价格"的网站。

(9) 利用 AND(&)表示前后两个关键词是"与"的逻辑关系。例如，输入关键词"ENGLISH AND CHINESE"，将找出包含"ENGLISH"和"CHINESE"的网站。

(10) 利用 OR(|)表示前后两个词是"或"的逻辑关系。例如，输入关键词"ENGLISH OR CHINESE"，将找出包含"ENGLISH"或者"CHINESE"的网站。

(11) 利用 NOT(-)表示要限制关键词在结果中出现。例如，输入关键词"CHINESE NOT ENGLISH"，将找出包含"CHINESE"，而不包含"ENGLISH"的信息。

(12) 利用 NEAR 来检索两个关键词之间的信息。例如，输入关键词"THE NEAR BOOK"，将找出关键词"THE"和"BOOK"之间的信息，比如可以找到 THE INTERSETING CHINESE BOOK 这样的信息。NEAR 后面可以跟数字来限定两个指定关键字之间允许出现的关键词数。

(二)下载一段文字

从网络上下载一段文字的步骤如下。

(1) 打开一个具有所需文字材料的网页。

(2) 按住鼠标左键选取需要的内容，如图 3-7 所示。

(3) 利用"复制"命令或者使用 Ctrl+C 组合键进行复制，如图 3-8 所示。

(4) 打开 Word 或者"记事本"软件，如图 3-9 所示。

(5) 利用"粘贴"命令或者使用 Ctrl+V 组合键，粘贴已经复制好的文本，如图 3-10 所示。

(6) 保存文本，这样就可以获得网络中的一段文字。

某些网页中的内容若无法选取，则可以采用将网页另存的方法来获得内容。选择"文件"|"另存为文本文件"命令，便能获得网页中的文字内容。这种方式会将网页中的其他无用元素(如图标、表格框等)一起获取，所以使用者还需要进一步进行挑选和加工。

图 3-7 选取文字

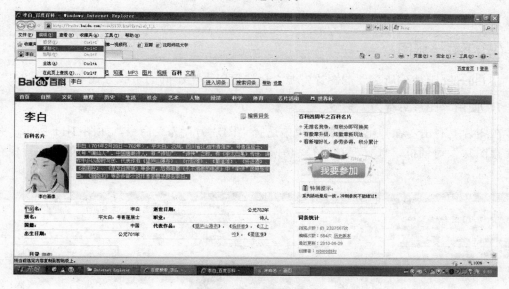

图 3-8 复制文字

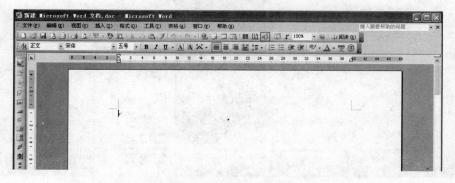

图 3-9 Word 窗口

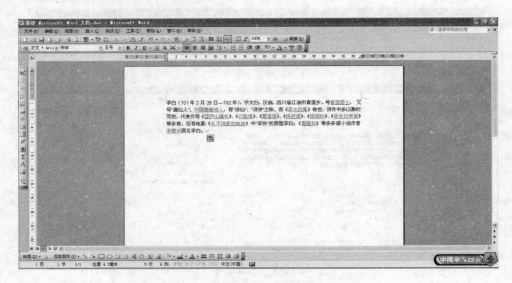

图 3-10　粘贴文字

(三)下载一张图片

在 Internet 上找到所需要的图片资源之后,可以采用不同的下载方式下载。

1. 使用"图片另存为"命令

在图片上右击,在弹出的快捷菜单中选择"图片另存为"命令,如图 3-11 所示。弹出"保存图片"对话框,选择保存路径和另存文件名,单击"确定"按钮则可将图片保存到指定位置。

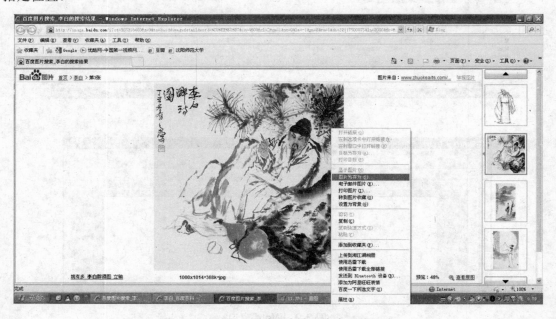

图 3-11　利用"图片另存为"命令下载图片

2. 使用"复制"和"粘贴"命令

在图片上右击，在弹出的快捷菜单中选择"复制"命令。然后打开支持图片素材的软件，如 Windows 系统自带的"画图"工具，选择"粘贴"命令，可将剪贴板中的图片资源粘贴到该软件中，如图 3-12 所示。

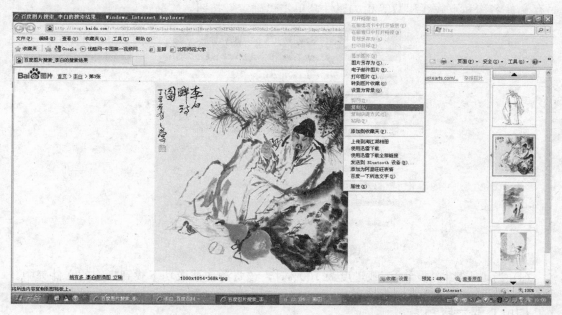

图 3-12　利用"复制"和"粘贴"命令下载图片

(四)下载一个 Flash 动画

Flash 动画作为一种常见的多媒体资源，有些网站提供了链接地址，有些网站支持在线播放，我们可以采用不同的方法进行下载。

1. 使用链接下载

具体下载步骤如下。

(1) 在百度搜索引擎中的 MP3 选项中，可以选择 Flash 类型并搜索到相关的 Flash 资源下载地址，在网页所提供的下载地址处右击，在弹出的快捷菜单中选择"目标另存为"命令。

(2) 在弹出的"保存文件"对话框中选择保存路径和另存文件的名称，单击"确定"按钮。

2. 下载内嵌在网页中的 Flash 文件

有些网页中嵌入了播放器，用来播放 Flash 文件，但没有提供直接的下载地址，此时则可以利用某些具有捕捉媒体功能的下载软件，如最新版本的迅雷软件来下载。下面将介绍如何利用迅雷下载嵌入网页中的 Flash 文件。

(1) 在本机中安装并运行迅雷软件(迅雷软件可以到 www.xunlei.com 网站上下载最新

多媒体课件理论与实践

版本)。

(2) 打开在线播放 Flash 文件的网页，将鼠标移动到播放器上，停留若干秒后，直到鼠标旁边出现由迅雷软件提供的"下载"按钮。

(3) 单击"下载"按钮，弹出迅雷软件下载对话框，如图 3-13 所示，设定保存文件夹、另存文件名称和下载线程数等相关属性，单击"确定"按钮。

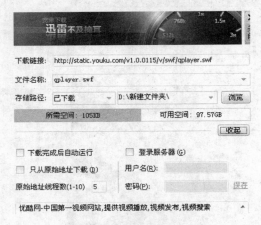

图 3-13　迅雷软件下载对话框

(4) 当迅雷软件显示的下载进度为 100%时，该资源便被成功下载到指定的文件夹中。

(五)下载一段声音

声音文件的下载方式与 Flash 动画的下载方式相似，具体步骤如下。

(1) 在百度搜索引擎中的 MP3 选项中输入"触摸春天"，搜索到相关音频文件资源的下载地址，在网页所提供的下载地址处右击，在弹出的快捷菜单中选择"目标另存为"命令，如图 3-14 所示。

图 3-14　选择"目标另存为"命令

(2) 弹出"另存为"对话框，选择保存路径和另存文件的名称，单击"确定"按钮，如图 3-15 所示。

图 3-15　"另存为"对话框

(六)下载一个 FLV 格式的视频

1．什么是 FLV 格式文件

FLV 是 Flash Video 的简称，FLV 流媒体格式是随着 Flash MX 的推出发展而来的视频格式。由于它形成的文件极小、加载速度极快，使得网络观看视频文件成为可能，它的出现有效地解决了视频文件导入 Flash 后，导出的 SWF 文件体积庞大，不能在网络上很好地使用等缺点。

FLV 文件体积小巧，1min 清晰的 FLV 视频在 1MB 左右，一部电影在 100MB 左右，是普通视频文件体积的 1/3，再加上 CPU 占有率低、视频质量良好等特点使其在网络上盛行。目前，FLV 流媒体格式文件被众多新一代视频分享网站所采用，是目前增长最快、最为广泛的视频传播格式。

FLV 格式不仅可以轻松地导入 Flash 中，速度极快，能起到保护版权的作用，并且可以不通过本地的微软或者 Real 播放器来播放视频。目前各在线视频网站，如新浪播客、六间房、56、优酷、土豆、酷 6 等，无一例外地均采用此视频格式。FLV 已经成为当前视频文件的主流格式。

2．FLV 格式视频文件的下载

(1) 一般来说，除 FLV 格式以外的视频文件都可以使用较新版本的迅雷软件进行捕捉和下载，具体方法同 Flash 格式文件的下载。下载 FLV 格式的视频文件可以使用专门的 FLV 视频下载软件，如维棠软件进行下载。

(2) 安装维棠软件后，打开在线播放 FLV 格式视频资源的网页，将该网页的 URL 地址复制到剪贴板中。

(3) 回到维棠软件界面，单击工具栏上的"新建"按钮，弹出"添加新的下载任务"对话框，将剪贴板中的 URL 地址粘贴到"视频网址"文本框中，单击"确定"按钮，如图 3-16 所示。

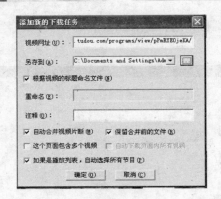

图 3-16 "添加新的下载任务"对话框

（4）如果软件成功地分析出下载资源地址，则会将该视频资源下载到指定的文件夹中。下载界面如图 3-17 所示。

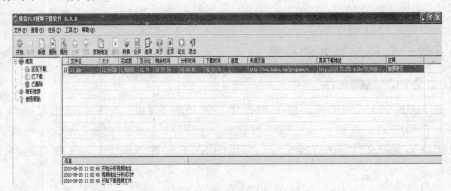

图 3-17 利用维棠软件下载视频资源

二、文本类素材的编辑

文本信息是教学中最基本的媒体元素，是教学内容的重要载体。在多媒体教学课件中，不论是教学内容还是问题表述，都离不开文本的支持。

(一)文本的制作方法

在设计与开发多媒体课件时，文本的制作方法通常有以下三种。

1) 利用通用文字处理软件制作

例如，利用文字处理软件 WPS 或 Microsoft Office Word 软件等。在这些软件中将多媒体课件所需表现的文字内容输入到计算机中，存储为纯文本文件，其格式为.txt，此种文件格式在大多数的多媒体课件开发软件中均可直接调用并进行编辑。

2) 利用多媒体开发工具直接制作

一般的多媒体开发工具均有文字制作工具，利用它们提供的工具可直接制作文本。这些制作工具可进行文字的样式(Style)、文字的大小(Size)、文字的对齐方式(Align)及字体(Font)

等多种属性的调整。在多媒体课件中字的大小可根据需要进行选择，但一般情况下，中文字不能小于"小四"号或 12 磅，成段文字的行距不应小于 1.5 倍。在选用其他字体时，要考虑通用性，若其他多媒体计算机没有同样的字库，则调用该多媒体课件时，文字就不能显示或显示错码。

3）利用图像处理软件制作

例如，利用图形处理软件 Photoshop 可以做出多姿多彩、不同效果的文字。做出的文字是以图像文件格式存储的，所以在多媒体开发工具中需要用插入图片的方法调用。用此种方法制作的文字比较美观，但修改麻烦，在制作时，要预先设计好文本区的形状与大小。

(二)文本的艺术编辑

在制作多媒体课件时，为了使课件具有较好的艺术性及突出教学中的重点，常常需要在课件中应用各类艺术字以及一些特殊符号，这就要求对文本进行艺术加工，包括艺术字的制作及给文字配颜色、加阴影，使文字倾斜、旋转、延伸，以增强文本的艺术魅力。

1. 文本艺术字的制作

多媒体课件中的艺术字有多种制作方法，也有专门的制作软件，比如 CorelDraw、Photoshop 等。这里主要以 Word 2003 为例介绍如何制作文本艺术字。

（1）打开 Word 2003 组件，进入 Word 的文档编辑工作状态。

（2）使光标处于要插入的艺术字的位置上，选择"插入"|"图片"|"艺术字"命令。

（3）在弹出的"艺术字库"对话框中选择艺术字的样式，单击"确定"按钮。在弹出的"编辑'艺术字'文字"对话框中设置艺术字体、字号等属性并在"文字"文本框中输入文本，单击"确定"按钮即可。

2. 特殊符号的输入

在制作理科课程类的多媒体课件时，往往需要表现一些特殊符号的课程内容，例如，希腊语、拉丁语、箭头、数学运算符号、技术符号、几何图形符、制表符等。这一系列特殊符号的输入，可通过菜单栏中的"插入"|"符号"和"插入"|"特殊符号"命令来实现。

(三)将 PDF 文档转化为 Word 文档

我们可以利用 Office 2003 中的 Microsoft Office Document Imaging 组件来进行 PDF 文件的编辑和修改，以实现 PDF 转 Word 文档。

安装 Office 2003 中的有关组件。使用 Office 2003 安装光盘中的"添加或删除功能"，更改已安装的功能或删除指定的功能，如图 3-18 所示。

单击"下一步"按钮，在弹出的对话框中选中"选择应用程序的高级自定义"复选框并单击"下一步"按钮继续安装。选择"Office 工具"|Microsoft Office Document Imaging 命令，按提示选择安装"扫描、OCR 和索引服务筛选器"和 Microsoft Office Document Image Writer 选项，如图 3-19 所示。

在安装完 Microsoft Office Document Imaging 组件后，Windows XP 系统会自动安装一个名为"Microsoft Office Document Imaging Writer"的打印机。Imaging 组件可以通过这个虚

拟打印机将 PDF 文件所保存的信息识别，从而达到将它直接转换输出到 Word 等文字编辑工具中的目的。

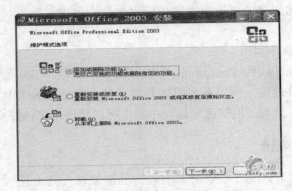

图 3-18 选中"添加或删除功能"单选按钮

图 3-19 选择组件进行安装

用 Adobe Reader 打开想转换的 PDF 文件，选择"文件"|"打印"命令，弹出"打印"对话框，在"打印机"选项组中的"名称"下拉列表中选择 Microsoft Office Document Image Writer 选项，如图 3-20 所示。

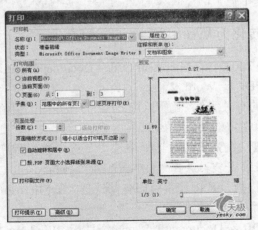

图 3-20 设置"打印"属性

确认后将该 PDF 文件输出为 MDI 格式的虚拟打印文件，如图 3-21 所示。

图 3-21　将 PDF 文件输出为 MDI 格式的虚拟打印文件

运行 Microsoft Office Document Imaging 组件，并利用它打开刚才保存的 MDI 文件，选择"工具"|"将文本发送到 Word"命令，如图 3-22 所示。

图 3-22　将 MID 文本发送到 Word 中

在弹出的"将文本发送到 Word"对话框中选中"所有页面"单选按钮和"在输出时保持图片版式不变"复选框，如图 3-23 所示。

图 3-23　设置发送属性

确认后系统会提示"必须在您执行此操作前识别该文档中的文本(OCR)。这可能需要一些时间",单击"确定"按钮即可。

利用 Office 2003 实现 PDF 文件转 Word 文档的功能,在转换后的 Word 文档中会丢失原来的排版格式,所以还需要手工对其进行排版和校对。

除了上述方法外,还可以利用网络中的 PDF 转 Word 工具(如 Solid Converter PDF)进行转换。首先下载安装文件 Solid Converter PDF,单击安装。运行软件,按工具栏要求选择需要转换的 PDF 文档,单击右下方的"转换"(Convert)按钮,选择自己需要的版式,根据提示完成转换。

安装 Solid Converter PDF 前有下载安装插件的过程,因此需要保证您的网络连接通畅。

三、图像类素材的编辑

Photoshop 是目前为止最为普及的图片素材编辑处理软件,它的功能完善,性能稳定,使用方便。通过它可以实现对图像类素材的编辑,该软件在课件制作过程中经常被用到。

教生物的王老师要处理一个细胞模型,他从网上下载了一幅图片,但是还需要对图片进行修正,具体操作如下。

1. 图像的倾斜校正

(1) 安装并启动 Photoshop 图像处理软件。

(2) 在 Photoshop 中打开要修改的图像。如果"图层"控制面板没有打开,可选择"窗口"|"图层"命令,打开"图层"控制面板,如图 3-24(a)所示,双击"背景"层,弹出"新图层"对话框,单击"好"按钮,如图 3-24(b)所示,将背景层转换成普通图层,以便对其进行编辑操作。

(a) "图层"控制面板   (b) "新图层"对话框

图 3-24 "图层"控制面板和"新图层"对话框

(3) 选择"编辑"|"变换"|"旋转"命令,在窗口的上方显示"变换属性"工具栏,

如图 3-25 所示。在图像四周出现 8 个控制点，图像中央出现一个十字形的旋转中心。将鼠标指针放在图像四周的控制点上，此时鼠标指针变成弯曲的双向箭头形状。

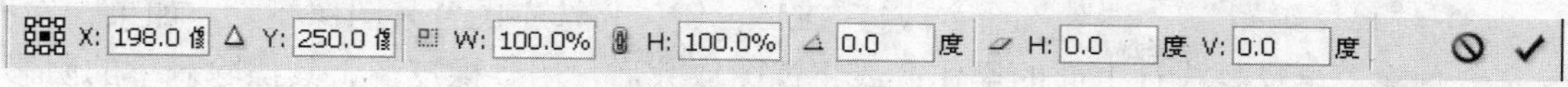

| 器器 X: 198.0 值 △ Y: 250.0 值 ☒ W: 100.0% ⬚ H: 100.0% ∠ 0.0 度 ⬚ H: 0.0 度 V: 0.0 度 | ⊘ ✔ |

图 3-25　"变换属性"工具栏

(4) 拖动鼠标，便可使图像旋转，反复几次操作，直到满意为止。

(5) 单击窗口上方"变换属性"工具栏(见图 3-25)右侧的"确认"按钮 ✔，完成旋转变换。

(6) 选择"图层"|"新建"|"图层背景"命令，或者选择"图层"|"拼合图层"命令，将图层 0 转换为背景图层。

2. 裁切图像

(1) 选择工具箱中的"裁切"工具 ⬚，在图像上拖动鼠标，画一个裁切区域指示框，在框的四周出现 8 个控制点，拖动控制点，调整边框的大小至合适，如图 3-26 所示。

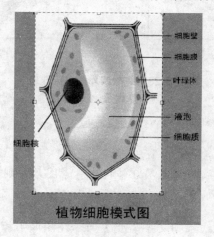

图 3-26　调整边框大小

(2) 单击窗口上方"裁切属性"工具栏右侧的"确认"按钮 ✔，或在裁切选择区域内双击，完成图像的裁切，图像中不需要的部分被裁除。

3. 消除图像背景中的阴影

对上面处理后的图像分析可以发现，扫描的图像背景中有扫描透射过来的文字和图案形成的阴影，应将其去除，具体步骤如下。

(1) 单击工具箱上的"魔棒"按钮 ⬚，在图像窗口的上方显示"魔棒属性"工具栏，如图 3-27 所示。容差值的大小影响魔棒选择范围的大小，容差值小选择范围小，容差值大选择范围大，但容差值不能过大，应根据实际需要适当选择容差值。

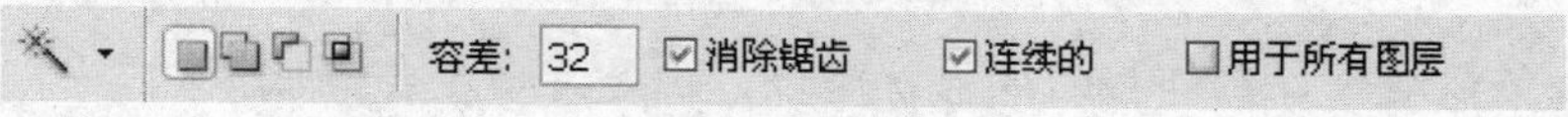

| ⬚ ⬚ ⬚ ⬚ ⬚ 容差: 32 ☑消除锯齿 ☑连续的 □用于所有图层 |

图 3-27　"魔棒属性"工具栏

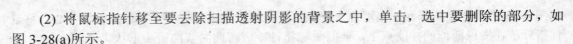
(2) 将鼠标指针移至要去除扫描透射阴影的背景之中，单击，选中要删除的部分，如图 3-28(a)所示。

(3) 选择"编辑"|"清除"命令或按 Delete 键，将选中的背景图像删除。如果一次不能完全删除，可反复执行上面的操作；或将视图放大后，用"橡皮"工具擦除剩下的阴影，直到所有阴影部分全部被删除为止，如图 3-28(b)所示。

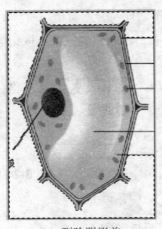 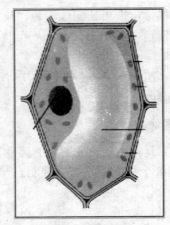

(a) 删除阴影前   (b) 删除阴影后

图 3-28 删除阴影的前后比较

提示卡

图像倾斜校正后，如果没有将图层 0 转换为背景图层，则背景将清除为透明。

4. 修复图像

原图上有一些黑色标注线条和文字需要去掉。在图像中相邻位置的图像总是相似的，我们可以选择要修补的图像附近的图像，并对其进行复制，然后把要修补的部位粘贴盖住，从而达到去除黑色线条的目的。具体操作步骤如下。

(1) 打开要修复的图像，单击工具箱中的"放大镜"按钮，如图 3-29 所示。单击要修改的图像位置，将图像放大，以便于操作。

图 3-29 "放大镜"按钮

提示卡

图像放大倍数越大，制作后的效果就越好，但是清晰度会降低。

(2) 单击"矩形选框"按钮，并在图像中拖动鼠标，选择要修改的部分，如图 3-30(a)

所示。然后按键盘中的向上箭头键，使选区向上移动，如图 3-30(b)所示。

(3) 选择"编辑"|"复制"命令，将选区中的图像进行复制，再按键盘中的向下箭头键，将选区移回要修改的位置，然后选择"编辑"|"粘贴"命令，将刚才复制的内容粘贴到图像上。

(4) 单击工具箱上的"移动"按钮 ，然后按键盘中的方向箭头键，将复制的图像移动到线条上盖住，并将图像边缘对齐，完成第 1 条线的修改，如图 3-30(c)所示。

 +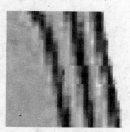

　(a) 选定修改区域　　　　　　(b) 移动选区　　　　　　　(c) 修改完成

图 3-30　修改图像

(5) 在进行下一次复制修补前，要注意需要将被复制的对象指定为背景层。这里，单击图层控制面板中的背景层，使其选中转为蓝色，如图 3-31 所示。此时背景成为当前图层，为下一步操作做好准备。

(6) 参照上面的操作，修改图像的其他部分。对于图像中倾斜标注线的选取，可以使用"多边形套索"工具 来选择选区。每单击一次则确定一个多边形转折点，当要结束"多边形套索"工具时双击。选择倾斜标注线效果如图 3-32 所示。

 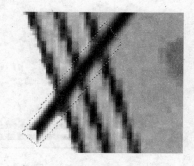

　　图 3-31　选中背景层　　　　　　　图 3-32　选择倾斜标注线效果

(7) 选择"图层"|"拼合图层"命令，将所有图层拼合成一个背景层。当图层较多时，可随时进行图层的拼合，并不一定在图像完全修复好后再拼合图层。

(8) 单击工具箱的"橡皮擦"按钮 ，擦除图像上剩余的标注线和文字，完成全部修复工作。

5. 增强图像的清晰度

有些图像会出现暗淡的情况，此时可以通过调整亮度与对比度来使图像变得清晰。具体操作步骤如下。

(1) 选择"图像"|"调整"|"亮度/对比度"命令，弹出"亮度/对比度"对话框，如图 3-33 所示。

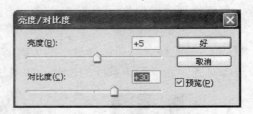

图 3-33　"亮度/对比度"对话框

(2) 拖动滑块，调整亮度与对比度。选中"预览"复选框，可边调整边看效果，直到满意为止，然后单击"好"按钮。

(3) 参数调整：亮度为+5，对比度为+30(仅供参考)。

(4) 以上操作也可以通过选择"图像"|"调整"|"自动对比度"命令来完成。

6. 图像色彩校正

有些素材图像的颜色略有偏色失真，此时可以通过色相/饱和度的调整来使其颜色变得真实，操作步骤如下。

(1) 选择"图像"|"调整"|"色相/饱和度"命令，弹出"色相/饱和度"对话框，如图 3-34 所示。

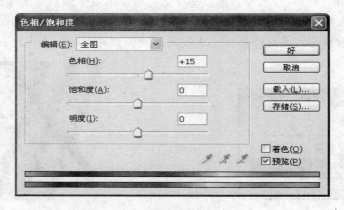

图 3-34　"色相/饱和度"对话框

(2) 调整色相滑块，到+15 左右。如果觉得图像色彩不够浓，可适当增加饱和度；如果觉得颜色不够明亮，可适当增加明度。

(3) 单击"好"按钮完成图像的色彩校正。

7. 图像大小的调整

(1) 选择"图像"|"图像大小"命令，弹出"图像大小"对话框。从对话框中可以看到图像的宽度像素和高度像素，如图 3-35 所示。

(2) 确保已经选中"约束比例"复选框，在"像素大小"选项组中的"宽度"下拉列表中选择"像素"选项，在"宽度"文本框中输入"400"，高度自动按比例改变。

（3）单击"好"按钮，完成图像大小的修改。

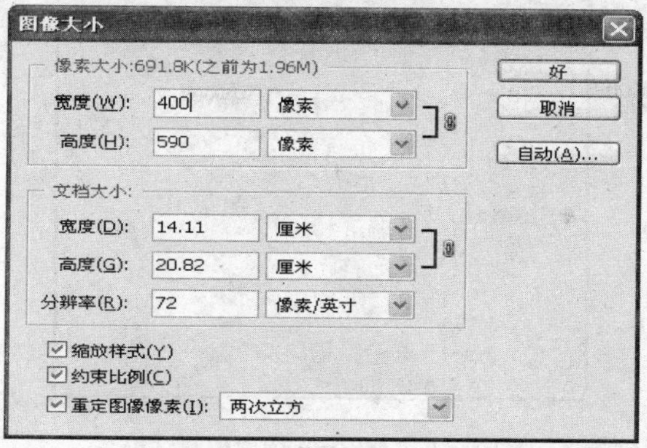

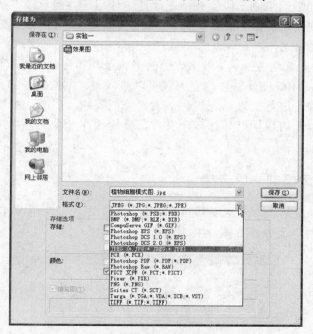

图 3-35　"图像大小"对话框

8. 存储修改后的图像文件

（1）选择"文件"|"存储为"命令，弹出"存储为"对话框。

（2）在"格式"下拉列表中选择 JPEG 选项，如图 3-36 所示。

图 3-36　"存储为"对话框

（3）选择保存位置并输入保存文件的名称，单击"保存"按钮，弹出"JPEG 选项"对话框，如图 3-37 所示。

（4）在"图像选项"选项组中的"品质"下拉列表中选择"高"选项，单击"好"按钮，完成文件保存。比较图像文件，原图扫描的 BMP 格式图像文件大小为 4.82MB，修改后保存的 JPEG 格式的图像文件大小为 72.6KB 左右，是原文件的 1.5%左右。

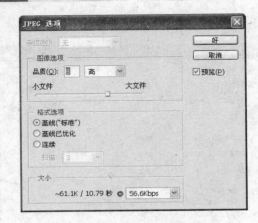

图 3-37 "JPEG 选项"对话框

四、音频类素材的编辑

音频类素材作为多媒体课件中的常用素材，是多媒体课件中不可或缺的一种信息传递方式。王老师想为同学们录制一段音频，在课件中使用，并对已经下载好的音频文件进行了编辑。常用的音频处理软件有很多种，下面将以 Cool Edit Pro 编辑软件为例，帮助王老师完成相应的音频编辑工作。

Cool Edit Pro 是一款功能强大、效果出色的多轨录音和音频处理软件，是一个非常出色的数字音乐编辑器和 MP3 制作软件。它不仅可以对音调、歌曲的一部分、声音、弦乐、颤音、噪声或是调整静音进行处理，还提供放大、降低噪声、压缩、扩展、回声、失真、延迟等多种特效，而且还可以同时处理多个文件，轻松地在几个文件中进行剪切、粘贴、合并、重叠等声音操作。

(一)使用麦克风录制一段音频

(1) 在 Windows 桌面上，双击屏幕右下角的小喇叭图标，弹出 Volume Control 对话框，选择"选项"|"属性"命令，如图 3-38 所示。

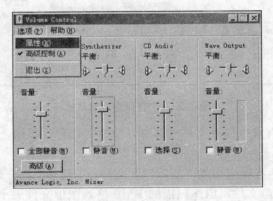

图 3-38 选择"选项"|"属性"命令

(2) 在"调节音量"选项组中选中"录音"单选按钮，然后在"显示下列音量控制"列表中选中"麦克风"复选框，然后单击"确定"按钮，如图 3-39 所示。

(3) 启动 Cool Edit Pro 软件，单击左上角波形图标或按 F12 键切换到"波形编辑"界面，如图 3-40 所示。

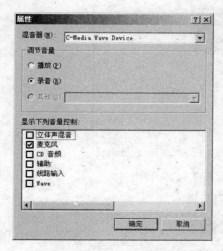

图 3-39　声音与音频属性设置　　　　　　图 3-40　"波形编辑"界面

(4) 在"波形编辑"界面中选择"文件"|"新建"命令，弹出"新建波形"对话框，在"采样率"列表中选择"44100"选项，在"声道"选项组中选中"立体声"单选按钮，在"采样精度"选项组中选中"16 位"单选按钮，然后单击"确定"按钮，如图 3-41 所示。

图 3-41　"新建波形"对话框

(5) 噪声采样。录下一段空白的噪声文件，不需要很长，选择"效果"|"噪音消除"|"降噪器"命令，弹出"降噪器"对话框，选择噪音采样，单击"关闭"按钮，如图 3-42 所示。

(6) 单击操作区下面的红色录音按钮就可以通过麦克风来录制所需要的音频，如图 3-43 所示。

(7) 录制的声音首先要进行降噪，虽然录制环境要保持安静，但还是会有很多杂音。单击"效果"中的降噪器，我们在上面已经进行了环境的噪音采样，此时只需单击"确定"按钮，降噪器就会自动消除录制声音中的环境噪音。也可以利用"预览"功能自己拖动直线进行调整，直到满意为止，如图 3-44 所示。

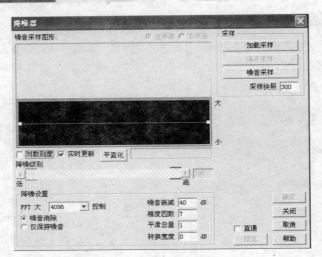

图 3-42　噪音采样

图 3-43　录音按钮

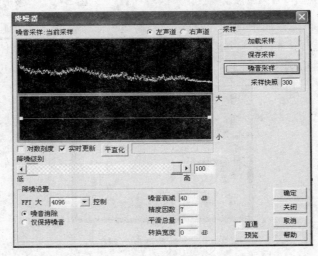

图 3-44　"降噪器"对话框

(8) 选择"文件"|"另存为"命令，选择保存类型后保存所录的声音。

提示卡

当需要录制通过计算机播放的声音时，只需在"调节音量"选项组中选中"录音"单选按钮，在"显示下列音量控制"列表框中选中"立体声混音"复选框，然后单击"确定"按钮。其他操作同用麦克风录音类似。

(二)将音频文件"天鹅湖.mp3"设置为淡入淡出效果

(1) 在单轨界面中选择"文件"命令,打开素材文件"天鹅湖.mp3"。

(2) 选择音频文件前 20s 波形,并选择"效果"|"波形振幅"|"渐变"命令。

(3) 在弹出的对话框右边的"预置"列表中选择 Fade In 选项,如图 3-45 所示。其他选项保持默认值,单击"确定"按钮。

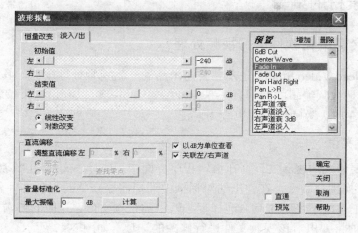

图 3-45 淡入效果设置

(4) 再选择音频文件后 20s 波形,重复上述操作,在弹出的对话框右边的"预置"列表中选择 Fade Out 选项,单击"确定"按钮。

(5) 将处理好的音频保存,就会得到添加了淡入淡出效果的音频文件。

(三)将独唱音频处理成重唱、合唱形式

(1) 在单轨界面中选择"文件"命令,打开素材文件"天鹅湖.mp3"。

(2) 选择整个波形。选择"效果"|"常用效果器"|"合唱"命令,在弹出的对话框右边的"预置"列表中选择 Duo 选项,如图 3-46 所示。

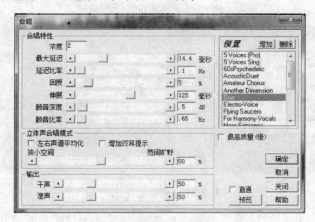

图 3-46 合唱效果设置

（3）单击"确定"按钮，将处理后的文件另存为"二重唱.mp3"。

（4）再次选择整个波形。选择"效果"|"常用效果器"|"合唱"命令，在弹出的对话框右边的"预置"列表中选择 Most Sopranos 选项，单击"确定"按钮，然后将处理后的文件另存为"合唱.mp3"，就可以得到不同效果的音频文件。

五、视频类素材的编辑

使用会声会影编辑软件进行视频处理

会声会影(Ulead Video Studio)是友立公司出品的一款视频处理软件，其操作界面简单，功能完整，不论是视频编辑的初学者还是专业编辑人员都可以利用它来编辑处理各种视频文件。这款软件在广大教师中应用也较为广泛。

1．调节视频亮度

（1）导入需要修改的视频文件。在编辑程序界面中，选择"文件"|"将媒体文件插入到时间轴"|"插入视频"命令，在弹出的对话框中选择需要修整的视频文件。

（2）选择修正光线不足的工具。选择视频轨中的视频文件，这时右侧窗口中"画廊"下方的"视频"选项将弹出对该视频文件进行修改的选项，如图 3-47 所示。单击"色彩校正"按钮，将弹出各项修正参数的调整项，如图 3-48 所示，可以进行相关的调整设置。

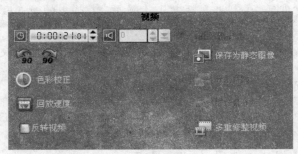

图 3-47　对视频文件修改的选项

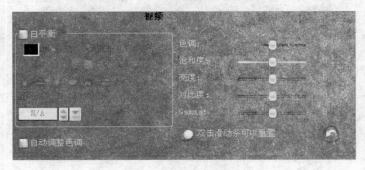

图 3-48　色彩校正选项

（3）调整色调、亮度、对比度等参数。拖动滑块即可改变参数值，并且可以边调整边观察画面的变化情况。

2．调整视频的光影

在视频拍摄中，会遇到拍摄的画面光线异常暗淡、色彩存在偏差的问题。利用会声会影完全可以解决这些问题。

(1) 按照"调节视频亮度"介绍的方法将视频文件导入到视频轨。

(2) 利用"自动曝光"滤镜，调整光线不足。从"画廊"下拉列表中选择"视频滤镜"选项，在常用滤镜中找到"自动曝光"滤镜，用鼠标将其拖曳到视频轨中需要补救的视频文件上。这样就为该视频添加了自动曝光滤镜，如图 3-49 所示。

图 3-49　自动曝光滤镜

(3) 添加多重滤镜，彻底改善光线不足。如果经过自动曝光调整后，画面没有太大的改善，可以再为该视频添加一个"改善光线"滤镜，不过在添加之前需要取消选中"替换上一个滤镜"复选框，以避免后面添加的滤镜取代上一个滤镜。

(4) 修改"改善光线"滤镜参数。在"画廊"下拉列表中选择"改善光线"滤镜并将其拖曳到视频轨中的文件上面，在所添加的滤镜列表中选择"改善光线"滤镜，单击列表框下方的"自定义滤镜"按钮，在弹出的对话框中边观察视频效果边修改各项参数，如图 3-50 所示。

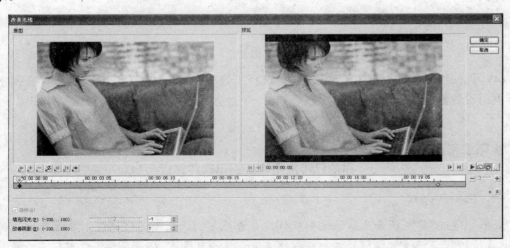

图 3-50　"改善光线"滤镜

3．为视频添加滤镜特效

(1) 选择"文件"|"将媒体文件插入到时间轴"|"插入视频图像"命令，在弹出的对

话框中找到事先准备好的视频文件并导入。

（2）在"编辑"标签面板中展开"视频"下拉列表，从中选择"滤镜"选项，然后在出现的众多滤镜中选择"发散光晕"滤镜，拖放到时间轴上的视频文件上，这样就为视频文件应用上了发散光晕效果。这时从预览窗口中可以看到图像中的一切景物都披上了一层白光。在会声会影中还为"发散光晕"滤镜提供了多种预设效果，每一种预设效果都不一样，可以根据实际需要进行选择。

（3）设置各个时段的光晕效果。单击主窗口中间的"自定义滤镜"按钮，弹出"发散光晕"对话框，如图 3-51 所示。"光晕效果"滤镜提供了三个参数，分别为"临界值"、"光芒强度"和"差异"，适当调整每一个参数值，并观察预览窗口的效果变化，直到自己满意为止。也可以拖动时间轴上的滑块到某一时段上，然后右击，在弹出的快捷菜单中选择"插入"命令，这样就插入了一个关键帧，然后再改变下面的参数，就实现了每一时段变化的光晕效果。

图 3-51　"发散光晕"对话框

（4）单击"确定"按钮返回到主窗口，选择"分享"|"创建视频文件"命令，在弹出的对话框中设置好文件名称和保存位置。这样一个具有如梦如幻效果的视频就制作完成了。

拓展阅读

其他几种常用视频编辑软件简介

一、Sony Vegas

Sony Vegas 是一款专业影像编辑软件，是专业版的简化而高效的版本。该软件将成为PC 上最佳的入门级视频编辑软件，可以媲美 Premiere，挑战 After Effects，剪辑、特效、合成一气呵成。结合高效率的操作界面与多功能的优异特性，让用户更容易地创造丰富的影像。Vegas 7.0 为一款整合影像编辑与声音编辑的软件，其中无限制的视轨与音轨更是其他影音软件所没有的特性。在效益上 Vegas 7.0 更提供了视讯合成、进阶编码、转场特效、修

剪及动画控制等功能。不论是专业人士还是个人用户，都可因其简易的操作界面而轻松上手。

二、Adobe Premiere

Premiere 是 Adobe 公司出品的一款音乐编辑软件，是一种基于非线性编辑设备的视音频编辑软件，可以在各种平台下和硬件配合使用，被广泛地应用于电视台、广告制作、电影剪辑等领域，成为 PC 和 MAC 平台上应用最为广泛的视频编辑软件。它是一款相当专业的 DV (Desktop Video)编辑软件，专业人员结合专业系统的配合，可以制作出广播级的视频作品。在普通的微机上，配以比较廉价的压缩卡或输出卡也可制作出专业级的视频作品和 MPEG 压缩影视作品。

六、动画类素材的编辑

动画是最有感染力的素材之一，以动态的方式展示事物变化的过程，具有极强的直观性和教学性，对于激发学生学习兴趣和帮助其理解知识有着极大的作用。Flash 动画主要由矢量图形组成，可产生动画电影的效果，是通过将一组或更多的矢量图形运动和变形得来的。用矢量图制作的动画体积小，可以根据观看者的屏幕大小进行缩放，并且不论放大多少倍，图片的显示质量都不会改变；Flash 动画采用流式播放技术播放，播放更流畅，下载速度更快，可以边下载边播放，降低了对带宽的要求，缩短了等待时间。Flash 动画软件还能制作具有交互功能的动画，其作品在播放时支持常用的事件响应，这使它远远超出了传统动画的局限性。

(一)Flash 中的基本概念

1. 时间轴和帧

时间轴是 Flash 的一大特点，在以往的动画制作中，通常是要绘制出每一帧的图像，或是通过程序来制作，而 Flash 使用关键帧技术，通过对时间轴上的关键帧的制作，Flash 会自动生成运动中的动画帧，节省了制作人员的大部分时间，也提高了效率。在时间轴的上面有一条红色的线，那是播放的定位磁头，拖动磁头可以实现对动画的观察，这在制作中是很重要的步骤。

Flash 采用时间轴的方式设计和安排每一个对象的出场顺序和表现方式。它相当于电影导演使用的摄影表，规定在什么时间、哪位演员上场、说什么台词、做什么动作。

"帧"是构成动画的基本单位，是 Flash 的核心元素。帧中装载着 Flash 作品的播放内容(图形、音频、素材元件和其他嵌入对象)。在时间轴控制窗口中，每一帧都由一个动画轨道上的小矩形方框表示。在 Flash 中帧有以下类型。

1) 关键帧

时间轴中的关键帧是 Flash 作品的基础，其中可以放置图形等展示对象，并可以对所包含的内容进行编辑和修改。在时间轴中，有内容的关键帧显示为带黑色实心圆点的矩形方格，无内容的关键帧显示为带空心圆点的矩形方格，这样的帧称之为"空白关键帧"。

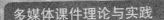

2) 过渡帧

时间轴上的过渡帧是相邻关键帧的延续，位于两个关键帧之间。过渡帧中的内容是与其相邻的前一个关键帧中的内容。普通过渡帧显示为灰色小矩形方框，空白帧显示为白色小矩形方框。

3) 普通帧

时间轴上能显示实例对象，但不能对实例对象进行编辑操作的帧。普通帧一般处于关键帧后方，其作用是延长关键帧中动画的播放时间。普通帧在时间轴上显示为灰色填充的小方格。

 拓展阅读

在时间轴中处理关键帧的操作方法

在时间轴中，对关键帧的操作和对普通帧的操作方法基本一致。通过对关键帧和普通帧的操作，让它们按照用户的想法使对象在帧中出现的顺序进行相应的排列，从而产生流畅的动画效果。

1. 选择关键帧或帧

(1) 选择一个关键帧或帧：用"选择"工具在帧操作区中单击要选中的关键帧或帧。

(2) 选择多个连续的帧：首先在帧操作区中选中某一帧，然后按住 Shift 键并单击其他帧，则选择了多个连续的帧。

(3) 选择多个不连续的帧：按住 Ctrl 键单击任意不连续的多个帧。

(4) 选择时间轴上的所有帧：选择"编辑"|"时间轴"|"选择所有帧"命令，则选择了时间轴上的所有帧。

2. 插入关键帧或帧

方法一：选择要插入关键帧或帧的位置，选择"插入"|"时间轴"|"关键帧"或"插入帧"命令，即在指定位置插入一个新的关键帧或帧。

方法二：首先将光标移动到要插入关键帧或帧的位置，然后右击，在弹出的快捷菜单中选择"插入关键帧"或"插入帧"命令。

3. 插入空白关键帧

插入空白关键帧的方法与插入关键帧的方法基本一致，只是选择"空白关键帧"命令。

4. 复制关键帧或帧

选中要复制的关键帧或帧，选择"编辑"|"时间轴"|"复制帧"命令，再选中目标位置，选择"编辑"|"时间轴"|"粘贴帧"命令，将在新的位置产生一个新的关键帧或帧。

5. 移动关键帧或帧

移动关键帧或帧的方法比较简单，选中要移动的关键帧或帧，按下鼠标左键向左或向右拖动到目标位置即可，也可以通过菜单命令完成移动。

2. 层

"层"是为了方便制作复杂的 Flash 动画作品而引入的一种手段。在时间轴控制窗口中，每一条动画轨道就可以包含一个 Flash 层。在每一个层中都包含了一系列的帧，而各层中的帧位置是一一对应的。不同层中的对象彼此独立，可以分别编辑。在播放时，Flash 舞台上在某一时刻展示的图像，是由所有层中在播放指针所在的位置上的帧的内容组合而成的。

提示卡

位于上一图层的对象将挡住所有在它下面图层的对象。在制作 Flash 动画时，可将固定不变的内容作为背景安排在同一个图层上，并将背景图层置于所有图层的最底层。对每一个具有不同变化特征的对象应分别放置在不同的图层，并注意图层的排列顺序。

3. 动画

在 Flash 中制作的动画可称之影片，其实它和电影的原理是一样的。电影在播放时，每秒钟要播放 24 个画面，当画面依次出现在眼前时，由于眼睛的视差，我们感到画面上的人物动起来了。电影其实就是用很多胶片依时间顺序记录景物，然后再依次播放，产生动感的影像。

要制作 Flash 动画就要先了解 Flash 动画在播放时是每秒多少帧。一般我们见到的 Flash 动画都是每秒 12 帧，也就是每秒中播放 12 张图片。当然也有每秒 8 张的。每秒播放的帧数越少，动画效果就越差。我们在制作 Flash 动画时，每秒最少要播放 8 张，因为再少的话，动画就会产生严重的停顿感。

Flash 动画是以时间轴为基础的帧动画。简单的 Flash 动画可以由几帧连续的画面组成。对于复杂的动画作品，Flash 用了"场景"这个概念，每一个场景包含一个独立的主时间轴，可以将多个场景组合以产生不同的交互播放效果。在制作过程中，按照制作方法和生成原理的不同，可以将 Flash 动画分成以下两种类型。

1) 逐帧动画

逐帧动画是由位于时间轴上同一动画轨道上的一个连续的关键帧序列组成的。动画帧序列的每一帧中的内容都可以单独进行编辑，这就使得各帧展示的内容不完全相同，在作品播放时，由各帧顺序播放产生动画效果。

逐帧动画和动画电影一样，每一帧一个图像，连续快速播放时产生动画，也就是说，如果每一帧都认真去画，用 Flash 也可以制作出像动画电影一样动作流畅的动画。简单地说，每一帧都是关键帧，这就是逐帧动画。这样做的结果可以提高动画的质量，但也使文件体积变大，这对于在网络上播放的 Flash 动画来说会影响其播放速度。

2) 补间动画

每个补间动画序列都是由两个处于两端的关键帧和位于中间的过渡帧序列组成的，两个关键帧分别定义了该动画序列的起始状态和最终状态，过渡帧由程序自动生成，这正是 Flash 动画的精髓。

由于补间动画的动画效果可以由程序自动生成，操作者只需要设置好关键帧即可，所以补间动画又被称为关键帧动画。关键帧动画是 Flash 动画之所以快捷方便的原因所在。关

键帧动画是绘制两个起关键作用的帧，然后通过计算机对这两个帧中的图像进行处理，来完成两帧中间的帧中图像的动画过程。例如，制作一个小球变大的动画，我们只需在一个关键帧上制作一个小球，然后在另一关键帧上放大这个小球。而中间放大的过程 Flash 会自动完成，这就大大方便了动画的制作。但是对于复杂的动画则无法完成，只能完成一些简单的动画效果。

Flash 的补间动画又分为以下两种。

(1) "动画补间"动画。

动画补间又称运动(移动)渐变动画或运动补间动画，变形对象是舞台中建组后的图形对象、元件的引用或其他嵌入对象等。运动补间动画可以设置各种对象的运动和过渡，利用运动过渡可以设置大小、倾斜、位置、旋转、颜色及元件的透明度的过渡。合理利用这些功能，可以创建出网页上常见的各种 Flash 渐变效果。

运动补间动画具有以下特点。

① 在制作完成运动渐变动画之后，原有的图形会自动变成元件。这样我们要想改变图形的形状只有进入元件编辑模式才可以对其进行调节。

② 调节其整个图像的颜色需要先把图形转化成元件；或先制作动画，图形自动变成元件后再调节其整个图像的颜色及透明度。

③ 在一个层上只能有一个运动的动画。

④ 通过选择"窗口"|"属性"命令，打开"属性"面板，在面板上的"补间"选项里选择"运动"，而不是"形状"，可制作位置渐变动画。运动渐变动画不能做图形形状的变化。

运动补间动画所处理的对象是舞台中群组后的矢量图形、元件、文字、导入的符号或素材等。创建运动补间动画需要具备以下三个条件。

① 至少有两个关键帧。

② 在关键帧中包含必要的实例、组、导入的素材或文本对象。

③ 设定为"动作补间"的动画方式。

(2) "形状补间"动画。

形状补间又称为形状渐变动画，其变形对象是矢量图形。形状渐变动画和动画补间动画的本质区别是对图形的形状进行了改变，并且制作形状渐变动画的图形必须是普通图形。如果是元件或组合图形，则无法对其进行形状的变化，也就无法制作形状渐变动画了。

使用"形状提示"来帮助制作"形状补间"动画

形状渐变动画看似简单，实际上在制作时并不那么简单。有时动画出来了和我们想象中的图形差异很大，变形结果会显得乱七八糟，因为这是计算机完成的，不可能那么准确地完成我们的想法。我们可以通过添加形状提示，帮助图形按我们想象的方式来运动和变化。

形状提示是在起始帧上的形状和结束帧上的形状中添加相对应的"参考点"，使 Flash 在计算变形过渡时依一定的规则进行，从而较有效地控制变形过程。添加形状提示的方法如下。

选中形状渐变动画的起始帧，再选择"修改"|"形状"|"添加形状提示"命令，该帧的形状上就会增加一个带字母的红色圆。相应的，在结束帧的形状中也会出现一个"提示点"。调节 2 个"提示点"，放置在适当位置。当位置调节好并起作用后，起始帧上的"提示点"变为黄色，结束帧上的"提示点"变为绿色。如果位置调节得不好，不能起到作用，则"提示点"颜色不变。

4．元件

在使用 Flash 制作动画时，常常会遇到重复使用同一个图形、按钮或影片剪辑的问题，这时可以将重复使用的部分定义为"元件"，这样可以方便操作并有效地减小作品的大小。

1) 元件的作用

使用元件的另一个好处是当元件被放置到场景中后，即成为一个独立的可编辑对象，当该对象元件或素材发生改变时，Flash 中所有引用该元件的对象都将随之改变。可以利用这个特性更新动画，这将大大减少工作量。

制作一个复杂的 Flash 动画作品通常都将其分解为许多元件，然后再从元件库中引用。所以掌握元件的制作和使用是制作 Flash 动画的基础，必须深刻地理解并掌握它。

2) 元件的种类

在 Flash 中，支持内部素材的元件有"图形"、"按钮"和"影片剪辑"三种。

(1) 图形元件可以是一帧静止的矢量图形对象，也可以是一段没有音效和交互的动画片段。

(2) 按钮元件可以是有形或无形的图形，它是制作交互式动画的主要元件。

(3) 影片剪辑元件实际上是一小段动画，它可以独立于场景中的时间轴播放。将影片剪辑拖入场景后，即使场景中只有一帧，它也会循环播放。通过影片剪辑元件创建的一些动画片段，可以反复调入场景，避免重复制作，同时还能减小 Flash 动画的大小。

除了以上三种元件外，Flash 将外部输入的素材也保存在元件库中，其使用方法与内部素材元件相似，只是不能在 Flash 中进行编辑。这些素材包括音频素材、位图素材和视频素材。

(二)Flash 动画的使用和简单处理

在 PPT 课件中利用控件插入 Flash 文件

打开 PowerPoint 软件，选择"视图"|"工具栏"|"控件工具箱"命令，如图 3-52 所示。

在"控件工具箱"控制面板中单击"其他控件"按钮，此时在弹出的下拉列表中将列出电脑中安装的 Active X 控件。在此下拉列表中选择 Shockwave Flash Object 控件，如图 3-53 所示。

这时，鼠标变成"+"形状，在幻灯片中需要插入 Flash 动画的地方拖动鼠标画出一个框，如图 3-54 所示。

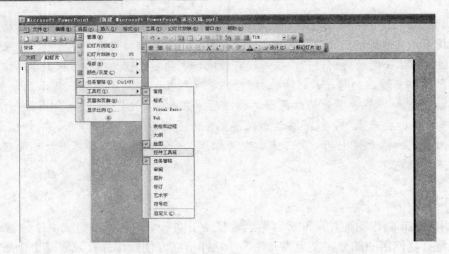

图 3-52　选择"控件工具箱"命令

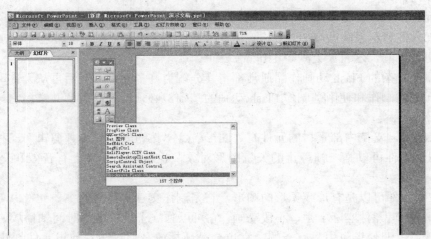

图 3-53　选择 Shockwave Flash Object 控件

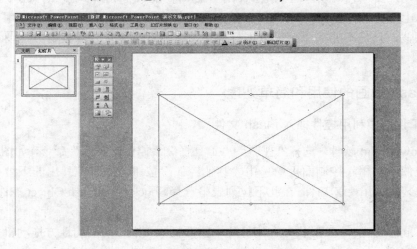

图 3-54　确定 Flash 控件插入区域

在框中右击，在弹出的快捷菜单中选择"属性"命令，如图 3-55 所示。弹出的"属性"对话框如图 3-56 所示。

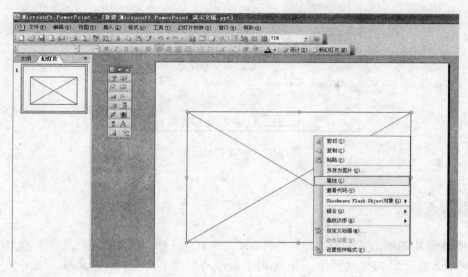

图 3-55　选择"属性"命令

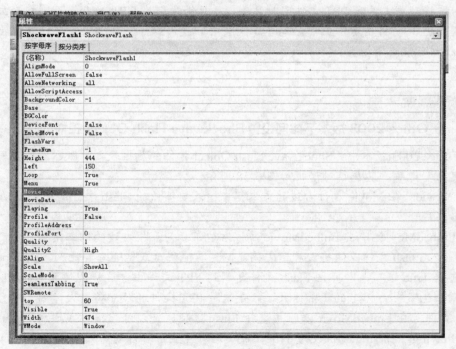

图 3-56　"属性"对话框

双击"自定义"选项，弹出"属性页"对话框，在"影片 URL"文本框中输入要插入的 swf 档案的路径和文件名(当然，直接读取网上的 swf 文件也是可以的)，如图 3-57 所示，然后保存浏览即可。

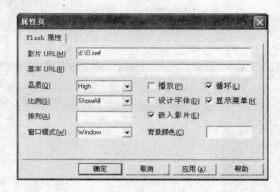

图 3-57　设置 Flash 属性

　　在填写影片 URL 时需填写上文件的后缀名.swf。另外，选中"嵌入影片"复选框即可将 Flash 动画包含到 PPT 文件中，复制 PPT 文件的同时不需复制动画文件，当将该 PPT 文件复制或移动到其他计算机上使用时仍能正常显示 Flash 动画。若取消选中"嵌入影片"复选框，则需将动画文件和 PPT 文件同时复制，并且修改影片 URL 路径，否则在动画位置上将会出现白框，动画显示不正常。笔者建议选中"嵌入影片"复选框。若计算机上未安装 Flash 播放器也能正常运行。

拓展阅读

在 Office 2003 版本下如何设置 Shockwave Flash Object 控件的属性

　　在 Office 2003 版本中，Shockwave Flash Object 控件的属性较之前版本有所不同，缺少了"自定义"选项。其属性对话框如图 3-58 所示。

　　(1) Movie：在 Movie 属性右边的文本框中输入要播放的 Flash 文件的完整驱动路径(包括文件名在内)。

　　(2) EmbedMovie：单击 EmbedMovie 属性右边下拉列表框右边的倒三角按钮便可设置其属性。要嵌入 Flash 文件以便将该演示文稿复制到其他磁盘或传递给其他人，在 EmbedMovie 属性中选择 True 选项，即可把 Flash 文件复制到 PPT 文件中，这样即使原来的 Flash 文件移动或删除也不影响 PPT 的正常播放，只是这时 PPT 文件的尺寸将增大，因为它已经包含了 Flash 文件。在 EmbedMovie 属性中选择 Flash 选项，是以外连接方式播放 Flash。

　　(3) Playing：Playing 属性设为 True，可使幻灯片显示时自动播放动画文件，如果 Flash 文件内置有"开始/倒带"控件，则 Playing 属性可设为 False。

　　(4) BGColor：BGColor 属性右边的文本框中可输入颜色值以设置 Flash 的背景颜色。

　　(5) Menu：Menu 属性是控制播放时是否出现 PPT 菜单的。

　　(6) Loop：Loop 属性是控制 Flash 是否循环播放的。如果使动画反复播放，在 Loop 属性中选择 True 选项；如果不想使动画反复播放，在 Loop 属性中选择 False 选项。

图 3-58　Office 2003 版本下的 Shockwave Flash Object 控件属性

（7）Height、Width、Left：Height、Width、Left 属性是 Flash 显示的高度、宽度、左边界，这些是在画控件框时所画出的尺寸，如果改变属性右边的数字，屏幕中的框也将随着改变；如果拉动屏幕上的框，属性项的数字也将随着改变。

其他属性一般不用设置。

(三)给无声音的独立 swf 文件添加声音

（1）打开闪客精灵软件。找到需要编辑的.swf 文件，在右上角选中 swf 复选框，选择菜单栏下方的"导出 FLA"命令，如图 3-59 所示。然后选择保存路径以及名称即可。

图 3-59　将.swf 文件编译为.fla 文件

(2) 打开 Macromedia Flash 软件中刚导出的.fla 文件，如图 3-60 所示。

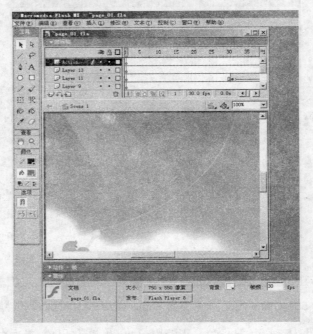

图 3-60　打开.fla 文件

　　(3) 在时间轴上新建图层，右击新图层，在弹出的快捷菜单中选择"属性"命令，如图 3-61 所示。在弹出的对话框中将新图层重命名为"sounds"，如图 3-62 所示，然后单击"确定"按钮。

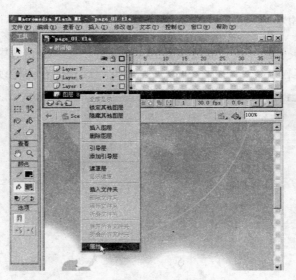

图 3-61　新建图层并选择"属性"命令

　　(4) 选择"文件"|"导入"命令，在弹出的"导入"对话框中选择需要的背景音乐，如图 3-63 所示。单击"打开"按钮完成导入。

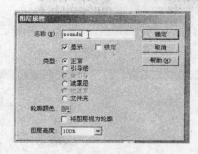

图 3-62 将新图层重命名为"sounds"

图 3-63 选择背景音乐

(5) 成功导入后,打开页面下方的属性面板,在"声音"下拉列表中选择刚导入的音乐,并在"循环"文本框中输入"999",如图 3-64 所示。

图 3-64 声音文件的选择和设置

提示卡

如果导入声音时提示:读取文件时出现问题,一个或多个文件没有导入。可能的原因是:音乐的码流过大,此时用音频压缩软件转换一下音乐即可,一般不要超过 128Kb/s,压缩与音质有关系,普通的 64Kb/s 即可。

选中所有图层，选择"文件"|"导出影片"命令，将编辑后的文件导出为新的.swf 文件，如图 3-65 所示。此时的.swf 文件就带有背景音乐了。

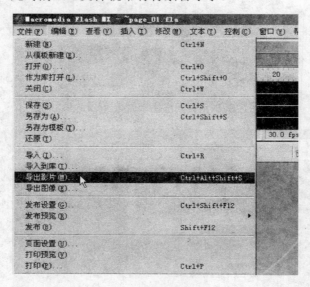

图 3-65　导出新的.swf 文件

虽然网络中有很多多媒体素材，但往往需要经过教师的再次加工才能形成适合课堂要求的素材。请结合本节学习内容，尝试自己收集并制作不同种类的多媒体素材，并将自己在制作中遇到的问题和制作后的反思写在下面的横线上。

_____

_____

_____。

第三节　多媒体素材的管理

本节主要帮助学习者了解基于不同层面的多媒体素材的管理方法，使其知道基于文件夹、专题学习网站和资源库的一些多媒体素材整理的原则和方法。帮助其合理、高效地管理多媒体素材，使其能够更加便捷地应用于教学活动中。

案例研习

　　王老师在制作了很多多媒体课件之后，积累了大量不同种类的素材，但由于每次制作之后都没太注意这些资源的管理，有些资源被删除了，有些资源不知道放到哪里，有些资源的下载地址已经关闭了……当某些资源需要重复使用的时候，总会因为寻找资源而浪费很多时间……王老师身边的很多同事也有着同样的苦恼，一方面自己使用资源时很不方便，另一方面也不方便老师间的交流和资源共享。王老师和他的同事们想利用一些高效、便捷的管理手段来管理或共享他们手中的各种多媒体资源。

案例分析

　　多媒体素材内容丰富、数量巨大，而且很多素材在经过处理之后都有多次使用的价值。但是如果不能妥善保管，再次使用时就会出现寻找不便的状况，从而导致制作课件的效率低下，甚至影响整个多媒体课件的质量。了解多媒体素材的管理方法，科学高效地对已有的多媒体素材进行管理，是教师应有的基本素养之一，这也有助于素材的积累和教师间的有效沟通以及资源共享。

一、基于文件夹的资源管理

　　文件管理的真谛在于方便保存和迅速提取，所有的文件将通过文件夹分类而很好地组织起来，放在最方便找到的地方。目前，解决这个问题最理想的方法就是分类管理，从硬盘分区开始到每一个文件夹的建立，都要按照使用需要，分为大大小小、多个层级的文件夹，并建立合理的文件保存架构。此外，所有的文件和文件夹都要规范化地命名，并放入最合适的文件夹中。这样，当我们需要什么文件时，就知道到哪里去寻找。基于文件夹的资源管理可以参考以下几条原则。

(一)建立最适合自己的文件夹结构

　　文件夹是文件管理系统的骨架，对文件管理来说至关重要。建立适合自己的文件夹结构，首先需要对自己接触到的各种资源信息进行归纳分析。每位教师对于不同资源的认识都有所不同，使用这些资源的方法也会有很大差异，因此分析自己所拥有的资源信息是建立结构的前提。

　　同类的文件名字可用相同字母前缀的文件来命名，同类的文件最好存储在同一目录中，如图片目录用 image、多媒体目录用 media、文档用 doc 等，简洁易懂，一目了然，而且方便用一个软件打开。这样，当需要寻找一个文件时，能立刻想到它可能保存的地方。例如，可以建立一个关于小学语文的文件夹，其结构为"小学语文\四年级\四年级(下)"，在文件名为"四年级(下)"的文件夹中又可以根据不同类型的文件进行归类，如图 3-66 所示，这样查询时就十分方便。

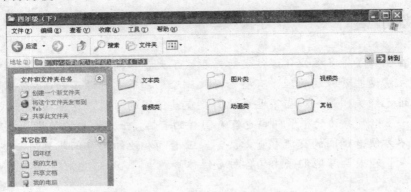

图 3-66 按类型建立的文件夹结构

(二)控制文件夹与文件的数目

文件夹里文件的数目不应当过大，一个文件夹里面有 50 个以内的文件是比较容易浏览和检索的。如果超过 100 个文件，浏览和打开的速度就会变慢且不方便查看。在这种情况下，就得考虑存档、删除一些文件，或将此文件夹分为几个文件，或建立一些子文件夹。另外，如果有的文件夹中长期只有几个文件，也建议将此文件夹合并到其他文件夹中。王老师本学期的文件夹中积累了各种资料，由于没有控制文件夹与文件的数目，导致结构非常混乱，如图 3-67 所示，在寻找材料时总显得无从下手。但是，进行过整理之后便会大有改观，如图 3-68 所示。

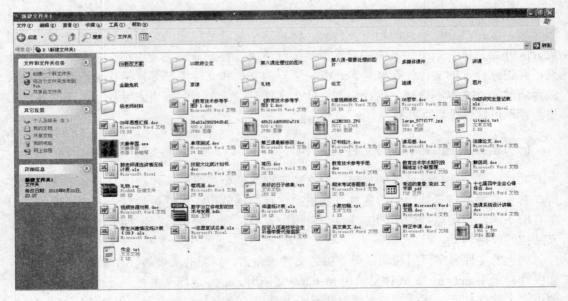

图 3-67 未经整理的文件夹

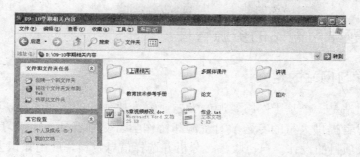

图 3-68　经过重新命名并整理过的文件夹

(三)注意结构的级数

分类的细化必然带来结构级别的增多，级数越多，检索和浏览的效率就会越低，建议整个结构最好控制在二、三级。另外，级别最好与自己经常处理的信息相结合。

越常用的类别，级别就越高，例如，在管理多媒体资源时，多媒体这个文件夹就应当是一级文件夹。但是，需要指出的是，文件夹的数目、文件夹里文件的数目以及文件夹的层级，往往不能两全，一般来说，如果控制文件夹的层级数，那么文件夹的数量就会大，这样，文件较分散，相反，考虑文件和文件夹的系统性组织性时，文件夹的层级就会比较多。因此，需要在不断的实践中找到一个最佳的结合点。

(四)文件和文件夹的命名

为文件和文件夹取一个好名字至关重要，文件和文件夹的命名应以最短的词句描述此文件夹的类别和作用，能让自己不需要打开就能记起文件的大概内容。

从排序的角度上看，一些常用的文件夹或文件在起名时可以加一些特殊的标示符，让它们排在前面。例如，当某一个文件夹或文件相比于同一级别的其他文件夹或文件来说，其访问的次数多得多时，就可以在此名字前加上一个"1"或"★"，这可以使这些文件和文件夹排列在同目录下所有文件和文件夹的最前面，而相对次要但也经常访问的，就可以加上"2"或"★★"，以此类推。此外，文件名要力求简短，虽然 Windows 支持长文件名，但长文件名也会给我们的识别、浏览带来混乱。例如，王老师很注重教学改革的相关内容，经常需要查阅相关资料，他将自己的文本类文件整理，如图 3-69 所示，这样既能够方便查阅资料，也能够使自己的文件结构清晰明确。

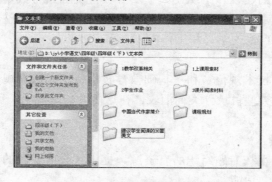

图 3-69　文本类文件的整理

二、基于专题学习网站的资源管理

(一)专题学习网站的定义

专题学习网站是一个基于网络资源的专题研究、协作式的学习系统，它通过在网络学习环境中向学习者提供大量的专题学习资源和协作学习交流工具，让学习者自己选择和确定研究的课题或项目的设计，自己收集、分析并选择信息资料，应用知识去解决实际问题。它强调通过学习者主体性的探索、研究、协作来求得问题的解决，从而让学习者体验和了解科学探索的过程，提高学习者获取信息、分析信息、加工信息的实践能力以及培养良好的创新意识与信息素养。

(二)专题学习网站与资源管理

以多媒体计算机技术和网络技术为核心的信息通信技术在网络教育系统中的广泛应用，使得教育资源的表现形式更加丰富多彩，内容更是多种多样。

海量的教育资源既为教育带来了强大的服务功能，也为资源建设与管理带来了新的挑战。

专题学习网站管理系统是专题学习网站的重要组成部分。专题学习网站本质上是一个网站，除了完成远程学习的功能外，还应该包括对教学活动和教学资源的管理功能。专题学习网站管理系统的开发设计就是为了实现教学管理和教学资源管理而提出的。

(三)专题学习网站中资源管理功能的设计

1. 设计目标

设计目标为：实现按专题组织和呈现资源、站内和站外的资源检索、资源下载、资源上传以及上传资源的审核及录用的功能。

2. 资源的组织和建设管理

专题网站的学习资源是学生进行专题学习探索与研究的重要资源，是进行专题学习的基础，所以对学习资源的建设和组织至关重要。教育资源具有数量大、形式多样、针对性强、教育性强等诸多特点，必须按标准规范将分散、无序的资源整合起来，使用户能够方便、高效地将其应用于自己的学习和工作中。

1) 资源的分类

在《教育资源建设技术规范》和《基础教育教学资源元数据规范》中分别提出了教育资源的分类体系和资源类型目录分类词汇表，在这两者的基础上，可以设计如图 3-70 所示的资源分类。

2) 资源的组织管理

对资源的组织要实现按专题组织所有资源，提供下载前资源的详细资料说明，资源下载，站内、站外资源搜索功能。

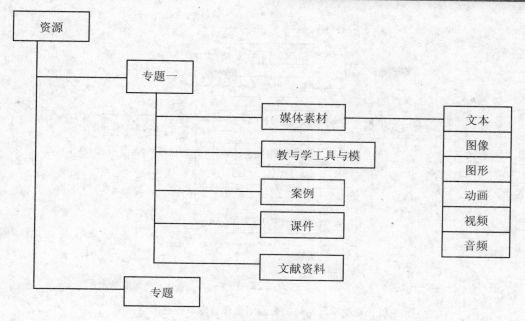

图 3-70　资源分类样例表

Browser/Server 三层结构

B/S(Browser/Server)结构是全新的软件系统构造技术。在 B/S 结构下，用户界面通过浏览器实现，一部分事物逻辑在前端实现，主要事物逻辑在服务器端实现。这种结构将应用划分为三层，即用户界面层、商业逻辑层和数据库层。

(1) 用户界面层负责处理用户的输入和向用户的输出，但并不负责解释其含义，出于效率的考虑，它可能在向上传输用户输入前进行合法性验证。

(2) 商业逻辑层是上下两层的纽带，它建立实际的数据库链接，根据用户的请求检索或更新数据库，并把结果返回给客户端，这一层通常以动态链接库的形式存在并注册到服务器的注册簿(Registry)中，它与客户端通信的接口符合某一特定的组件标准(如 COM、CORBA)，可以用任何支持这种标准的工具开发。

(3) 数据库层负责实际的数据存储和检索。

专题学习网站的资源组织和管理系统一般都采用基于 Browser/Server 的三层结构，其结构图如图 3-71 所示。

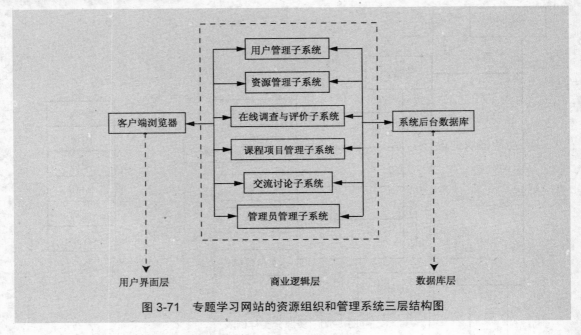

图 3-71　专题学习网站的资源组织和管理系统三层结构图

三、基于资源库的资源管理

(一)多媒体素材管理系统的主要意义

以多媒体技术和网络技术为代表的现代信息技术的飞速发展，给现代教育带来了令人激动的生机与活力。多媒体网络教学则是现代信息技术在教育教学领域的一种具有代表性的典型应用。多媒体网络教学是一种先进的教学模式，它以建构主义的学习理论为基础，充分利用现代信息技术，为学生创设一种崭新的教学情境，在教师的组织、帮助和促进下，学生通过与教师和同学进行协作、对话与交流，自主地进行有意义的知识建构，从而获取新的知识，形成自己新的知识结构体系。它具有教学资源丰富、教学规模宏大、教学资源共享、克服时空限制等网络特点，且具有教学内容多元化、信息形式多媒体化、教学过程协作化、教学方式网络化等教学特点。

(二)多媒体素材库的主要内容

1．多媒体素材库的目录信息管理

多媒体素材可以按学科(专业)分类来进行组织，每一个素材都应包含以下信息项目：素材名称、所属学科(专业)、媒体形式、关键词、源文件名称、使用要求、内容简介、来源、作者等信息。

2．多媒体素材库管理程序的设计

(1) 素材的结构管理：因为多媒体素材库的目录信息是按学科(专业)来组织的，素材目录的组织结构应该是树形结构，因此需要对树形结构进行管理，管理程序应可以方便地增

加、修改、删除一个节点。

(2) 素材管理：对于每一个素材首先需要对其进行认真的分析研究，将其特征信息摘录出来，构成该素材的目录信息，然后利用素材管理程序将其追加到素材库中，构成素材库中的一条新记录。素材管理程序应该具备记录的查询、增加、修改、删除等基本功能，同时还应具备 FTP 文件上传功能。

(3) 素材浏览：能够实现整个素材库中所有不同媒体的素材顺序浏览的功能。

3．功能模块的设计

系统功能模块的设计与确立是整个工程经过详细的需求分析，得到系统分析师和客户的认可后，由系统设计师来划分的。功能模块结构图如图 3-72 所示。

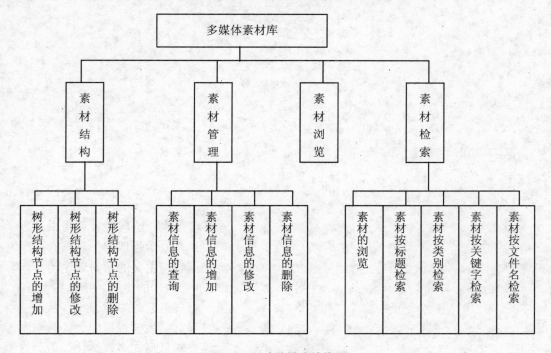

图 3-72　功能模块结构图

请结合本节学习内容将您的多媒体素材进行整理并总结整理心得，将您的心得写在下面的横线上。

_____

_____

_____。

第四章
演示型多媒体课件的设计
与开发

本章要点

● 了解什么是演示型多媒体课件。

● 认识演示型多媒体课件的主要特点。

● 掌握演示型多媒体课件的主要教学功能。

● 能根据自身的教学需要完成演示型多媒体课
件的设计与制作。

● 能根据不同学科恰当地应用多媒体课件进行
教学并能理性反思。

本章知识结构图

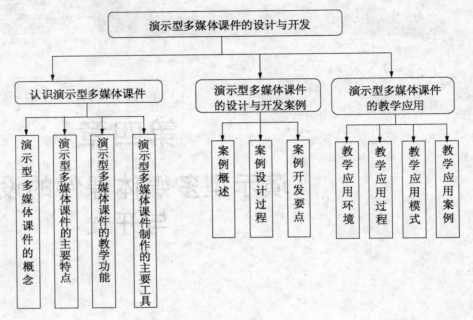

第一节　认识演示型多媒体课件

本节导读

　　本节主要帮助学习者认清什么是演示型多媒体课件，总结演示型多媒体课件有哪些突出的特点，其在教学中的主要教学功能是什么，知道用哪些工具可以制作演示型多媒体课件。

案例研习

　　刘老师在讲授小学英语《Colours》这一新课时，设计了 Free talk、Learn words、Fun reading、Sing the song 四个教学活动。他根据自己的教学设计，制作了一个演示型多媒体课件来辅助教学。在 Free talk 这个教学环节，刘老师通过如图 4-1 所示的图片引入教学，让学生看图自由谈论认识的颜色。在 Learn words 环节，刘老师采用了图形结合的方法帮助学生认知新单词，如图 4-2 所示。在 Fun reading 环节，刘老师通过设置简易动画，创设情境，帮助学生练习关于颜色的句子表达，并通过形象的图像，让学生掌握了"黑白相间"的表达方法"white and black"，如图 4-3 所示。为增加学生学习英语的趣味性，刘老师最后播

放了一首 "The colour's song" 的 Flash 歌曲，通过律动的方法，唱歌学英语，如图4-4所示。

图 4-1　图片导入

图 4-2　图形结合 教授新词

图 4-3　看图说句子

图 4-4　唱歌学英语

 案例分析

　　演示型多媒体课件可以集文本、图形/图像、声音、视频、动画于一体，使学生获得多方位的感官刺激，通过不同的教学活动，更好地学习新知。演示型多媒体课件使媒体应用更加方便，提高了教师的课堂教学效率，大大节约了媒体演示的时间，同时，也帮助刘老师提供了解决重、难点的新途径和新方法。

一、演示型多媒体课件的概念

　　演示型多媒体课件继承了多媒体课件的特征，是指运用文本、图形、图像、视频、动画等多媒体元素，按照课堂教学设计方法，依据某些教学理论、教学策略，运用特定的多媒体集成工具软件，制作成的内容完整、具有某种特定教学功能的教学软件，或帮助教师突出教学重点，解决教学难点，或帮助学生将抽象经验具象化，或代替教师传递特定的教学内容，或创设学习情境，激发学生的探究精神，培养学生的问题解决能力，从而获取较深刻的观察经验和抽象经验。演示型多媒体课件按照使用对象来划分属于助教型课件，主要使用对象是教师，用来辅助教师完成课堂教学任务，帮助教师实现预设教学目标，主要应用于课堂教学中，因此，在实践应用中也被称为课堂演示型多媒体课件或课堂演示型课件，为规范说明，本书统一称为演示型多媒体课件。

演示型多媒体课件主要是为了解决某一学科的教学重点与教学难点而开发的，它注重对学生学习过程的启发、提示，反映问题解决的全过程，主要用于课堂演示教学[①]。这类课件一般能够独立地、完整地表述教学内容，画面直观，能够按教学思路逐步深入地呈现。

二、演示型多媒体课件的主要特点

演示型多媒体教学课件画面直观，尺寸比例较大，能按教学思路逐步深入地呈现，便于教师操作，能够很流畅地在课堂教学中播放，一般是由教师操作，所以，比较容易控制，也较稳定，而且能激发学生的学习兴趣，容易引起学生的注意力。演示型多媒体课件在设计制作的过程以及在教学中的应用等方面，具有以下特点。

(一)制作技术门槛低，易于教师掌握

演示型多媒体课件一般结构简单，制作的技术要求较低，易于被教师掌握，通常用于辅助教师的课堂教学。通常教师根据自身的教学设计过程设计制作课件，因此，一般的演示型多媒体课件的结构框架和实际课堂教学流程比较贴近，通常课件的设计紧跟教师的教学流程。例如：一般英语课堂教学采用 Warm up-Preview-Presentation-Practice-Sum up 五段教学法，演示型英语课件通常也是以这几个教学环节为目录进行设计、制作。制作演示型多媒体课件常用的工具软件是微软公司提供的 PowerPoint 软件，这款软件操作简单，教师容易掌握，并能较熟练地灵活应用到教学中；同时，PowerPoint 软件组合应用的强大技术功能也能满足不同层次教学的需要。

(二)方便多种媒体表现元素的整合

演示型多媒体课件融合了图、文、声、像等多种媒体表现元素。巴甫洛夫曾说过，在学习过程中，如果有多种器官参加，就可以提高大脑皮层的兴奋性，激发学生的内在认知兴趣。增加除语言、文字之外的图形、视频、动画等多种表现形式，利于突出教学重点，突破教学难点，创设较真实的教学情境，便于教师应用不同的策略和方法，解决教学中的各种问题，利于培养学生识记、理解、分析、综合、应用、评价等低阶和高阶思维水平。合理地运用演示型多媒体课件有利于使课堂教学活动更加符合学生的心理特点和认识规律，有利于正确地处理好教学活动中教师、学生、教学内容、教学媒介四者之间的关系。

(三)对硬件环境要求不高，易于应用和普及

演示型多媒体课件只要在普通的多媒体教室中即可应用，不需要额外的其他设备，因

---

① 谢幼如，穆肃，柯清超，等. 多媒体教学软件设计. 北京：电子工业出版社，1999

此，应用成本较低。目前，国家已经完成了"班班通工程"以及"农村中小学远程教育工程"信息化硬件环境建设，使学校的信息化环境得到了很大的改善，尤其是在一些条件较好的地区，已经做到了"班班通多媒体教室，班班通网络"。这样的硬件环境完全可以满足演示型多媒体课件应用的需要，因此，便于教师应用到常规化教学中，有利于教学、教法的创新，有利于教学模式的改革。

(四)适用于以教师讲授为主的教学

演示性多媒体课件的课堂教学对于学生来说是被动接受学习，不利于学生积极主动地参与学习，不利于学生主人翁意识的激活。因此，在应用演示型多媒体课件时，需要教师配合多种启发引导方法(如设置问题进行观察学习等)，不能一味地将课件从头播放到尾，应用中要注意启发引导教学的应用以及趣味性的设计。避免将原来的教师"满堂灌"变成"电灌"，要注重在学生习得知识技能的同时培养其解决问题的能力，创设开放式学习环境，让学生在不断更新知识的同时学会学习，特别注意创设学习情境、鼓励和启发学生自己去探求、得出结论、解决问题，并逐步建立和发展自己的认知结构和学习的策略，培养信息处理的能力，培养批评性思考、创造性思维和解决问题的能力。

(五)不适于应用在学生通过做的经验来获得的学习活动中

在演示型课件的教学应用过程中，学生没有通过计算机来参与学习的机会，因此不适于应用在学生通过做来获得技能的学习活动中，特别是通过计算机操作获得技能和经验的学习。例如：教授刚刚接触计算机的学生使用鼠标，获得鼠标使用技能；教授刚刚学写字的小学生写拼音、写字；教授刚刚学习英语的学生，学写英文字母和英文单词等。

演示型多媒体课件通过多种媒体传递信息，不仅能引发学生的兴趣，从教育心理学的角度看，还可以调动学生多种感官共同参与学习(虽然这不是演示型特有的)，大大节约了教师教学的时间，从而提高教学效率。演示型多媒体课件有利于大班教学和学生共性发展，且制作的技术要求可高可低。演示型多媒体课件的缺点是不利于学生的个性培养。由于演示型多媒体课件对硬件和教师的电脑水平要求较低且实用性强、适用范围广，因此深受广大中小学教师的欢迎。21世纪人才的培养为教育教学提出了新的挑战，教师要借助一切教学方法和媒体手段的协同作用来实现教育、教学目标。教学内容的内在结构就是学科知识结构的组织设计，它是教学设计的基础；教学内容的外在表现形式，即如何最佳利用多媒体来传递教学内容是教学设计的手段，也是信息技术环境下教师所需的重要教学技能。

 拓展阅读

戴尔"经验之塔"理论与资源类型选择

关于教学内容的教学，美国教育学家爱德加·戴尔(Edger Dale)认为需要从学习者经验获得的角度进行考虑。首先，戴尔认为人类学习主要通过两个途径来获得知识：一是由自身的直接经验获得；二是通过间接经验获得。其次，戴尔认为学生的学习经验主要包括三个方面，做的经验、观察的经验、抽象的经验。在上述两个观点基础上，戴尔提出了"经

验之塔"理论，该理论可以为教学中信息化教学资源的选择提供参考。

在"经验之塔"理论中，戴尔把人类学习的经验依据抽象程度的不同分成十个层次，如图 4-5 所示。塔的底部(做的经验)可称为实物直观，塔尖(抽象的经验)可称为语言直观，塔的中部(观察的经验)可称为模象直观。由于实物直观不容易突出客观事物的本质特征，而容易把学生的注意引向事物的非本质方面，并常受时间和空间的限制。而语言直观所依靠的表象是神经暂时联系的恢复，其反映的事物的鲜明性和可靠性都不如知觉，因此弃二者之短的模象直观(观察的经验)就有了重要意义。戴尔认为："在将现实的感觉事物一般化的时候起到有力的媒介作用的就是半具体化、半抽象化的视听教材。""由于视听方法所开展的学习经验，既容易转向抽象概念化又容易转向具体实际化。"他还指出"教学中所采用的媒体越是多样化，所形成的概念就越丰富越牢固。"

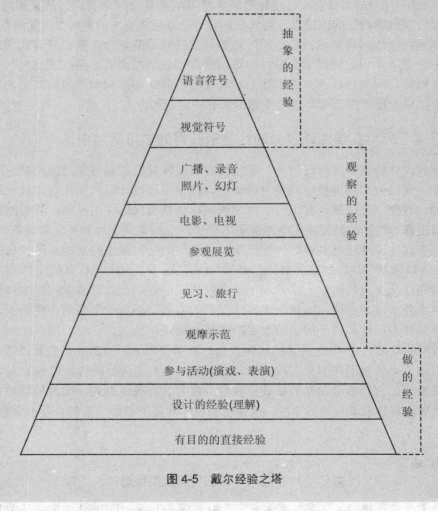

图 4-5　戴尔经验之塔

三、演示型多媒体课件的教学功能

从演示型多媒体课件的特点及在教学中的实际应用来看，这类课件一般具有如下几个方面的教学功能。

(一)能有效突出教学重点、解决教学难点

课件应能满足学生对本课程相关知识点的学习要求，着重解决教学内容中的重点、难点。知识密度合理，难易适度，突出重点，分散难点，适合不同层次学生的学习。目标明确，选题恰当，有利于发挥学生的主体作用，能激发学生主动参与学习的热情，这是制作演示型多媒体课件的初始目的。例如，在学习"草船借箭"一课的时候，课文重点要让学生全面详细了解诸葛亮草船借箭的过程，进而结合当时的情况分析人物的性格特征。教师在处理这一教学重点的时候，除了让学生诵读、熟读课文之外，还从网上下载了借箭过程的动画和描述课文关键环节的图片，通过课件演示加强学生对草船借箭过程的理解并形成深刻的印象，接下来教师通过提供相关图片和关键词的提示，让学生结合图片用自己喜欢的方法来重述故事发生的过程。这样，不仅能强化课文的重点，而且还发展了学生的言语表达能力。

(二)有助于事实性知识的识记和领会

根据布鲁姆的教学目标分类，知识分为事实性知识、概念性知识、过程性知识、元认知知识。其中，事实性知识描述的是事物的基本信息，包括对新知识、新事物的细节描述、运动过程和属性分析等。例如，在历史课的教学中向学生介绍"鸦片战争"这个历史事件的时候，为了帮助学生深刻理解鸦片战争的历史意义，教师借助"林则徐硝烟"这段视频，从视听觉多角度来刺激学生感官，通过视听创设的身临其境的教学环境，将学生带回到历史发生的时刻，让学生对此历史事件有切身的感受、体会和理解，从而引导学生多角度地看待历史问题，具有更加深刻的教育意义，深化了教学，拓展了教学空间。再例如，在地理课中向学生介绍"地震"这一地球运动现象时，教师通过播放地震形成过程的 Flash 动画，让学生仔细观察后总结地震形成的原因。这样学生不仅能对地震过程有清晰的印象，而且能对地震形成的原因作出清晰的判断。如果只靠文字或者图形，就不能展现地震的过程。

(三)有助于学生构建概念性知识体系

建构主义理论认为，知识的结构在人脑中不是直线的层次结构，而是围绕着一些关键概念所构成的网络。这就要求教师应围绕教学大纲，根据课程的学科特点和教学目标，认真研究教学内容和教学方法，筛选和挖掘系列教材中的精华和知识点，从不同的角度分析这些知识点的属性，即是属于概念、原理性，还是技能、应用性；是属于识记、理解性，还是分析、综合性；是属于事实、情景性，还是示范、探究性等。形成既有清晰的知识点又有完整、系统化的教学体系，既具有科学性又能方便学生自主学习和探索的网状知识结构。

演示型多媒体课件不仅有利于学生理解、领会事实性知识，通过课件提供的超链接功能，还能帮助展示事物发展的过程以及知识点之间的联系，有利于学生概念性知识体系的构建。例如，在学生学习"梯形面积"的计算方法的时候，教师利用课件展示平行四边形和三角形之间的关系，使学生认识到平行四边形可以由两个全等的三角形旋转得到，进而

启发学生梯形面积是否也可以通过同样的方法呢？学生通过观看演示过程，应用同样的方法得到了梯形面积的计算方法，从而使学生建立三角形和平行四边形、梯形与平行四边形以及三角形和梯形概念之间的联系。

(四)便于开展情景教学

建构主义认为，知识的习得是学习者不断与环境相互作用自主建构的结果，在这个教学过程中特别强调"情景创设"的重要性。它主张只有为学生创设近似真实的学习情景，学习者才能通过与人合作或教师的帮助，完成意义的建构。例如，教师在讲授"小蝌蚪找妈妈"一课时，在课件中插入了小蝌蚪找妈妈的配乐文字的视频，视频中有优美的音乐，有课文的文字提示，有小蝌蚪游来游去的画面，教师让学生跟着音乐，看着画面为视频配音。学生在教师创设的春天般的教学情境中，自然融入其中，不仅学会了读课文，还读出了感情。同时也深化了语文教学，将生硬的朗读转化为自由的语言表达，逐渐从被动模仿走向自主的综合应用。

(五)能给予学生正规标准的示范

课件以其较强的呈现力和重现力的特性，能为教学提供正规标准的示范，而且教学应用范围比较广泛。例如，在语文课的写字、识字、阅读教学中，通过课件为学生提供规范的示例，有助于培养学生规范的写字技能，帮助学生说好普通话。再例如，在英语的发音、字母、句子轻重连读等教学中，课件的教学功能更显突出。尤其学生在刚刚接触外语学习的时候，接受正规标准的语音示范是十分重要的，这将直接影响学生日后的口语表达能力。

 拓展阅读

布鲁姆关于认知领域的教育目标分类

布鲁姆认为思维有六种级别，不同的思维级别对应着不同的认知技能的训练，这正是为广大教育工作者所熟知的六大技能领域，如表 4-1 所示。

表 4-1　布鲁姆的认知技能分类

技　能	定　义	关　键　词
识记	回忆信息	识别、描述、命名、列车、辨认、重现、遵循
领会	理解意义，解释概念	总结、转换、论证、解释、说明、举例
应用	在新情境下使用信息和概念	建造、制造、构造、建模、预测、预备
分析	将信息或概念分解，以获得更充分的理解	比较/对比、拆分、区分、选择、分离
综合	将观点进行组合以形成一个新观点	分类、归纳、重构
评价	进行价值判断	评价、批评、判断、证明、争论、立论

1999 年，布鲁姆的学生安德逊博士和他的同事们发表了布鲁姆教学目标分类的修订版本，该版本考虑到了更多的教与学的因素。修订后的版本与原来的对比增加了创造这一维度。此外，还增加了知识的表现形式，也就是在知道是什么和知道如何做之间进行了区分，

如表 4-2 所示。

表 4-2　知识的表现形式

维　度	说　明	关　键　词
事实性知识	基本信息	术语、特定细节和要素
概念性知识	可以实现某种功能的结构中组成部分之间的关系	分类和类别、原理和常规；理论、模型和结构
过程性知识	如何做某事	特定学科的技能、算法、技巧、方法，决定何时使用适当的过程的准则
元认知知识	对思维普遍规律的理解，特别是对个人的思维的理解	策略，人之任务需求，自我知识

　　演示型多媒体课件从知识表现形式来讲，比较适用于事实性知识、概念性知识的传授；从认知技能领域来看，比较适用于低阶技能的获得，如识记、领会等技能领域；对于应用、分析、综合、评价等高阶技能的培养则能起到创设教学环境、激发学生内在认知的作用。

四、演示型多媒体课件制作的主要工具

　　制作课件的工具比较多，常见的制作软件有：Microsoft PowerPoint、Authorware、Flash、方正奥思、Director、Premier、几何画板(数学学科的课件开发工具)等。其中，演示型多媒体课件以 PowerPoint 软件应用最为广泛，其操作起来简单、方便，容易掌握，表现形式也较丰富。Microsoft PowerPoint 软件是一个演示程序，由微软公司开发，它是微软 Office 办公软件系列的重要组件之一(还有 Excel、Word 等)，并能在微软 Windows 系统和苹果的 Mac OS X 的操作系统中运行。这款软件用于制作视频、音频、PPT、网页、图片等结合的三分屏课件，从开始推出就受到了商务人士、教育工作者、教师和学生的欢迎。Microsoft Office PowerPoint 2003 在 PowerPoint 系列中已经相当成熟了，支持多项用户自定义选项。当前发行的版本是 2008 年推出的 Microsoft Office PowerPoint 2007。在 2009 年底，微软发布了 Microsoft PowerPoint 2010 的测试版。本章将在第二节具体介绍如何利用 PowerPoint 软件设计并制作演示型多媒体课件。

 活动建议

　　有些老师认为演示型多媒体课件很简单，主要代替教师的板书，展示教学内容，您是否赞同"演示型多媒体课件就是板书的照搬、教材的替代品"这种看法？请您结合自身的教学实践总结如何才能避免这一说法？

_____

_____

_____。

第二节　演示型多媒体课件的设计与开发案例

本节导读

　　本节主要介绍演示型多媒体课件的设计、开发的基本过程。通过本节的学习，学习者将了解如何利用 PowerPoint 设计演示型多媒体课件的基本流程，初步掌握演示型多媒体课件的制作方法。

一、案例概述

　　本案例是面向小学五年级学生设计的英语综合课堂教学应用案例，主题为"Look at the monkeys"。本课是人民教育出版社五年级下册第五单元第一课时的内容。五年级的学生已进入小学的高年段，他们思维敏捷、活泼好动、有一定的自控能力、抽象记忆有所发展，但思维活动中形象记忆的作用仍非常明显，仍需要用具体、形象的教学材料及灵活多样的教学方法来引导学习。根据新课程标准的要求，小学英语注重学生英语学习兴趣的培养，强调为学生语感和良好的语音、语调的培养打下基础。案例根据英语课标的这一要求，结合学生的认知特征，充分发挥多媒体课件的语言教学优势，为学生提供良好的语言学习环境，培养学生良好的英语交流意识和交流习惯。本案例是利用 Microsoft PowerPoint 2003 开发的单机版演示型多媒体课件。

二、案例设计过程

(一)需求分析

1．学生的一般特征分析

　　在记忆方面，这一阶段的学生有意记忆逐步发展并占主导地位，抽象记忆有一定程度的发展，但具体形象记忆的作用仍非常明显。在思维方面，学生逐步学会分出概念中本质与非本质、主要与次要的内容，学会掌握初步的科学定义，学会独立进行逻辑论证，但他们的思维活动仍然具有很大成分的具体形象色彩。在注意方面，学生的有意注意逐步发展并占主导地位，注意的集中性、稳定性，注意的广度，注意的分配、转移等方面都较低年级学生有不同程度的发展。在想象方面，学生想象的有意性迅速增长并逐渐符合客观现实，同时创造性成分日益增多。

2．学生已有知识水平与技能分析

　　小学五年级的学生，其身心两个方面都在快速成长，他们对于知识的追求也与日俱增。他们对各种知识和新鲜事物都很感兴趣，同时对这个世界有了自己的一些看法。这一阶段

正是从少儿英语向初级英语的过渡阶段，他们渴望运用英语来表达他们所熟悉的生活常识，对英语学习的动机很强。学生在前一单元中的学习重点也是现在进行时。本课时出现的动物名称和要求掌握的现在分词的动词原形在前五册学生用书中都已出现过，这在一定程度上可以降低学生的学习难度。

3．PowerPoint 课件的可行性分析

在课堂教学中使用 PowerPoint 课件既可以使学生在充分感知的基础上，实现多种感官的有机结合，又可以帮助教师活跃课堂气氛，调动学生学习的积极性。PowerPoint 课件有着传统教学所不能替代的自身特点，是小学英语课堂中首选的辅助性课堂工具。

第一，丰富课堂教学内容。本单元围绕"动物正在做什么"这一话题展开。本节课作为第一课时，既要让学生学会简单地描述动物正在做什么的英语表达，又要掌握动词短语 ing 形式的基本变化。在传统的教学中，教师只能通过粉笔、黑板、挂图等单一、静止的媒体进行教学，缺乏生动性，因此学生只能简单地依赖听觉和有限的视觉进行课堂学习。而利用 PowerPoint 课件可以扩大课堂的信息量，将声音、图片、视频、动画等多种媒体集合在一起，通过生动的画面将知识有效地呈现在学生面前，激发了学生的学习兴趣，同时也避免了传统课堂中课堂气氛过于呆板的不足。

第二，增强课堂教学效果。在英语中对不同状态发生在不同时间的动作，要用不同的语态和时态来表达，完全不同于汉语的表达习惯。本节课主要是学习现在进行时的基本表达，然而对于五年级的学生而言，区分一般现在时和现在进行时有一定的难度，而恰当利用 PowerPoint 课件可以有效降低理解难度，排除学生理解上的困难。例如，在课堂中为学生展示事先设计好的运动图片，让学生猜猜画面中的动物正在做什么？这种视觉刺激既可以方便学生对现在进行时的正确理解，也可以帮助学生了解动词的现在分词形。如果只是口头枯燥的讲述，很可能比较费时且难以分辨清楚，借助 PowerPoint 提供的图片展示，可以让学生轻松地体会语言情境，大大增强课堂的教学效果。

第三，营造新鲜的教学环境。在教学方法上，运用多媒体计算机进行教学可以把多种教学方法紧密结合起来，从而达到启发学生主动思考，使其积极参与课堂学习，提高学生多方面能力的教学目的。在教学形式上，本课中有一些学生平时接触不到的动物，仅靠语言描述很难让学生真正理解，然而在运用多媒体计算机的同时，加上教师的精讲与启发，再结合学生的质疑、问难和讨论，使学生通过身临其境的直观感受和仔细观察，切身体会到实际环境，改变了过去那种光靠教师"灌"，学生被动接受的形式，有效地激发了学生的学习兴趣，真正体现了以学生为主体。

(二)教学设计

1．教学目标设计

(1) 知识目标：能够听、说、认读句子"Look at the tiger! It's running! The rabbit is jumping."能够听、说、读、写动词短语 ing 形式：flying，jumping，walking，running，swimming。

(2) 能力目标：能够简单描述动物正在做什么；能够听懂、学唱歌谣"Koalas are

sleeping"。

(3) 情感态度目标：通过小组活动，培养学生的团队合作意识与创新精神；注重培养学生热爱动物，保护大自然的优秀品质；使学生了解一些有关考拉(树袋熊)、袋鼠的知识。

(4) 教学重点：本课时教学重点是掌握五个动词的 ing 形式，并用现在进行时进行简单表达。

(5) 教学难点：本课时教学难点是"running"和·"swimming"的拼写。

2．知识结构设计

本课件的知识结构如图 4-6 所示。

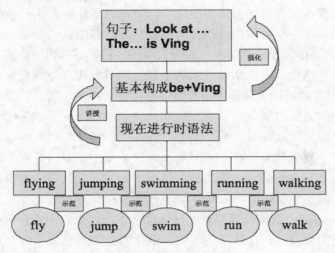

图 4-6　知识结构图

3．教学策略设计

根据英语学习的特点，一般可以将英语教学概括为单词教学、对话教学、读写教学和复习课教学。本课时主要将单词教学与对话教学有机结合，预应用的教学策略参考如下。

单词教学方面，可以采用图片、动作、实物、表情等方式导入，为学生创设一个简单的学习情境，教师作为学习的引导者，除了创设良好的学习情景外还需要注重自己的发音，让学生通过自身学习、模仿，产生学习兴趣，将已有的旧知识迁移到新知识中。

对话教学方面，教师可以为学生设计一些贴近实际生活的活动，建立有趣的学习氛围，激发学生想说的欲望和要说的愿望，使其主动参与到活动之中，在玩中学，使学生既能体会到学习的快乐又能轻松地把所学应用到实际生活中，真正提高自己的语言交际能力。

4．教学媒体设计

1) 现代媒体设计

多媒体课件是现代媒体在小学英语教学中应用得最广泛、最普遍的一种媒体手段。它能呈现出文本、声音、图片、动画、视频等多种信息，创设出图文并茂、绘声绘色、轻松而愉快的课堂教学氛围。

其中，文本有着其不可替代的重要作用，无论是在教材中还是在课件中，文本是使用最多的教学媒体。它可以用来描述某一特定的概念、事物的基本构成、客观事实等。例如，在本节课中介绍现在进行时的基本形式时，除了教师口头教授以外，附上必要的文字说明可以加深学生对这一概念的理解，帮助学生形成完整的知识结构框架。

由于受母语的影响，学生往往在学习英语的过程中会遇到发音问题的困扰，那么，声音媒体的应用有时便可以弥补教师自身语音技能上的欠缺，同时也打破了时空的限制。在本节课中，运用大量的语音素材，旨在为学生创设真实的语言环境，努力克服语言学习中没有应用氛围这一缺陷。

图片作为最直观的视觉信息和教学媒体，也是课堂教学中必不可少的组成部分，它可以提供丰富的信息和必要的背景知识。在本节课中，有一些学生平时不常见的动物，在课堂中配以生动活泼的图片来说明，可以有效帮助学生了解新知。

还有两种在课堂中应用得越来越广泛的现代教学媒体，那就是动画和视频媒体。它们的使用可谓是对小学英语课堂的锦上添花，使课堂更为生动，学生犹如身临其境。在课前热身中，利用多媒体动画可以即刻调动学生的学习兴趣，同时在课堂中播放必要的视频资源，既可以优化课堂效果又可以让学生在创设的语言环境中真正理解英语的实际应用情境。

2) 传统媒体设计

现代媒体固然有其无法比拟的优越性，但是其他媒体和教学手段的许多特色功能也是它无法完全取代的，如板书、实物和简笔画等。在英语教学中，教师有时会产生突然而至的灵感，这些灵感如果没有板书的表达会感到遗憾。优秀的板书不仅精炼，教师还可根据学生提出的问题随时调整、修改内容，达到和学生交流互动的目的。[①]

5. 评价设计

1) 分层评价

根据不同层次的学生可以设计不同的评价标准，例如，布置的作业全部做对的，即可得到一面小红旗；书写工整的，可再加上一颗五角星；对于基础较差的学生有进步的，可以画笑脸或写评语等。尽量鼓励不同学习程度的学生，激发学生的自信心，让学生更加喜欢学习！

2) 多次评价

对于学生而言，很难一次就将作业做得很满意。除了进行一定的试卷测试以外，教师应当多鼓励、多支持、多赞扬学生进行自评和他评，在此基础上教师进行师评，更有效地帮助学生改正自己学习中的错误。当学生一次次体会到自己的进步之后，便可以慢慢地从自己的失败中总结经验，并养成独立思考、主动改错的精神，从而真正热爱学习，体会知识给自己带来的快乐。

(三)脚本设计

1. 封面

本课件封面的脚本设计如表 4-3 所示。

---

① 万文龙. 多媒体英语教学和传统英语教学的对比研究[J]. 大众科技，2009(1).

表 4-3　封面脚本设计

名　称	内　容	制作说明
封面	标题	封面为一张背景图片，艺术字"Look at the monkeys"
文本	Look at the monkeys	对文字添加变淡效果

2. 一级目录页面

本课件目录页面的脚本设计如表 4-4 所示。

表 4-4　目录页脚本设计

名　称	内　容	制作说明
一级目录页面	标题导航	1. 主页面为一张背景图片 2. 导航为 5 个按钮(菱形图形)
图形	笑脸	自选图形基本形状
文本	Warm up,Preview,Presentation, Practice,Sum up	分别与各菱形图形组合，添加超链接，单击可跳转到相对应的界面

3. Warm up 页面

课件 Warm up 页面的脚本设计如表 4-5 所示。

表 4-5　热身页脚本设计

名　称	内　容	制作说明
热身页面	Flash 动画区 返回按钮	播放多媒体 Flash 文件 hello song，创设英语学习语言情境，激发学生的学习兴趣
按钮	返回	单击可返回一级目录页

4. Preview 页面

课件 Preview 页面的脚本设计如表 4-6 所示。

5. Presentation 页面

课件 Presentation 页面的脚本设计如表 4-7 所示。

表 4-6 预习页脚本设计

名 称	内 容	制作说明
预习页面	标题 　　文本区 　　　　返回按钮	界面为浅色背景图,此部分内容主要是欣赏并学习歌谣。通过对个别生词的了解以便为接下来的学习扫清语言障碍,同时也复习了现在进行时的基本构成,从而在一定程度上降低课程学习的难度
文本	歌谣(略)	通过阅读歌谣,复习现在进行时、已学过的单词,初步了解动词 ing 形式
声音	课文朗读	与文本展示同步
按钮	返回	单击可返回到一级目录页

表 4-7 新授页脚本设计

名 称	内 容	制作说明
新授页面 (单词部分)	标题 图片区 文本区 　　　返回按钮	1. 界面为淡色背景图,通过动画图像展示,加深对单词的记忆 2. 单击空白处显示单词拼写,单击声音图标播放原声朗读,再次单击空白处显示动词 ing 变化形式 (其他单词展示与此处相同)
句子部分	标题 　文本　　　图像 　　　　返回按钮	1. 图片区域展示出要表现的动作,本文区域对句型操练做以提示,有助于理解现在进行时的句子构成及单词记忆 2. 单击空白处给出句子提示,再次单击播放自定义路径动画,最后单击出现完整句子
文本	句型(略)提示答案(略)	
图像	动物图像	添加自定义路径,制作简单动画
按钮	返回	单击可返回到一级目录页

6. Practice 页面

课件 Practice 页面的脚本设计如表 4-8 所示。

7. Sum up 页面

课件 Sum up 页面的脚本设计如表 4-9 所示。

表 4-8　练习页脚本设计

名　称	内　容	制作说明
练习 (单词 部分)	标题 文本区	1. 界面为淡色背景图 2. 给出动词原形，要求抢答出动词 ing 形式 3. 单击空白处提示全部答案
句子 部分	文本 图像 返回按钮	通过观察图片，练习所学句型，进一步巩固单词和句子的学习
文本	单词(略)句型(略)提示答案(略)	
图像	动物图像	
按钮	返回	单击可返回到一级目录页

表 4-9　总结页脚本设计

名　称	内　容	制作说明
总结 页面	文本区域	文字逐渐显示，展示此课单词、句型以及家庭作业
文本	总结单词、句型、作业	

8. 结束页面

课件结束页面的脚本设计如表 4-10 所示。

表 4-10　结束页脚本设计

名　称	内　容	制作说明
结束 页面	标题	封面为一张背景图片，艺术字"Goodbye"
文本	Goodbye	对文字添加压缩效果
按钮	结束	单击退出课件

(四)课件结构设计

本课件的结构如图 4-7 所示。

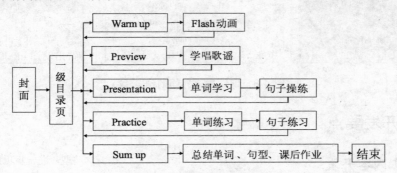

图 4-7　课件的逻辑结构

(五)屏幕界面设计

本课件的主要界面如图 4-8 所示。

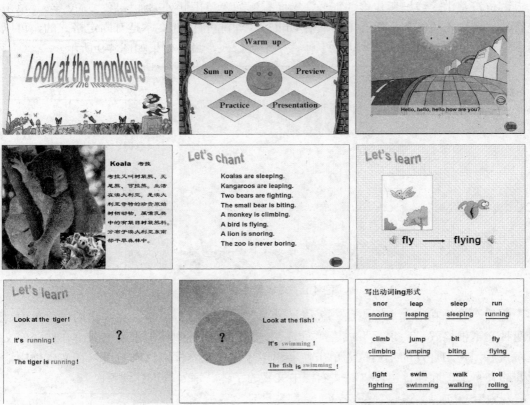

图 4-8　课件主要界面的预览

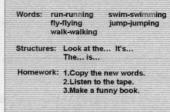

图 4-8　课件主要界面的预览(续)

三、案例开发要点

(一)文本内容开发

任务一：文本的输入与修改

在 PowerPoint 中常用的添加文本的方法有两种：一是利用模板预设的占位符添加，二是利用文本框添加。下面以首页小标题为例，具体说明如何在 PowerPoint 中输入文本。

占位符是由虚线框所包含的部分，上面有例如"单击此处添加标题"等文字，单击占位符，然后输入"PEP 小学五年级下册 Unit5"，占位符中的文本是有固定格式的，可以单击占位符边框，对里面的文本进行字体、字号等修改，最终效果如图 4-9 所示。

PEP小学五年级下册Unit5

图 4-9　文本最终添加效果

此外，还可利用文本框添加。选择"插入"|"文本框"命令，在弹出的子菜单中显示出两种文本框格式："水平"或者"垂直"，通常在课件中使用水平格式。在选择好文本框格式后，在幻灯片的空白位置单击便会出现添加的文本框，这时就可以在文本框中输入想要的文字了，同样，也可以对文本框中文字的字体、字号等进行调整。

任务二：为文本添加超链接

在 PowerPoint 课件中经常会实现各个页面之间的跳转或返回，为文本添加必要的超链接可轻松实现此功能。

在课件的导航页面，为每个文本设置超链接，教师可以随时单击该文本进入指定页面的讲授。由于操作相同，这里只以 Warm up 为例，介绍为文本添加超链接的方法。右击 Warm up 文本框，在弹出的快捷菜单中选择"超链接"命令，如图 4-10 所示，然后找到 Warm up 在本文档中对应的目标幻灯片位置，也就是 Flash 动画那一页幻灯片，单击"确定"按钮即可完成超链接，如图 4-11 所示。

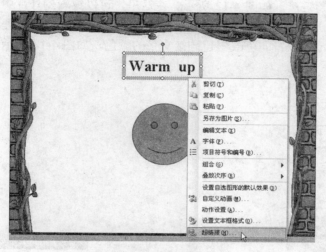

图 4-10　设置超链接

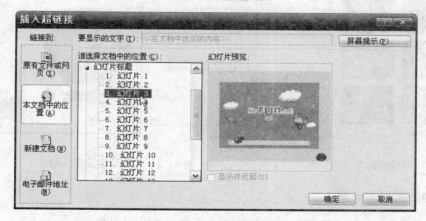

图 4-11　完成超链接

提示卡

许多老师在设置完超链接后，文本下面会出现下划线，而且单击后精心挑选的文字颜色也会改变，怎样才能避免这样的困扰呢？其实很简单。在设置超链接时，选中文本加超链接时会出现下划线，单击选中文本框，右键添加超链接，就没有这样的困扰了，也就是说设置超链接的时候选中文本框而不选择文字本身。

任务三：修改超链接文字的颜色

在播放幻灯片时，单击过的超链接文字颜色会改变，有时颜色过淡而导致无法看清文本的内容，这样的问题也很好解决。

首先，选择"格式"|"幻灯片设计"命令，然后单击"配色方案"超链接，然后单击"编辑配色方案"超链接，如图 4-12 所示。在这里，可以编辑幻灯片中的各种配色方案，根据任务要求，双击"强调文字和超链接"前面的色块，选择一种合理的颜色，调整好所要颜色后单击"确定"按钮即可改变超链接文字的颜色，如图 4-13 所示。

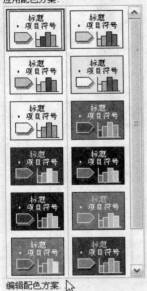

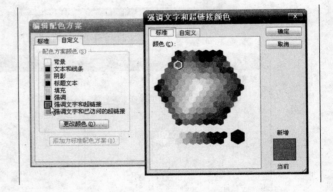

图 4-12　编辑配色方案　　　　　　　图 4-13　修改超链接字体颜色

任务四：添加艺术字

在 PowerPoint 中还可以把文字做成漂亮的艺术字效果，以图片的形式插入到幻灯片中，课件首页 Look at the monkeys 就是采用了此方法。

制作过程是：选择"插入"|"图片"|"艺术字"命令，弹出如图 4-14 所示的"艺术字库"对话框。这里提供了丰富的艺术字样式，根据需要和喜好选择其中一种艺术字样式，单击"确定"按钮，弹出"编辑'艺术字'文字"对话框，在"文字"文本框中输入"Look at the monkeys"，可以设置艺术字的字体和字号，是否加粗、倾斜等效果，设置完毕单击"确定"按钮完成。最后，将艺术字放到幻灯片的适当位置，拖动控制点仍然可改变其大小，如图 4-15 所示。

图 4-14　"艺术字库"对话框

图 4-15　调整艺术字

(二)图片处理

课件中的图像或图片，按其用途可以分为以下三种形式：一是背景图，二是按钮图，三是与教学内容相关的插图。

任务一：在幻灯片中添加图片

课件中经常会用到各种各样的图片，添加图片的方法也很简单。可以先准备一些需要添加的图片，然后选择"插入"|"图片"命令。除了可以添加文件图片以外，还可以把PowerPoint中自带的剪贴画、自选图形等添加进来。在本课件中，选择的是"来自文件"中的图片选项，找到"考拉睡觉.jpg"，单击"插入"按钮即可，调整图片在幻灯片中的位置和大小，直到满意为止，如图 4-16 所示。

图 4-16　插入来自文件的图片

任务二：为幻灯片添加背景图片

选好一张图片作为背景图，选择"格式"|"背景"命令，弹出如图 4-17 所示的"背景"对话框。在这里既可以改变背景的颜色又可以改变背景的填充效果，在"背景填充"选项组中单击列表框右侧的下拉箭头，选择"填充效果"选项，弹出如图 4-18 所示的"填充效果"对话框，切换到"图片"选项卡，找到要添加的图片"背景.jpg"插入即可。

图 4-17　"背景"对话框

图 4-18　"填充效果"对话框

任务三：利用图形制作按钮

在幻灯片中添加按钮，可以用来控制页面间的跳转。下面就以添加课件中的按钮为例来介绍如何利用图形制作动作按钮。

在 PowerPoint 中自带了许多自选图形，可以方便地制作成动作按钮。选择"插入"|"图片"|"自选图形"命令，弹出如图 4-19 所示的对话框，有多种类型的自选图形，鼠标移到任何一种图形上会有提示文字说明。单击"基本形状"按钮，在弹出的菜单中单击"椭圆"

按钮，此时鼠标指针变成了"+"字形，按住鼠标左键自左上方向右下方拖动，便绘制出一个椭圆。默认状态下自选图形无填充颜色，双击该椭圆，将椭圆填充色调成橙色，如图 4-20 所示。用同样的方法再绘制出一个红色箭头。两个自选图形制作完毕后，分别给两个自选图形设置超链接，方法与上文中"(一)任务二"中设置文本超链接相同，这样就可以链接到指定页面，最后把两个自选图形组合成组。

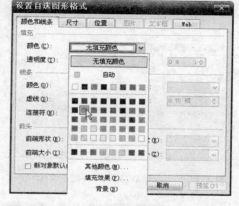

图 4-19　"自选图形"对话框

图 4-20　"设置自选图形格式"对话框

提示卡

　　将要组合的图形或图像同时选中，右击其中一张图形或图像，在弹出的快捷菜单中选择"组合"命令，这样就把它们组合为一个完整的图形或图像了，可以任意移动、复制、粘贴到课件的任何页面中。

任务四：调整图片的大小

课件中插入的图片过大，会影响课件的运行速度，通常可以利用 ACDSee 软件将图片调整到合适的大小。

首先启动 ACDSee，选择"文件"|"打开"命令，在弹出的对话框中找到要修改的图片，然后选择"修改"|"转换文件格式"命令，弹出如图 4-21 所示的"批量转换文件格式"对话框。在"格式"选项卡中的列表框中选择需要的图片格式，单击"格式设置"按钮调整图片压缩率，如图 4-22 所示，调整后单击"确定"按钮。

任务五：去掉背景图中不必要的文字等信息

从 Internet 上找到的图片中，有些图片上包含有不需要的信息，例如，图片来源的网址等，通常利用 Windows 系统自带的画图软件就可以轻松而方便地去掉背景图中不必要的文字，具体方法如下。

单击"开始"按钮，选择"程序"|"附件"|"画图"命令，启动画图软件，然后选择"文件"|"打开"命令，在弹出的对话框中找到所要修改的图片"考拉.jpg"，如图 4-23 所示。选择左侧工具箱中的"放大镜"工具，将图片中要修改的部分放大，再利用"选定"

工具选择与文字附近颜色相近的色块，选择"复制"、"粘贴"命令，如图 4-24 所示，将粘贴后的图像拖动到文字上，即可将文字覆盖，效果如图 4-25(a)和图 4-25(b)所示。

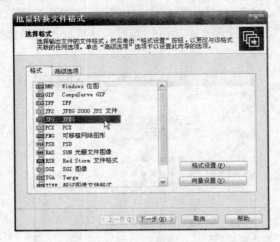

图 4-21 "批量转换文件格式"对话框 　　　图 4-22 调整图片压缩率

图 4-23 放大图片

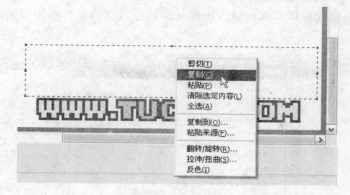

图 4-24　复制相近色块

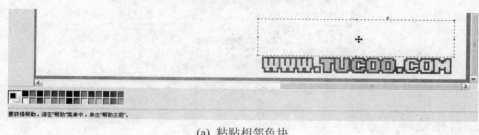

(a) 粘贴相邻色块

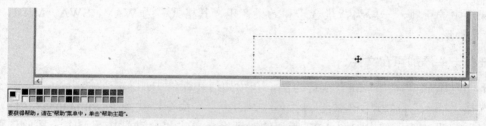

(b) 覆盖要修改的文字

图 4-25　去掉不需要的文字

提示卡

除此以外，还可选择"取色"|"铅笔"命令，完成同样的效果。

单击"取色"工具，吸取文字附近相近的颜色，然后利用"铅笔"工具将文字逐一涂抹掉。

任务六：图片在课件中放大后变虚的处理

可以利用 Photoshop 软件对放大后变虚的图片进行处理。

首先启动 Photoshop 软件，选择"文件"|"打开"命令，在弹出的对话框中找到要修改的图片。选择"图像"|"图像大小"命令，弹出"图像大小"对话框，选中"约束比例"复选框，将文档大小的单位设置成百分比，将"宽度"、"高度"的数值均改为 110，然后选中"重定图像像素"复选框，在下拉列表中选择"两次立方"选项，如图 4-26 所示，

单击"确定"按钮完成操作。这种放大可重复操作，每次将图片增大 10%，达到满意效果为止。

图 4-26　放大图片

(三)音频处理

课件中的音频，一般为背景音乐和效果音乐，其格式多为 WAV、SWA、MIDI、MP3、CD 等几种形式。

任务一：添加声音文件

下面以添加单词"swim"读音为例，介绍如何在课件中加入需要的声音。

选择"插入"｜"影片和声音"｜"文件中的声音"命令，找到"swim.mp3"文件，单击"确定"按钮，然后弹出如图 4-27 所示的对话框。单击"自动"按钮，表示播放该页幻灯片时自动播放声音文件；单击"在单击时"按钮，表示单击时播放声音文件，这里选择单击时播放。这样，在屏幕中会出现一个黄色的小喇叭图标，拖动此图标调整它在幻灯片中的位置，在幻灯片播放的过程中，单击小喇叭便可播出 swim 的发音了。

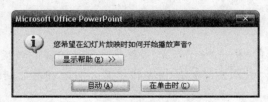

图 4-27　提示对话框

PowerPoint 支持的声音文件类型

PowerPoint 软件可以支持不同类型的声音文件，在实际应用中，这些类型的声音文件可以直接插入到幻灯片中播放，如果是 PowerPoint 软件不支持的类型，那么只能采用外部链接的方法播放。PowerPoint 软件所支持的 6 大类型有：AIFF 音频文件、AU 音频文件、MIDI 音频文件、MP3 音频文件、Windows 音频文件、Windows Media 音频文件。

任务二：设置背景音乐

在课件中经常会用到一些好听的音乐作为背景音乐播放，这里将介绍如何为课件设置背景音乐。

首先在幻灯片中添加准备好的音乐文件，添加的方法已在任务一中介绍。添加完毕后，右击小喇叭图标选择"自定义动画"命令，弹出如图 4-28 所示的面板，单击添加的歌曲"you&me"后面的下拉箭头，选择"效果"选项，弹出如图 4-29 所示的对话框。在"开始播放"选项组中选中"从头开始"单选按钮，在"停止播放"选项组中选中"　○在 (F)：　　　张幻灯片后　　"单选按钮，根据幻灯片的数量输入数字，这样就可以达到一直播放到最后一张幻灯片演示完一直有背景音乐的效果了。

图 4-28　"自定义动画"面板

图 4-29　"播放 声音"对话框

(四)视频处理

任务一：添加视频文件

下面将介绍如何在 PowerPoint 中插入视频文件。

选择"插入"|"影片和声音"|"文件中的影片"命令，弹出如图 4-30 所示的对话框。在"我的电脑"中找到准备好的视频文件，单击"确定"按钮，弹出与图 4-29 相似的对话框，供选择何时播放视频文件，选中"单击时"单选按钮，此时，幻灯片中便出现了所添加的视频。在幻灯片播放时，单击此视频便可以播放，再次单击即可暂停播放。

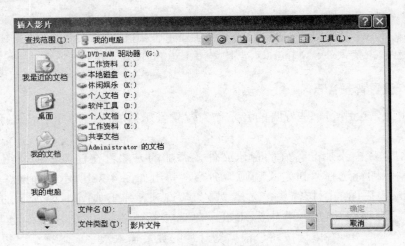

图 4-30 "插入影片"对话框

PowerPoint 支持的视频文件类型有：①影片文件；②Windows Media 文件；③Windows 视频文件；④Microsoft 录制的电视节目；⑤电影文件；⑥Windows Media 视频文件。

任务二：截取视频中的画面作为图片

视频中有很多优美的画面，当需要某一幅画面时，如何把它以图片形式保存呢？方法很简单。在视频播放时，暂停在想要的画面上，然后按下键盘上的 Print Screen Sys Rq 键，选择"开始"|"程序"|"附件"|"画图"命令，然后选择"编辑"|"粘贴"命令，这样就可以轻松地把视频中的画面以图片形式保存起来。以上介绍的是最常用的截取图片的方法，当然，也可以利用专门的视频处理软件进行截取。

(五)动画处理

任务一：为文字添加自定义动画

下面以幻灯片中考拉的介绍文字为例，介绍如何在 PowerPoint 中给文字设置动画效果。

首先利用文本框输入文字，右击该文本框，在弹出的快捷菜单中选择"自定义动画"命令，或者选择"幻灯片放映"|"自定义动画"命令，单击"添加效果"下三角按钮，在弹出的下拉菜单中选择"进入"|"盒状"命令，如图 4-31 所示。可以通过"自定义动画"面板改变动画的开始时间、方向和速度等，如图 4-32 所示。这里，将开始时间设置为"之后"，也就是播放完上一动画效果后自动播放此动画效果。除此之外，还可以通过"效果选项"命令来调整文字发送的批量(见图 4-33(a))，这里选择"整批发送"，如图 4-33(b)所示。这样，便可以利用相同的办法为其他文字或者图片添加丰富的自定义动画了。

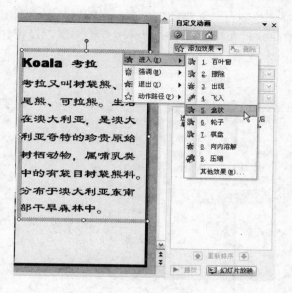

图 4-31 "盒状"效果

图 4-32 调整自定义动画播放

(a) 选择"效果选项"命令

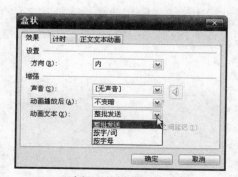

(b) 选择"整批发送"选项

图 4-33 设置自定义动画的效果

任务二：制作简单的路径动画

在幻灯片中插入需要制作动画的图片"飞翔的鸟.gif"，把图片拖动到画面一侧，调整图片在幻灯片中的位置，右击图片，在弹出的快捷菜单中选择"自定义动画"|"添加效果"

|"动作路径"命令，如图 4-34 所示，选择"绘制自定义路径"命令，在幻灯片中绘制出希望得到的曲线形运动路径，根据需要调整起始点和结束点的位置、图片大小等，设置好后可单击播放按钮即可看到动画效果。

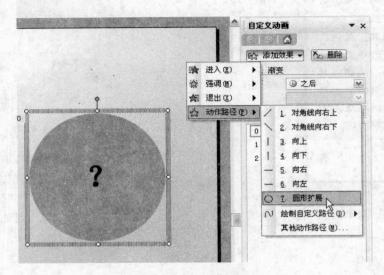

图 4-34　设置动作路径

任务三：在 PowerPoint 中插入 Flash 动画

在课件的 Warm up 页面添加了一个 Flash 动画。具体方法如下所示。

选择"视图"|"工具栏"|"控件工具箱"命令，弹出如图 4-35 所示的控件工具箱对话框。然后单击"其他控件"按钮，在弹出的下拉菜单中选择 Shockwave Flash Object 控件，如图 4-36(a)所示，用鼠标在幻灯片的空白处拖画出一个矩形，如图 4-36(b)所示。最后，在 Movie 属性栏中输入 Flash 动画的路径和名称"…\hellosong.swf"，如图 4-37 所示，关闭窗口即可完成。这样，在播放幻灯片时就可轻松观看到 Flash 动画了。

图 4-35　控件工具箱对话框

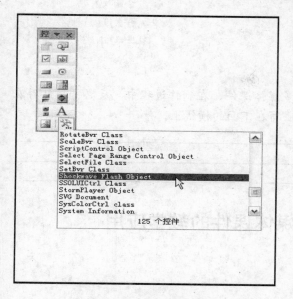

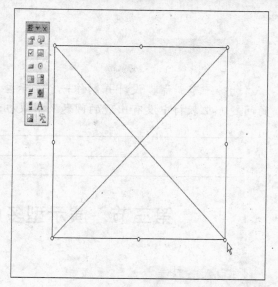

(a) 选择 Shockwave Flash Object 控件   (b) 拖画出一个矩形

图 4-36　插入 Flash 控件

（名称）	ShockwaveFlash1
AlignMode	0
AllowFullScreen	false
AllowNetworking	all
AllowScriptAcces	
BackgroundColor	-1
Base	
BGColor	
DeviceFont	False
EmbedMovie	True
FlashVars	
FrameNum	1
Height	396
left	66
Loop	True
Menu	True
Movie	hellosong.swf
MovieData	
Playing	True
Profile	False
ProfileAddress	
ProfilePort	0
Quality	1
Quality2	High
SAlign	
Scale	ShowAll
ScaleMode	0
SeamlessTabbing	True
SWRemote	

图 4-37　修改 Movie 属性

活动建议

选择一节新课，设计并制作一个演示型多媒体课件，在制作过程中，反思并总结存在的问题，把教材中没有出现的问题及解决办法写在下面的横线上。

_____

_____

_____。

第三节　演示型多媒体课件的教学应用

本节导读

本节主要介绍演示型多媒体课件在教学中的应用。通过学习，大家将了解到演示型多媒体课件的适用环境、适用学科以及适用的教学活动。希望本节的学习能帮助学习者合理、恰当地应用演示型多媒体课件。

案例研习

王老师准备了一节计算机网络环境下的五年级的英语课。为了突出计算机网络环境的教学优势，王老师配合这节课的教学设计制作了一个 PPT 课件，课件包括视频导入—诗歌朗读—看图识、记单词—看图仿造句子—小组合作操练—小组表演等环节。王老师操作教师机上的课件，通过电子教室播放给学生，学生在教师的监控下完成了整节课的学习……

案例分析

王老师的教学设计非常具有学科特征，符合英语课改的要求，突出了英语教学中"说"的重要，带着很浓的英语味。但是，从上面的基本教学流程可以看到，从头到尾都是王老师一个人在操作课件，控制整个课堂教学进程，学生虽然有计算机，但是却没有操作计算机的机会。几十台的计算机只有一台教师机发挥了作用，学生计算机都成了屏幕的替代品，不但网络教学的优势完全没有发挥出来，而且还浪费了资源。课件在这节课中的作用就是教学演示，辅助教师串联整个教学过程，计算机网络的教学功能并没有用武之地，整节课都是教师在操作计算机，学生没有通过计算机参与互动或训练技能的机会，这样的课程设计如果在多媒体教室中进行效果会更好，一方面，可以节省教学资源；另一方面，多媒体教室更利于学生开展小组合作的活动，使学生注意力更集中，因为对于好奇心强的五年级

(二)外语学习类演示型多媒体课件应用——《What colour is it?》

案例研习

　　《What colour is it?》是人民教育出版社新目标初中英语七年级上册预备篇第三单元中的内容。本课面向的是刚刚步入初中阶段学习的中学生，是对学生前序英语知识的检验和补充，本课主要使学生听懂、会说、认读、会写 red、blue、yellow、green、pink、purple、brown、orange 等描述颜色的单词，并能用 What colour is it? It is...进行问答。

案例研习

　　新英语课程标准指出，基础教育阶段英语课程的总体目标是培养学生的综合语言运用能力。而综合语言运用能力是以学生的语言技能、语言知识、情感态度、学习策略和文化意识五个方面的综合素养为基础。根据教学内容和英语课程标准的要求，本课件采用了"导入—词汇—操练—句子—拓展—任务"的线性结构。课件在"导入"环节设计了一个变色龙自我介绍的 Flash 动画，创设了与学生进行英文交流的对话情景，激发了学生的学习兴趣，自然进入英语学习环境。"词汇"是本课学习的重点内容，因此，课件在这一环节安排了多个练习活动，如看动画学单词、看图片学发音、看图识词、玩转调色盘等。通过多媒体课件设计的动画、看图、游戏等多种形式的跟说、听说、认读、快速反应等单词训练活动，学生更快、更准地完成了单词的技能训练，课件设计不仅增加了单词学习的趣味性，而且大大提高了学生的学习效率。句子的学习在本课相对简单，课件运用了文本与图形结合的方式，为学生操练句型提供范式。由于这是一节预备课，学生有一定的知识基础，因此，在内容上进行一定的拓展是十分必要的。课件中的"拓展"环节，对颜色在固定用语表达方面进行了知识拓展和应用，开拓了学生思路，增加了学生的语言文化。任务教学是培养学生综合语言运用能力的良好途径。课件在"任务"环节设计了 4 个教学任务，分别是"Model Show"，"Make up a chant"，"Make a dialogue"，"Role a play"。任务教学中任务的呈现也起着很关键的作用。课件巧妙地引入了李咏"幸运52"抽奖的方式，共有 red、pink、green、yellow、brown、blue 6 个色块，其中有两个色块是"Lucky egg"，没有任务，这样的设计增加了学生积极参与的热情，同时也增强了任务的真实感，更能激发学生完成任务的使命感，促进教学目标的达成。课件的主要界面如图4-40所示(完整课件参见随书光盘)。

(案例来源：李爱群，铁岭市平顶中学)

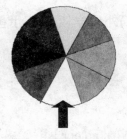

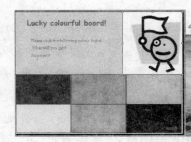

图 4-40　《What colour is it?》课件的主要界面

(三)数理类演示型多媒体课件的应用——《三角形内角和》

案例研习

　　《三角形内角和》是九年义务教育人民教育出版社数学七年级下册第七章第二节的内容。本课主要内容是揭示三角形的内角和定理，使学生知道组成三角形的三个角的数量关系，初步认知辅助线的证明方法。通过学习使学生学会利用三角形的内角和解决相关的计算问题；能初步使用较为准确和简洁的数学语言表述自己的思维；探索三角形的内角和，并初步体会利用辅助线解决几何问题；通过参与探索三角形内角和的过程，培养学生的观察、猜想能力。(案例来源：赵春红，沈阳市浑南新区汪家中心校)

案例分析

　　数学是人们对客观世界定性把握和定量刻画、逐渐抽象概括、形成方法和理论，并进行广泛应用的过程。义务教育数学新课程标准强调从学生已有的生活经验出发，让学生亲

第五章

训练复习型多媒体课件的
设计与开发

本章要点

- 了解什么是训练复习型多媒体课件。
- 了解训练复习型多媒体课件的主要特点。
- 掌握训练复习型多媒体课件的主要教学功能。
- 能根据教学需要完成训练复习型多媒体课件的设计与制作。
- 能对训练复习型多媒体课件的教学应用效果进行理性反思。

本章知识结构图

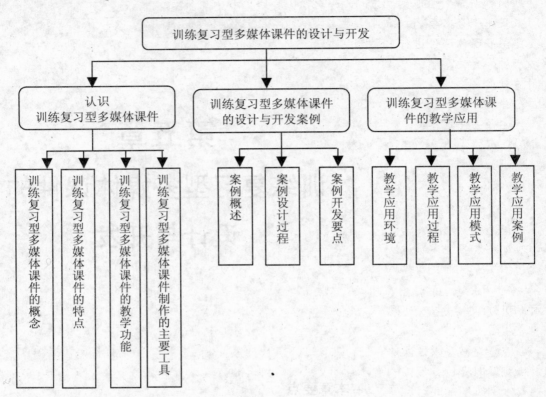

第一节　认识训练复习型多媒体课件

本节导读

　　本节主要帮助学习者认清什么是训练复习型多媒体课件，了解训练复习型多媒体课件的突出特点，明确训练复习型多媒体课件在教学中的主要教学功能，知道用哪些工具可以制作训练复习型多媒体课件。

案例研习

　　《有理数的认识》是北京师范大学出版社七年级上册第二章《有理数及其运算》的内

容。本部分的教学目标是：使学生借助生活中的实例理解有理数的意义，体会负数引入的必要性和有理数应用的广泛性，会判断一个数是正数还是负数，能应用正负数表示生活中具有相反意义的量。这部分内容概念性的知识点比较多，要求识记、理解的内容比较多，答案比较确定，但是方法是多元的。学生在学习过程中往往会对概念理解不透彻，对于一些问题的判断常常出现失误，因此，发现学生学习中的不足并给予及时指导，检查学生的学习效果是十分必要的。但是由于问题的多元化，每个学生犯的错误也各有差异。利用训练复习型多媒体课件进行本部分内容的复习，让学生在网络教室中自主学习，教师作为指导者应对学生的质疑进行适当的点拨，这样有利于学生发现自身学习的不足，并自主地去利用多种途径去寻找正确的答案，如教科书、同学、教师、网络资源等。同时，计算机反馈、给分能保护学生的自尊心，学生可以大胆地进行思维，查找自身学习上的不足，并采用多种途径去寻找答案，弥补不足，从而提高学习效率。

案例分析

训练复习型多媒体课件以判断、单选、多选、填空、连线、拖动等多种形式帮助学生完成知识的强化训练。学生通过操作使计算机自动为学生打分，以达到发现学习中不足的目的。训练复习型多媒体课件的最大特点是学生可以反复应用练习，设计者也可以在设计中规定学生可以重复训练的次数，直到学生掌握所学知识为止。

一、训练复习型多媒体课件的概念

训练复习型多媒体课件是一种利用现代教育技术让学生通过多媒体计算机进行训练复习并得到及时评价、反馈的教学软件。基于计算机的训练复习型多媒体课件，改变了传统一张卷纸训练的形式，利用计算机具有智能化这一特点对学生的训练结果进行适时反馈，让学生及时发现自身学习上的不足，并采用最有效的方法去弥补。训练复习型多媒体课件大体上可以分为两类，一是单机训练复习型多媒体课件；二是网络型训练复习型多媒体课件。无论是哪种课件都能最大限度地提高学生学习的积极性，使学生能主动地学习。

二、训练复习型多媒体课件的特点

训练复习型多媒体课件最大的特点是具有交互性、可控性和智能性。训练复习型多媒体课件是以训练形式呈现教学知识点，它的训练方式主要包括判断、单选、多选、填空、连线、拖动等，它用后台脚本对课件进行控制以达到智能化的目的，必须放在网络教室中由学生独立完成，它的操作简洁，界面友好，有利于学生独立操作，答案必须统一、准确。

从设计过程及在教学中的应用方面来讲，训练复习型课件具有以下几个方面的特点。

(一)智能化程度相对较高

训练复习型课件是教学的辅助工具，是教师根据某一单元或某段学习内容而设计的，是用来检验学生对这段学习内容的掌握情况的。该类课件用后台脚本语言来控制以达到智能化对学生进行评价的目的，由于此类课件是学生自己上机操作的，因此只适用于有一定计算机操作基础的学生，适合以及具有固定答案的学科与问题，如数学、英语、地理、历史……不适合于具有开放性的问题，如语文中的作文，数学中的应用题等开放性强的问题。制作训练复习型多媒体课件的常用软件有 Macromedia 公司的 Authorware，Adobe 公司的 Flash，网页制作软件 Dreamweaver 等，其中最常用的是 Adobe 公司的 Flash。这个软件操作相对简单，交互性好，教师容易掌握。

(二)可以创造一种学生乐于接受的评价方式

对学生的评价由始至终贯穿着整个学生时代，好的评价会让他们兴奋不已，反之一句不好的评价则往往会让学生萎靡不振、很多天打不起精神，而训练复习型课件改变了传统的评价方式，由教师评价改为电脑评价，教师评价是定性评价，一旦评价了，他的评语就不可以改变，直接影响着学生的情绪，电脑评价是一个过程评价，学生通过电脑评价能够发现学习中的不足并可以选择重新去进行训练，然后再请电脑去评价，直到达到学生满意为止。

(三)对硬件环境要求不高

Flash 设计的训练复习型多媒体课件对计算机的硬件环境要求不高，大部分计算机上都可以运行，但由于它是让所有学生参与的，所以计算机网络教室是必需的。目前国家已开通的农村中小学现代远程教育工程中的模式三环境即可。

(四)比较适用于以学生为主的学习方式

训练复习型课件以生机互动为主要应用形式，对学生来说这是一种主动的、积极参与的探究性学习方式，使学生真正成为学习的主人。教师应大胆地放手把课堂的主控权交给学生，自己成为教学的组织者，学生学习的引导者，在教学中应注意观察学生的学习状态和学习认知程度，引导学生正确地使用训练复习型多媒体课件，让它成为教师教学的有力助手，学生学习的有效工具。

(五)技术门槛较高 普及难度较大

首先，训练复习型多媒体课件的不足之处在于它需要后台脚本的支持。教师很难在短时间内掌握，它的开发周期相对较长，所以在常规教学中推广有一定的困难。其次，大部分教师在认识上存在着一定的误区，他们认为花那么大的精力为一节复习课去设计一个课件，不论是在时间上还是在个人精力上都是不值得。但随着教育改革的深入和教育软件技术的发展，其作用会逐步被广大教师所认可，它在教学中会逐步普及，最终成为未来教学和学生自学的一种有效的工具。

训练复习型多媒体课件通过过程性评价改变了传统的评价方式，让学生认识到自己学习上的不足，同时，找寻正确答案的过程又是重新学习的过程，有利于培养学生的自学能力。

三、训练复习型多媒体课件的教学功能

结合训练复习型多媒体课件的主要表现形式及在教学中的应用方式，其主要教学功能体现在以下几个方面。

(一)技能训练

训练复习型多媒体课件主要依托计算机可重复、形式多样的特征，针对固定的学习内容对学习者进行大量的训练，从而帮助其形成某种技能，达到从量变到质变的过程。例如，外语学习中听、说、读、写等语言技能的训练，计算机基本操作技能中的文字录入、鼠标使用等，通过训练复习型课件，可以针对不同的技能进行设计，将学习内容通过多媒体课件的形式表现出来，克服了传统训练复习的文本表现的单一形式，同时，还拓展了训练复习的内容，使学习者更快地完成技能形成的训练。

(二)个别化训练

训练复习型多媒体课件可实现个别化学习、个别化训练的教学目的。不同内容对于不同的学习者来说，接受的快慢、学习的效果是不同的，因此，教师根据教学内容将教学中重点、难点的地方做成多媒体课件，提供给学生，学生可根据自身的学习情况进行额外的个别化训练，以达到学习效果的优化和提高。

(三)辅助强化记忆

识记是教学目标中最低级、最基本的思维活动等级，它占学生学习思维活动的 60%～80%，所以，记忆是学生学习中重要的组成部分。只有记住了，才能进一步地理解、分析、综合和应用。强化记忆不同于死记硬背，其作用体现在两个方面，一是凝固瞬间记忆，形成正确的、清晰的短时记忆；二是通过不断的刺激，将短时记忆转化为长时记忆，进而融入学习者自身的知识体系结构，从而不断更新其认知结构。训练复习型多媒体课件通过大量、形式多样的训练与反馈机制，可以起到较好的强化记忆的功能。

(四)评价检测

训练复习型多媒体课件包括反馈评价机制，因此，具有评价检测的功能。通常，训练复习型多媒体课件可以接收来自键盘和鼠标的外部事件，并能根据预先设置的答案进行对比并给出判断，以达到及时纠正错误、解决问题的目的。一般的训练复习型多媒体课件可以设计成填空、单选、多选、判断对错、匹配、拖曳等多种检测方式，计算机根据学习者的作答情况给予对或错的反馈，同时，学习者还可以参看正确答案。功能完备的多媒体测试课件，还具有试卷分析的功能，根据学习者作答情况进行分析，并给出相应的学习建议，例如，哪个部分学得很好，哪个部分需要更加努力，同时给出相应的训练建议。

训练复习型多媒体课件不仅具有评价检测的教学功能，还改变了传统的评价观。传统评价重结果，通常以总结性评价为主，突出甄别和选拔，训练复习型多媒体课件的及时反馈机制，更加重视教学过程评价，突出促进学生的进步和发展，并总结学习中的成果，弥补学习过程中的不足，以达到以评促训的教学目的。

四、训练复习型多媒体课件制作的主要工具

开发训练复习型多媒体课件的工具比较多，常用的有基于 ASP、JSP、PHP 技术的网页开发工具，这些较适用于网络版训练复习型多媒体课件的开发。此外，还有 Authorware、Flash、VB、易语言、雅奇等，这些工具较适合于单机版训练复习型多媒体课件的开发，其中 Flash 在开发训练复习型多媒体课件中应用最多，它与其他开发工具对比具有以下优点：操作简单，容易掌握，表现形式也较丰富。Flash 软件是一款二维动画制作软件，由 Macromedia 公司开发后被 Adobe 公司收购。Flash 是一种创作工具，设计人员和开发人员可使用它来创建演示文稿、应用程序和其他允许用户交互的内容。Flash 作品中可以包含的动画、音频、视频、复杂的演示文稿和应用程序以及介于它们之间的任何内容。通常，使用 Flash 创作的各个内容单元称为应用程序，即使它们可能只是很简单的动画。您也可以通过添加图片、声音、视频和特殊效果，构建包含多种媒体的 Flash 应用程序。在课件设计与开发方面，Flash 以强大的 ActionScript 面向对象编程语言可以实现功能强大的人机交互，让课件成为学生自主学习的一种工具。

 拓展阅读

Flash 的发展史

在 1996 年，一家叫 FutureWave 的小软件公司发布了一个 FutureSplash 的动态变化小程序，这就是 Flash 的前身，FutureSplash 是为 Netscape 开发的全新网页浏览插件。具有讽刺意味的是，这家叫 FutureWave 的公司本来打算把这项技术卖给 Adobe，但是在那个时候，Adobe 根本不感兴趣。而 Macromedia 却对此非常感兴趣，就这样在 1996 年 12 月，在拥有了 FutureWave 这家公司的技术后，Macromedia 把 FutureSplash 重新命名为 Flash Player 1.0。而在 2005 年 4 月，Adobe 却以 34 亿美元收购了 Macromedia，真是折腾。

以下是 Flash Player 的发展史。

1997 年，FutureSplash 重新命名为 Macromedia Flash 1.0，并且发布。

1997 年，Flash 2 加入了按钮、库、声音文件和色彩动态变化支持。

1998 年，Flash 3 加入了新的动态和透明度支持。

1999 年，Flash 4 加入了 MP3 流媒体支持和动画动态支持。

1999 年，Flash Player 的安装量第一次达到了一百万。

2000 年，Flash 5 历史性地添加了代码语言：ActionScript1。

2000 年，Flash Player 安装在同类型插件中，已经超过了 92% 的占有率。

2002 年，Flash Player 6 加入了 Flash remoting，Web services，视频，共享库和元件。

2003 年，Flash Player 7 ActionScript 升级为 2.0，并且加大了对声音和视频的支持。

2005 年，Flash Player 8 加入了滤镜效果，GIF 和 PNG 的图片支持，bitmap 支持，新的

视频编码(On2 VP6)，文件的上传下载和 FlashType。

2006 年，Flash Player 9 发布，并且重新引入开发语言，也就是 ActionScript 3，更加正规的编程方式，对 XML 的全新支持等。

2007 年 11 月，Flash Player 9 插件安装用户达到了 3.2 亿。

总地来说，2006 年是 Flash Player 最重要的一年，特别是 AS3 发布后，意味着 Flash 不再是小打小闹，在随后带来的 FLEX2，更是以一种全新的姿态来面对未来的市场。从 2006 年开始，Adobe 就着手打造的大型舰队，基本就已经全面到位，你可以细数一下，Adobe 软件涉及的行业和范围，那么你就可以知道，在 SILVER 和 FLEX 的比拼中，FLEX 不是一个人在战斗。

2007 年，可以说是 FLEX 年，其发展的势头更是凶猛，在 12 月发布的 Flash Player 9 版本更是支持了全新的视频格式和声音编码，2008 年 1 月，FLEX 3 就正式发布，Flash Player 10 也整装待发。

活动建议

强化练习是所有学科教学中最常用的教学活动，请你根据所任教的学科选择一个专题教学内容(例如，语文学科中的看图作文)，设计多样化的训练方式，并尝试利用 Flash 或 PowerPoint 软件来实现。

_____

_____

_____。

第二节　训练复习型多媒体课件的设计与开发案例

本节导读

本节主要介绍训练复习型多媒体课件的设计、开发的基本过程。通过本节的学习，你将了解设计训练复习型多媒体课件的基本流程，并初步掌握利用 Flash 软件完成训练复习型多媒体课件的制作方法与技巧。

一、案例概述

本案例是面向初中一年级学生设计的数学学科第一章"有理数及其运算的训练复习"应用案例。课件改变了传统的训练复习方式与评价方式，传统的训练复习方式与评价方式是由教师通过试卷或是黑板出题，学生进行训练然后再由教师进行评价，这种训练复习与评价的主控权完全由教师掌握，学生没有权利选择适合自己的复习内容，而复习型多媒体课件则把训练选择权交给了学生，把评价权交给了计算机或是学生，传统的评价是一次性的定性评价，而复习型多媒体课件的评价是多次的、不定性的，直到学生看到自己满意的结果为止。

二、案例设计过程

(一)教学需求分析

1．学生的一般特征分析

初一学生自我意识开始发展，有了一定的评价能力，也开始注意塑造自己的形象，希望得到老师和同学的好评。他们一般会对初中生活产生美好愿望，自尊心比较强，不希望再暴露自己的不足和缺点，同时，初一学生已经具备了一定的自学能力和自我引导意识。

2．学生已有知识水平与技能分析

初一学生有一定的知识与技能基础，他们有一定的评价能力，具有一定的自控能力，同时自我调节能力也较差，担心在学习中得不到老师和同学的认可，存在着从众心理。

3．训练复习型多媒体课件的可行性分析

训练复习型多媒体课件在课堂上的运用改变了课堂的形式以及传统的评价方式，避免了学生的从众心理，使学生不必担心自己因表现不好而得不到老师和同学的认可，可以增强学生的自我评价意识。通过训练复习型多媒体课件的运用，能够促进自我激励和成长，并给予及时的反馈，从而为学生增强自信心和学习的成就感。

(二)框架结构设计

训练复习型多媒体课件的框架结构图如图 5-1 所示。

图 5-1　课件框架结构图

(三)脚本设计

课件导航结构采用线性结构(结构简单，设计上相对容易，学生上机操作不用做上机前的指导)，课件整体构成分为首页面、填空题页面、选择题页面、判断题页面、分类题页面、拖动题页面、评价页面七个模块。各模块之间线性操作，以适应学生在无指导下独立完成。

1．课题首页面

本课件封面的脚本设计如表 5-1 所示。

表 5-1 封面脚本设计

名 称	内 容	制作说明
封面	标题 设计者信息 开始按钮(右侧)	背景图片 文本 1：有理数及其运算训练复习 文本 2：设计者信息

2. 填空题

本课件填空题的脚本设计如表 5-2 所示。

表 5-2 填空题脚本设计

名 称	内 容	制作说明
填空题模块	本节题目 得分情况表格 填空题 继续按钮、判分按钮	填空题内容(分 5 个页面完成) (继续训练、判分评价)两个控制按钮(实现训练的继续与评价) 分情况表格用来显示学生成绩
文本	1. 如果后退 10 米记作-10 米，则前进 10 米应记作(　　)； 2. 如果一袋水泥的标准重量是 50 千克，如果比标准重量少 2 千克记作-2 千克，则比标准重量多 1 千克应记为(　　)； 3. 车轮如果逆时针旋转一周记为+1，则顺时针旋转两周应记为(　　)； 4. 如果数轴上表示某数的点在原点的左侧，则表示该数相反数的点一定在原点的(　　)侧； ……	共 18 题分 5 个页面完成。学生可以在括号中输入答案
元件	评价表格、分数动态文本、评价元件(没完成前隐藏)、继续训练按钮、判分评价按钮	完成每页训练题，单击判分评价按钮，在评价表格中动态给出得分,评价元件对每题进行评价

3. 选择题

本课件选择题的脚本设计如表 5-3 所示。

4. 判断题模块

本课件判断题的脚本设计如表 5-4 所示。

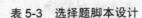

表 5-3 选择题脚本设计

名　称	内　容	制作说明
选择题模块	本节题目　得分情况表格 选择题 继续按钮、判分按钮	选择题内容(分 5 个页面完成) (继续训练、判分评价)两个控制按钮(实现训练的继续与评价) 分情况表格用来显示学生成绩
文本	1. 下面说法中正确的是(　　)。 　　A．一个数前面加上"-"号，这个数就是负数 　　B．0 既不是正数，也不是负数 　　C．有理数由负数和 0 组成 　　D．正数和负数统称为有理数 2. 如果海平面以上 200 米记作+200 米，则海平面以上 50 米应记作(　　)。 　　A．-50 米　　　B．+50 米 　　C．可能是+50 米，也可能是-50 米 　　D．以上都不对 3. 下面的说法错误的是(　　)。 　　A．0 是最小的整数 　　B．1 是最小的正整数 　　C．0 是最小的自然数 　　D．自然数就是非负整数 　　……	共 20 题，分 5 页完成，学生可以用鼠标点击所选题目，在题后的括号内就显示学生所选答案
元件	1. 评价表格 2. 分数动态文本 3. 评价元件(没完成前隐藏) 4. 继续训练按钮 5. 判分评价按钮 6. 所选答案动态文本元件	完成每页训练题，单击判分评价按钮，在评价表格中动态给出得分，评价元件对每题进行评价

5. 分类题模块

本课件分类题的脚本设计如表 5-5 所示。

6. 拖动题模块

本课件拖动题的脚本设计如表 5-6 所示。

表 5-4　判断题脚本设计

名　称	内　容	制作说明
判断题模块	本节题目　得分情况表格 判断题 继续按钮、判分按钮	选择题内容(分 2 个页面完成) (继续训练、判分评价)两个控制按钮(实现训练的继续与评价) 分情况表格用来显示学生成绩
文本	1. 有理数的绝对值一定比 0 大 2. 互为相反数的两个数的绝对值相等 3. 0 是有理数 4. 有理数可以分为正有理数和负有理数两类 5. 一个有理数前面加上"+"就是正数 6. 0 是最小的有理数 7. 在数轴离原点 4 个单位长度的数是 4 8. 在数轴上离原点越远的数越大 9. 数轴就是规定了原点和正方向的直线 ……	共 20 题，分 5 页完成，学生可以用鼠标点击题目后面的对错按钮选项
元件	1. 评价表格 2. 分数动态文本 3. 评价元件(没完成前隐藏) 4. 继续训练按钮 5. 判分评价按钮 6. 正误选择元件 7. 正误选择按钮(隐藏)	完成每页训练题后单击判分评价按钮，在评价表格中动态给出得分，评价元件对每题进行评价

表 5-5　分类题脚本设计

名　称	内　容	制作说明
分类题模块	本节题目　得分情况表格 分类题、分类区 继续按钮、判分按钮	1. 分类题内容(1 个页面完成) 2. (继续训练、判分评价)两个控制按钮(实现训练的继续与评价) 3. 分情况表格用来显示学生成绩
文本	下面各数中，哪些是正数？哪些是负数？哪些是正分数？哪些是正整数？哪些是负分数？哪些是负整数？把它们拖到下面的集合里。 70　　−71　　102　　1.03　　$1\frac{2}{5}$　　−24　　−9.5　　7　　$-\frac{3}{8}$　　−86	分两部分第一部分是题目说明，第二部分是数字(可以拖动的影片剪辑)

名　　称	内　　容	制作说明
元件	1. 评价表格 2. 分数动态文本 3. 可以拖动的数字元件 4. 目标区元件 5. 继续训练按钮 6. 判分评价按钮	完成每页训练题后单击判分评价按钮，在评价表格中动态给出得分，评价元件对每题进行评价

表 5-6　拖动题脚本设计

名　　称	内　　容	制作说明
拖动题模块	本节题目　得分情况表格 拖动题、放置区 继续按钮、判分按钮	分类题内容 拖动数字元件到相应的位置 (继续训练、判分评价)两个控制按钮(实现训练的继续与评价) 分数表格用来显示学生成绩
文本	把下面的有理数拖动到相应的位置	[拖动题题目说明，调整文字大小和位置]
元件	1. 评价表格 2. 分数动态文本 3. 可以拖动的数字元件 4. 目标区元件 5. 继续训练按钮 6. 判分评价按钮	完成每页训练题后单击判分评价按钮，在评价表格中动态给出得分，评价元件对每题进行评价

7. 评价模块

本课件评价模块的脚本设计如表 5-7 所示。

表 5-7　评价模块脚本设计

名　　称	内　　容	制作说明
评价模块	动态评价文本元件	对训练结果进行动态评价

(四)界面设计

本课件的主要界面设计如图 5-2 所示。

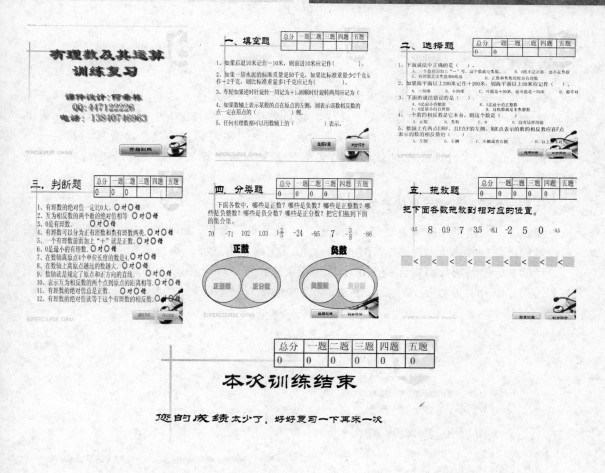

图 5-2　课件主要界面

三、案例开发要点

本实例使用的开发软件是 Flash CS4，同时结合 AS3 脚本语言，实现了对学生训练内容及时评价反馈的功能。

(一)元件的开发

Flash 中的元件包括影片剪辑、按钮、图形、动态文本、输入文本等，其中影片剪辑、按钮、输入文本、动态文本可以用 AS 代码进行控制，可以监听用户的操作以实现交互。Flash 中的元件可以反复使用，在课件脚本形成后应首先开发课件中重复出现多次的元件。

多媒体课件理论与实践

课件设计时为了减少工作量常常多个场景中共享一个元件，这样的共享元件可以在课件设计脚本形成后，首先进行开发，这样用起来会非常方便。Flash中的元件就好像电影中的演员，一个演员在一部片中可以演很多角色，和电影不同的是，这个演员可以在同一个场景同时出现，这时这个元件就被称为实例，如果用脚本控制，则还要给其起对应的实例名称。

任务一：评判剪辑元件的开发

步骤1 创建影片剪辑。选择"插入"｜"新元件"命令，在弹出的创建元件对话框的元件名称选项中输入元件名称：评判；在类型下拉列表中选择：影片剪辑。

步骤2 绘制影片剪辑元件。单击新建图层按钮插入一个图层2，如图5-3所示，在图层2的第2帧和第3帧插入空白关键帧，第2帧绘制对号，第3帧绘制错号，如图5-4所示。

图5-3 插入图层

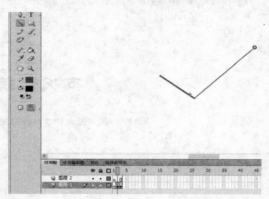

图5-4 绘制对号

步骤3 为第1帧添加一个隐藏按钮元件。目的是为了使评判剪辑元件在没做出评分前不显示而又要在编辑时可以看到，可在影片第1帧剪辑添加一个隐藏按钮元件。

隐藏按钮元件的特点是在"弹起"帧和"指针经过"帧为空白关键帧，没有内容只有点击帧有内容。这样在编辑时不论第3帧是什么颜色，它都呈蓝色，程序运行时不可见，但具有所有按钮的特性。

任务二：绘制隐藏按钮元件

步骤1 选择第1帧，用圆形工具在舞台中心绘制正圆，右击圆，选择转换成元件，在"转换为元件"对话框中选择类型：按钮；名称为"隐藏"，如图5-5所示。

 178

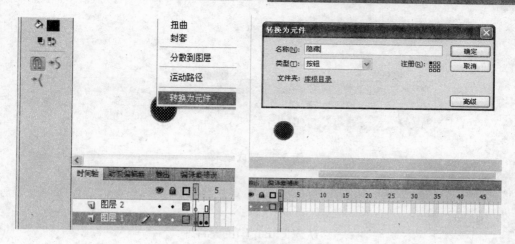

图 5-5　把图形转换为元件

步骤2　双击进入按钮元件的编辑状态，时间轴如图 5-6 所示。

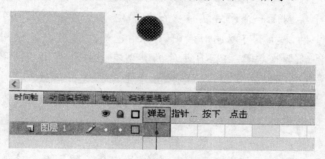

图 5-6　按钮元件时间轴

步骤3　选择弹起帧，将"弹起"帧的关键帧拖动到"按下"帧，使"弹起"帧和"指针经过"帧成为空白关键帧，如图 5-7 所示。

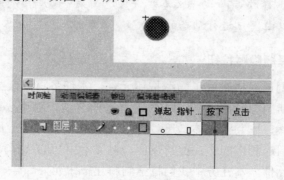

图 5-7　按钮元件的内部编辑

步骤4　单击舞台左上角场景 1 回到主场景，效果如图 5-8 所示。

步骤5　再次进入评判剪辑元件内，在图层 1 的第 1 帧添加动作脚本 Stop()，使影片剪辑在没有外部干预的情况下不进行播放。

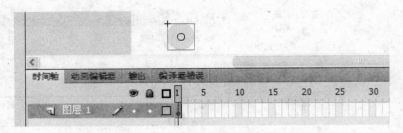

图 5-8 完成效果

认识 Flash 中的元件

元件是可反复取出使用的图形、按钮或一段小动画，元件中的小动画可以独立于主动画进行播放，每个元件可由多个独立的元素组合而成。元件是一个可重复使用的模板，使用一个元件就相当于实例化一个元件实体。就好像电影中的一个演员可以演好几个角色一样，不同的是电影中的演员不可以同时演好几个角色而元件可以，使用元件的好处是，可重复利用，缩小文件的存储空间。Flash 元件的类型有：影片剪辑、图形、按钮三种。影片剪辑元件是构成 Flash 动画的一个片段，能独立于主动画进行播放。影片剪辑可以是主动画的一个组成部分，当播放主动画时，影片剪辑元件也会随之循环播放。例如，一辆行驶中的汽车是个大影片剪辑元件，而车轮是个小的影片剪辑，大的影片剪辑从左向右移动，而小元件车轮不停地转动，这样一个行驶中的汽车动画就做出来了。图形元件是可反复使用的图形，它可以是影片剪辑元件或场景的一个组成部分。图形元件含一帧或多帧，内部也可以添加动画，但它必须和主时间轴帧数相同，否则动画将不同步，这是制作动画的基本元素之一，但它不能添加代码进行交互控制。按钮元件用于创建动画的交互控制按钮，以响应鼠标事件(如单击、释放等)。动态文本元件可以由某个事件进行触发，动态地显示不同的内容。输入文本可以由用户进行动态的输入。

任务三：开发选择题隐藏按钮

在上一任务中我们已经接触过了隐藏按钮元件，本任务将继续绘制隐藏按钮元件，该元件将在选择题和判断题中发挥重要作用(在选择题中分别把隐藏按钮放在选择题四个答案上，单击其中一个答案，它将用脚本改变动态文体中的内容来响应用户的选择；在判断题中选择正确与错误会引起相应的影片剪辑反应，以显示用户的选择)。上一任务中，我们把一个图形转换成一个元件，本任务中我们将学到新建按钮元件。

步骤 1 选择"插入"|"新元件"命令，在弹出的"创建新元件"对话框的"名称"文本框中输入"选择题隐藏按钮"，在"类型"下拉列表框中选择"按钮"选项，在"文件夹"选项中选择已建立好的文件夹名，如图 5-9(a)所示。单击"确定"按钮，最终效果如图 5-9(b)所示。

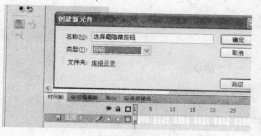

(a)　"创建新元件"对话框　　　　　　　　(b)　选择题隐藏按钮窗口

图 5-9　创建按钮

步骤 2　在"按下"帧上右击，在弹出的快捷菜单中选择"插入关键帧"命令，如图 5-10 所示。

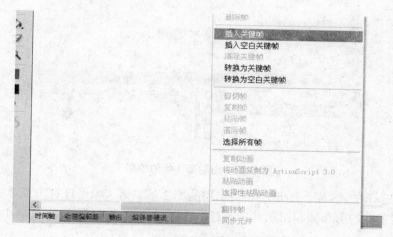

图 5-10　插入关键帧

步骤 3　选择"按下"帧，用右侧工具箱中的矩形工具绘制矩形，效果如图 5-11 所示。

图 5-11　绘制按钮

这样就完成了新的选择题隐藏按钮的开发。

任务四：开发判断对错元件

步骤 1　与任务三中的步骤 1 操作方法相同。

步骤 2　单击时间轴左下角新建图层按钮，新建三个图层，分别命名为"AS 层"、"图形"、"文字"，如图 5-12 所示。

步骤 3　在"AS 层"的第 1 帧添加代码 stop()，使影片剪辑在没有外部事件激活的情况下停留在第 1 帧；在"文字"层输入文字"对错"；在"图形"层分别画两个空心圆，如

图 5-13 所示。

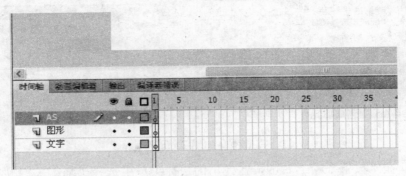

图 5-12 新建图层

图 5-13 图层第 1 帧的绘制

步骤 4 选择在 AS 层、图形层和文字层的第 2 帧、第 3 帧通过右击菜单插入帧。再选中图形层和文字层的第 2 帧和第 3 帧，通过右击菜单转换成关键帧，如图 5-14 所示。

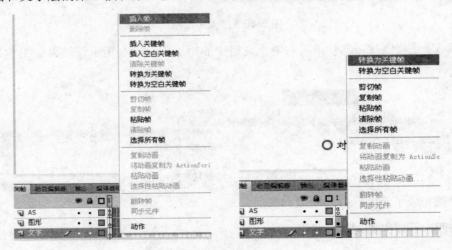

图 5-14 转换为关键帧

步骤 5 在图形第 2 帧"对"后面的圆圈中心点上一个红点，在图形层第 3 帧"错"后面的圆圈中心点上同样的红点，如图 5-15 所示。

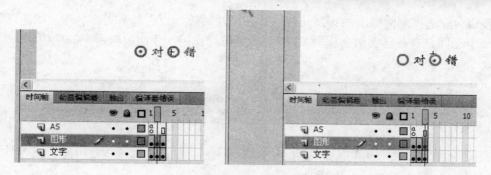

图 5-15 对错帧的绘制

到此，"判断对错元件"绘制完毕。

任务五：开发分类题与拖动题中的拖动元件

这两种类型题的拖动元件功能一样，绘制方法也一样，这里以"分类题"为例进行讲解。

步骤 1 与任务二中的步骤 1 操作方法相同。

步骤 2 单击时间轴左下角新建图层按钮，新建两个图层，图层名默认，在图层 1 中输入文字：题目内容。

步骤 3 选择"窗口"｜"库"命令，然后选择"评判元件"，将其拖放到舞台上，并放到题目上面，如图 5-16 所示。

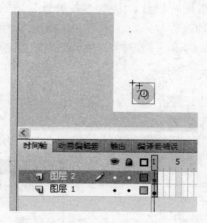

图 5-16 添加评判元件

提示卡

此项操作有两个目的：第一个目的是增加这个拖动元件的鼠标感应区。文字的感应区小，拖动时用户不好找，而加上这个按钮，这个拖动原件的感应区就和这个按钮一样大，而且这个按钮是隐藏按钮不影响整体美观。第二个目的是为了对用户进行评判。

步骤 4 选择刚刚插入的评判元件，打开属性面板，给它起个实例名称，如图 5-17 所示。一个元件只有命名实例名称，AS 脚本才可以起作用，才能响应用户的操作。

图 5-17 赋予实例名称

任务六：创建分类题与拖动题中的拖动目标区元件

目标区是一个一帧的影片剪辑元件，它的作用在于感应拖动元件是否拖动到位。其绘制方法很简单。利用绘图工具在舞台上绘制出所需要的图形，选中并将其转换成元件即可，这里不再做细致的描述。

(二)页面布置

交互式课件的制作在元件创建完后就要对场景进行布置，它追求的原则是风格统一，色调一致，首先对统一的背景进行设计，其次对各场景公用的文字、图形、图像、动画进行设计，最后再对各个分场景进行输入。本课件结构相对简单，所以不分太多的场景，只是在一个场景中用同一时间线的不同关键帧来实现不同题型之间的切换。

任务一：背景图片的插入

步骤 1 把课件中的图层 1 重新命名为"背景层"。打开场景文件，选中"图层 1"，右击，在弹出的快捷菜单中选择"属性"命令，如图 5-18(a)所示，弹出"图层属性"对话框，将名称命名为"背景层"，其他选项默认，如图 5-18(b)所示。

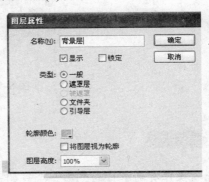

(a) 图层属性命令   (b) "图层属性"对话框

图 5-18 设置图层属性

提示卡

　　课件制作时图层的名字不会影响课件的整体效果，但如果是一个非常复杂的课件，且它的图层很多(成百上千个)，那么在编辑课件时，对图层有一个与其作用统一的名字可以让您用最快的速度找到想编辑的元件，您还可以根据名字锁定或隐藏暂时不编辑的图层，这样不但为您节省时间，而且带来的方便也不是一两句话可以描述的。

　　步骤 2　选择"文件"｜"导入"｜"导入到库"命令，如图 5-19(a)所示，选择要导入的图片，单击"打开"按钮，如图 5-19(b)所示。

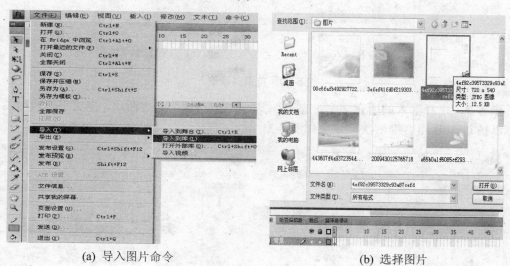

(a) 导入图片命令　　　　　　　　　　　　(b) 选择图片

图 5-19　图片的导入

　　步骤 3　选择背景层的第 1 帧，选择"窗口"｜"库"命令，打开库面板，选择刚刚导入的图片拖放到舞台上，选择图片，调整图片的大小。

提示卡

　　调整图片与元件大小精确的方法是通过属性面板对其大小进行调整，若所选的元件类型不同，则在属性面板显示的内容也不同。属性面板可以调整元件的很多参数，如大小、位置、颜色、透明度，为元件添加滤镜效果等。

　　任务二：其他图层的建立

　　单击左下角的插入图层按钮，插入 6 个新的图层，分别命名为"按钮层"、"题目层"、"得分层"、"答案层"、"判分元件层"、"AS 层"。

　　任务三：封面页设计

　　步骤 1　选择题目层的第 1 帧，然后选择工具箱中的文字工具，在舞台上输入课件名称等信息，如图 5-20(a)所示。选中文字打开属性面板，对文字的字体、字号、文字的颜色进行调整，调整好文字的位置，如图 5-20(b)所示。

　　　(a) 输入文本　　　　　　　　　(b) 设置文本属性

图 5-20　首页文本输入

　　步骤 2　选择输入的所有文字，选择"修改"|"分离"命令两次，把文字转换为图形。也可以按 Ctrl+B 组合键两次，效果如图 5-21 所示。

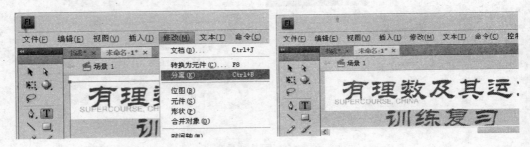

图 5-21　将文本转换为矢量图形

　　Flash 课件或动画在设计过程中运用了一些不常用的字体，生成文件后如果在没有安装这种字体库的电脑上运行动画或课件文件时，它的字体有时无法正常显示，此时，若将其转换成矢量图形则在其他电脑上运行就不会出问题了。

　　步骤 3　选择"修改"|"转换为元件"命令，把分离后的文字(图形)全部转换成影片剪辑元件，选择该元件并打开属性面板为其添加投影、发光滤镜效果，如图 5-22 所示。

　　在 Flash 中只有文字和元件才可以添加滤镜，使其产生特殊效果。

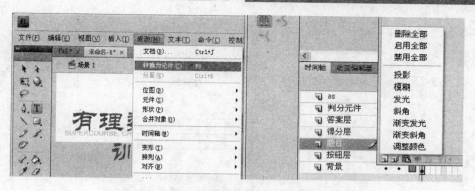

图 5-22 转换成元件并添加滤镜效果

步骤4 插入公用库中的按钮。选择"窗口"|"公用库"|"按钮"命令,打开按钮库面板,选择自己喜欢的按钮并把它拖动到舞台上。如图 5-23 所示,将公用库中的按钮插入到舞台上。

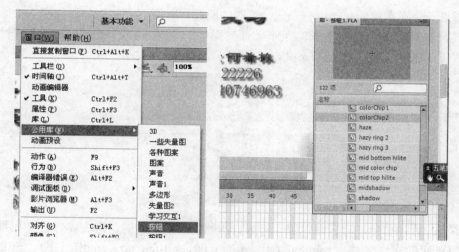

图 5-23 按钮的插入

步骤5 修改按钮。双击进入按钮的编辑状态,选中 text 层的第 1 帧,把文本修改成所需要的文字"开始训练",并对文字属性进行设置,最后把它分离成矢量图形(请参考步骤2),如图 5-24 所示。

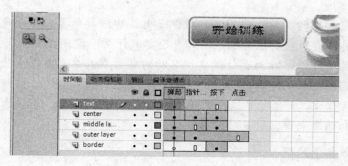

图 5-24 按钮的修改

任务四：绘制评分栏

步骤 1 选择得分层的第 2 帧，右击转换成关键帧，利用直线工具绘制评价表格并输入文字，如图 5-25 所示。

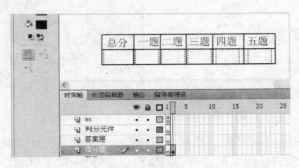

图 5-25 添加文本

步骤 2 分别在总分、一题、二题、三题、四题、五题下面的得分栏内插入文本。选择文字工具，在舞台上拖出文本框，在不做任何操作的情况下打开属性面板，在属性面板实例名称栏下面的复选框中选择动态文本，如图 5-26 所示。

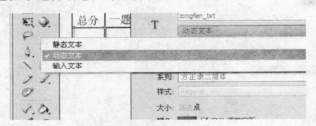

图 5-26 设置动态文本

步骤 3 选择总分、一题、二题、三题、四题、五题下面的动态文本，打开属性面板分别赋予相对应的实例名称，zongfen_txt、yitifen_txt、ertifen_txt、santifen_txt、sitifen_txt、wutifen_txt。

 提示卡

元件好比是电影中的演员，实例名称就像是电影中演员所要扮演角色的名称，演员有了，如果这个演员没有角色则他自己也不知自己要做什么，同理在 Flash 中 AS 脚本也无法控制没有实例名称的元件。在为元件起实例名称时常常在其名称后面加上下划线和一个后缀，这些后缀通常是文本元件加"_txt"、影片剪辑元件加"_mc"、按钮元件加"_btn"，不加这些不会出现错误，如果加了这样的后缀在编写 AS3 代码时，Flash 编译器会给出代码提示，对于一个初学者来说，这是非常必要的。

任务五：输入各项题目

选择题目层的第 2 帧～第 13 帧，通过右击菜单将其转换为空白关键帧，在第 2 帧～第

13 帧内分别输入相关的文字，在属性面板中设置文字属性，并把它们分离为矢量图形，如图 5-27 所示。

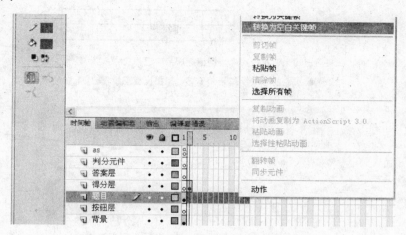

图 5-27　把题目层各帧转换为空白关键帧

任务六：添加元件

本课件中用到了几种元件，它们的用途不同，按照用途分别将其放在不同的图层中，即按钮层、答案层、判分元件层等，为了添加方便，要先将第 2 帧～第 13 帧转换为空白关键帧，即完成任务五的操作。

步骤 1　添加判分评价与继续训练按钮。课件制作时为了达到美观要做到风格统一，在课件中追求按钮样式一致，我们可以用直接复制元件的方法来复制新的按钮。打开库面板，找到"开始训练"按钮，右击，在弹出的快捷菜单中选择"直接复制"命令，并命名为"判分评价"。将其拖放到舞台上调整好位置与大小。双击进入元件内部，选择 text 层更改文本为"判分评价"，回到主场景。继续训练按钮的操作相同。用同样的方法，把本课件中用到的另外两个按钮"结束训练"、"再次训练"一起做好备用。

提示卡

一个元件可以产生多个实例，但它们是同一个元件，如果对其中的一个实例进行操作编辑则实际上是对元件本身进行操作，所有的实例都将产生变化。直接复制元件是产生一个新的元件，对它进行操作不会影响到其他元件。

步骤 2　打开按钮的属性面板，分别给两个按钮元件赋予实例名称"tiankongjixu1_btn"和"tiankongpanfen1_btn"。

步骤 3　为填空题添加动态文本及评判元件。在填空题的括号内添加输入文本，并分别赋予对应的实例名称"yt101da_txt、yt201da_txt、yt301da_txt、yt401da_txt、yt501da_txt…yt1801da_txt"(在本章以后的内容中如果出现序列编号将在中间用省略号代替)。打开库面板，将"评判元件"分别拖放到各填空题后，并赋予对应的实例名称"tkpzw101_mc、tkpzw101_mc、tkpzw101_mc、tkpzw101_mc、tkpzw101_mc…yt1801da_txt"，如图 5-28 所示。

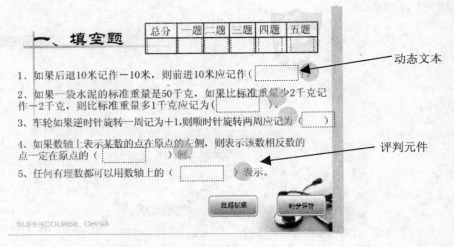

图 5-28　填空题页面

实例名称的命名不影响程序的运行，但有规律、可读性高的命名，可以为以后的工作带来很大的方便，能让别人更容易看懂你的代码，有利于团体合作。特别在编写重复内容多的代码时，可以直接用查找替换的方法去修改不同的地方，减少很多工作量。

步骤 4　为选择题添加隐藏按钮及评判元件。在选择题的括号内添加动态文本，并分别赋予实例名称"xuanzetida1_txt、xuanzetida2_txt、xuanzetida3_txt、xuanzetida4_txt、xuanzetida5_txt…xuanzetida19_txt、xuanzetida20_txt"。打开库面板，把"评判元件"拖动到每个选择题的题干后，并赋予实例名称"xzdx1_mc、xzdx2_mc、xzdx3_mc、xzdx4_mc、xzdx5_mc、xzdx6_mc、…xzdx20_mc"。打开库面板，把"选择题隐藏按钮"拖放到各题 A、B、C、D 四个答案上面，并调整大小正好盖住 4 个答案。选择各按钮，打开其属性面板，分别赋予实例名称"xuanze1dA_btn、xuanze1dB_btn、xuanze1dC_btn、xuanze1dD_btn、xuanze2dA_btn、xuanze2dB_btn、xuanze2dC_btn、xuanze2dD_btn、xuanze3dA_btn、xuanze3dB_btn、xuanze3dC_btn、xuanze3dD_btn…xuanze20dA_btn、xuanze20dB_btn、xuanze20dC_btn、xuanze20dD_btn"，如图 5-29 所示。

选择题每题 4 个答案上的透明按钮也可以不用，而是把每题的各个答案转换成影片剪辑元件或是按钮元件，再赋予它们实例名称，同样可以达到用脚本来控制的目的。但这样库中的元件数量会大量增加，而影响课件的运行速度。

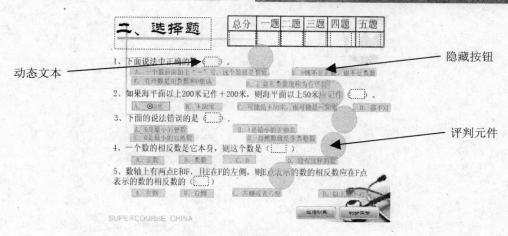

图 5-29 选择题页面

步骤 5 为判断题添加"判断对错元件"、"评判元件"及"选择题按钮"。打开库面板找到"判断对错元件"拖放到舞台上的各判断题文本后，并调整大小与位置。分别选择各题后的"判断对错元件"打开其属性面板，在属性面板中分别赋予它们实例名称"panduanyj1_mc、panduanyj2_mc、panduanyj3_mc、panduanyj4_mc…panduanyj20_mc"。打开库面板把"评判"元件拖放到舞台上，使其位于各判断题后，并调整其大小和位置。分别选择各题后的"评判元件"，打开属性面板赋予实例名称"pddc1_mc、pddc2_mc、pddc3_mc、pddc4_mc…pddc20_mc"。打开库面板找到"选择题按钮"拖放到舞台上，并放到"评判对错元件"两个空心圆的上面。调整好大小，以刚好盖上空心圆为准。选中各题上的"选择题按钮元件"，打开属性面板赋予实例名称"pdd1_btn、pdc1_btn、pdd2_btn、pdc2_btn、pdd3_btn、pdc3_btn…pdd20_btn、pdc20_btn"，页面如图 5-30 所示。

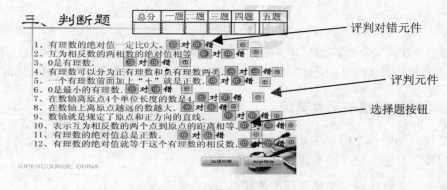

图 5-30 判断题页面布置

步骤 6 打开库面板把"分类 1、分类 2、分类 3、分类 4、分类 5、分类 6、分类 7、分类 8、分类 9、分类 10"拖放到舞台上，选择以上 10 个元件，运行"窗口"|"对齐"命令，对齐各元件，分别从小到大选择各元件，打开属性面板赋予它们实例名称"flfz1_mc、flfz2_mc、flfz3_mc…flfz10_mc"。打开库面板把分类题元件"正数、正整数、正分数、负数、负正数、负分数"分别拖放到舞台上，分别赋予实例名称"mbzz_mc、mbzf_mc、mbfz_mc、mbff_mc、mbz_mc、mbf_mc"，如图 5-31 所示。

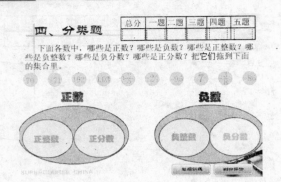

图 5-31　分类题页面

步骤 7　打开库面板把"拖 1、拖 2、拖 3、拖 4、拖 5、拖 6、拖 7、拖 8、拖 9、拖 10" 10 个元件拖放到舞台上，选择以上全部元件，运行"窗口"｜"对齐"命令，对齐各元件。分别从小到大选择各元件，打开属性面板，赋予它们实例名称"tdt1_mc、tdt2_mc、tdt3_mc…tdt10_mc"。打开库面板把拖动题目标元件——"拖放位"元件拖放到舞台上，双击打开各元件，分别赋予实例名称"tw1_mc、tm2_mc、tm3_mc…tm_mc"，页面如图 5-32 所示。

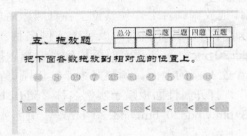

图 5-32　拖动题页面布置

步骤 8　在结束页面添加文本。在结束页面添加文本框，用来显示总成绩，并设置成动态文本，赋予实例名称"py_txt"。添加再来一次按钮，赋予实例名称"zlyc_btn"。

(三)添加代码赋予课件灵魂

在交互课件中脚本可以说是课件的灵魂，没有脚本的支持不可能实现交互，在这一任务里我们将学习怎样使用脚本让课件更加智能化。

任务一：首页代码与全局变量的声明

提示卡

变量是储存参数的容器，用户对 Flash 动画的操作可以用变量进行记录，然后让计算机根据记录进行智能化评判。

步骤 1　课件的首页在课件开始时应是静止不动的。只有在用户单击了"开始训练"按钮时才开始做题。选择"AS 层"的第 1 帧，右击打开动作面板添加代码"stop();"，让课件在第 1 帧停止。

　　步骤 2　为"开始训练"按钮添加事件侦听器。在"stop();"代码后换行(有分号不分行不会报错，但这样的代码不便于阅读)添加如下代码：

```
kaishile_btn.addEventListener(MouseEvent.CLICK,kaishilehs);
```

　　这段代码是为开始训练按钮添加事件侦听器，让这个按钮侦听鼠标单击事件，如果发生了单击事件就调用函数 kaishilehs，函数代码如下：

```
function kaishilehs(MouseEvent) {
    this.nextFrame();
}
//上面这段代码是事件处理函数的声明，单击"开始训练"按钮后执行函数体内容
this.nextFrame();主时间轴转到下一帧并停止
```

　　步骤 3　声明全局变量。本课件需要声明总分数变量"zongfenshu"、填空总分变量"tiankongfen"、判断题总分变量"panduanfen"、选择题总分变量"xuanze"、分类题总分变量"fenlei"、拖动题总分变量"tuofang"及各小题得分变量，它们的类型均是 Number 类型，初始值为"0"，代码如下。

```
stop();
kaishile_btn.addEventListener(MouseEvent.CLICK,kaishilehs);
function kaishilehs(MouseEvent) {
    this.nextFrame();
}
var tk1:Number=0;
var tk2:Number=0;
var tk3:Number=0;
//(...)
var tk17:Number=0;
var tk18:Number=0;
//以上是填空题的每小题变量，其中"//(...)"代表省略部分，详细代码请参考本书所附光盘中
的源文件
var xz1:Number=0;
var xz2:Number=0;
var xz3:Number=0;
//(...)
var xz20:Number=0;
//以上是选择题的每小题变量，其中"//(...)"代表省略部分，详细代码请参考本书所附光盘中
的源文件
var pd1:Number=0;
var pd2:Number=0;
var pd3:Number=0;
var pd4:Number=0;
```

```
//(...)
var pd19:Number=0;
var pd20:Number=0;
```
//以上是判断题的每小题变量，其中"//(...)"代表省略部分，详细代码请参考本书所附光盘中的源文件
```
var flt1:Number=0;
var flt2:Number=0;
var flt3:Number=0;
var flt4:Number=0;
//(...)
var flt10:Number=0;
```
//以上是分类题的每小题变量，其中"//(...)"代表省略部分，详细代码请参考本书所附光盘中的源文件
```
var td1:Number=0;
var td2:Number=0;
var td3:Number=0;
//(...)
var td10:Number=0;
```
//以上是拖动题的每小题变量，其中"//(...)"代表省略部分，详细代码请参考本书所附光盘中的源文件
```
var tiankongfen:Number=0;      //填空题总分变量的声明
var panduanfen:Number=0;       //判断题总分变量的声明
var xuanze:Number=0;           //选择题总分变量的声明
var fenlei:Number=0;           //分类题总分变量的声明
var tuofang:Number=0;          //拖动题总分变量的声明
var zongfenshu:Number=0;       //总分变量的声明
```

最终效果如图 5-33 所示。

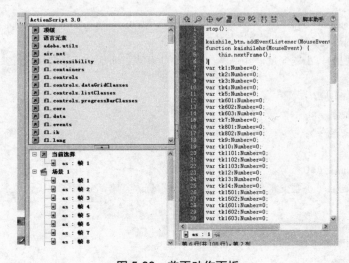

图 5-33　首页动作面板

任务二：填空题设计思路与代码编写

填空题每小题的括号内为输入文本，括号后面是一个隐藏的判分元件，第 1 帧是一个隐藏按钮、第 2 帧是对号、第 3 帧是错号，每个页面下面是 "继续训练"、"判分评价" 两个按钮，当用户在输入文本中输入内容时，单击这两个按钮首先用 if(　){　} else {　} 来判断用户输入的内容是否与答案一致，如果一致，后面的隐藏判分元件 gotoAndStop(2) 跳转到第 2 帧并停止，并且判分变量的值为 1；否则隐藏判分元件 gotoAndStop(3)跳转到第 3 帧并停止。接着用 "＝"赋值运算符,把填空题各小题得分变量的值的和,赋值给 tiankongfen 变量。把 "tiankongfen"、"panduanfen"、"xuanze"、"fenlei"、"tuofang" 变量值之和,赋值给"zongfenshu"变量。最后让动态文本 yitifen_txt 的输出内容等于变量 tiankongfen,总分 zongfen_txt 的内容等于变量 zongfenshu,具体代码如下。

```
stop();
/*下面是判分*/
tiankongpanfen1_btn.addEventListener(MouseEvent.CLICK,yytkpfhs1);
function yytkpfhs1(event) {
    if (yt101da_txt.text=="+10 米") {
        tkpzw101_mc.gotoAndStop(2);
        tk1=1;
    } else {
        tkpzw101_mc.gotoAndStop(3);
        tk1=0;
    }
/*下面是填空第 1 题*/
    if (yt201da_txt.text=="+1 千克") {
        tkpzw201_mc.gotoAndStop(2);
        tk2=1;
    } else {
        tkpzw201_mc.gotoAndStop(3);
        tk2=0;
    }
    /*下面是填空第 2 题*/
    if (yt301da_txt.text=="-2 周") {
        tkpzw301_mc.gotoAndStop(2);
        tk3=1;
    } else {
        tkpzw301_mc.gotoAndStop(3);
        tk3=0;
    }
    /*下面是填空第 3 题*/

    if (yt401da_txt.text=="右") {
```

```
        tkpzw401_mc.gotoAndStop(2);
        tk4=1;
    } else {
        tkpzw401_mc.gotoAndStop(3);
        tk4=0;
    }
/*下面是填空第 4 题*/
if (yt501da_txt.text=="点") {
        tkpzw501_mc.gotoAndStop(2);
        tk5=1;
    } else {
        tkpzw501_mc.gotoAndStop(3);
        tk5=0;
    }
/*下面是填空第 5 题*/
tiankongfen=tk1+tk2+tk3+tk4+tk5+tk601+tk602+tk603+tk7+tk801+tk802+
    tk9+tk10+tk1101+tk1102+tk1103+tk12+tk13+tk14+tk1501+tk1502+tk1601+
    tk1602+tk1603+tk17+tk18;
yitifen_txt.text=""+tiankongfen;
zongfenshu=tiankongfen+panduanfen+xuanze+fenlei+tuofang;
zongfen_txt.text=""+zongfenshu;
//以上是填空题第 1 个页面上的代码,其他页面代码设计思路与本页相同,只是题目编号不同,具
体请参考本书所附光盘中的源文件
```

任务三：选择题设计思路与代码编写

选择题分 4 个页面完成，每题 A、B、C、D 4 个答案上各有一个隐藏按钮，并赋予与其对应的实例名称，每题后面的括号内是一个动态文本，用于显示用户的选择，括号后面是一个判断对错的隐藏影片剪辑元件(与填空题相同)。每个页面下面是"继续训练"与"判分评价"两个按钮。

每小题上 A、B、C、D 4 个答案上各有一个隐藏按钮添加事件侦听器，为其定义事件处理函数。功能是单击 A 选项上面的按钮这一题后面动态文本显示"A"，单击 B 选项上面的按钮这一题后面动态文本显示"B"，C 与 D 选项相同。

为"继续训练"、"判分评价"两个按钮添加事件侦听器，并定义事件处理函数，当单击两个按钮时，先用 if( ){ } else { }来判断用动态文本所显示的是不是正确答案，如果正确，后面的隐藏判分元件 gotoAndStop(2)跳转到第 2 帧并停止，并且判分变量 xz 的值为 2，否则隐藏判分元件 gotoAndStop(3)跳转到第 3 帧并停止。接着用"="赋值运算符把选择题各小题的得分变量的值之和赋值给 xuanze 变量。把"tiankongfen"、"panduanfen"、"xuanze"、"fenlei"、"tuofang"变量值之和赋值给"zongfenshu"变量。最后让动态文本 retifen_txt(选择题得分)的输出内容等于变量 xuanze 的值，总分动态文本 zongfen_txt 的值等于变量"zongfenshu;"的值。代码如下所示。

```
/*下面是第1题，显示所选的动态文本*/
xuanze1dA_btn.addEventListener(MouseEvent.CLICK,xuanze1dAhs);
xuanze1dB_btn.addEventListener(MouseEvent.CLICK,xuanze1dBhs);
xuanze1dC_btn.addEventListener(MouseEvent.CLICK,xuanze1dChs);
xuanze1dD_btn.addEventListener(MouseEvent.CLICK,xuanze1dDhs);
function xuanze1dAhs(MouseEvent) {
    xuanzetida1_txt.text="A";
}
function xuanze1dBhs(MouseEvent) {
    xuanzetida1_txt.text="B";
}
function xuanze1dChs(MouseEvent) {
    xuanzetida1_txt.text="C";
}
function xuanze1dDhs(MouseEvent) {
    xuanzetida1_txt.text="D";
}
/*下面是第2题，显示所选的动态文本*/
xuanze2dA_btn.addEventListener(MouseEvent.CLICK,xuanze2dAhs);
xuanze2dB_btn.addEventListener(MouseEvent.CLICK,xuanze2dBhs);
xuanze2dC_btn.addEventListener(MouseEvent.CLICK,xuanze2dChs);
xuanze2dD_btn.addEventListener(MouseEvent.CLICK,xuanze2dDhs);
function xuanze2dAhs(MouseEvent) {
    xuanzetida2_txt.text="A";
}
function xuanze2dBhs(MouseEvent) {
    xuanzetida2_txt.text="B";
}
function xuanze2dChs(MouseEvent) {
    xuanzetida2_txt.text="C";
}
function xuanze2dDhs(MouseEvent) {
    xuanzetida2_txt.text="D";
}
/*下面是第3题，显示所选的动态文本*/
xuanze3dA_btn.addEventListener(MouseEvent.CLICK,xuanze3dAhs);
xuanze3dB_btn.addEventListener(MouseEvent.CLICK,xuanze3dBhs);
xuanze3dC_btn.addEventListener(MouseEvent.CLICK,xuanze3dChs);
xuanze3dD_btn.addEventListener(MouseEvent.CLICK,xuanze3dDhs);
function xuanze3dAhs(MouseEvent) {
    xuanzetida3_txt.text="A";
```

```
}
function xuanze3dBhs(MouseEvent) {
    xuanzetida3_txt.text="B";
}
function xuanze3dChs(MouseEvent) {
    xuanzetida3_txt.text="C";
}
function xuanze3dDhs(MouseEvent) {
    xuanzetida3_txt.text="D";
}
/*下面是第4题，显示所选的动态文本*/
xuanze4dA_btn.addEventListener(MouseEvent.CLICK,xuanze4dAhs);
xuanze4dB_btn.addEventListener(MouseEvent.CLICK,xuanze4dBhs);
xuanze4dC_btn.addEventListener(MouseEvent.CLICK,xuanze4dChs);
xuanze4dD_btn.addEventListener(MouseEvent.CLICK,xuanze4dDhs);
function xuanze4dAhs(MouseEvent) {
    xuanzetida4_txt.text="A";
}
function xuanze4dBhs(MouseEvent) {
    xuanzetida4_txt.text="B";
}
function xuanze4dChs(MouseEvent) {
    xuanzetida4_txt.text="C";
}
function xuanze4dDhs(MouseEvent) {
    xuanzetida4_txt.text="D";
}
/*下面是第5题，显示所选的动态文本*/
xuanze5dA_btn.addEventListener(MouseEvent.CLICK,xuanze5dAhs);
xuanze5dB_btn.addEventListener(MouseEvent.CLICK,xuanze5dBhs);
xuanze5dC_btn.addEventListener(MouseEvent.CLICK,xuanze5dChs);
xuanze5dD_btn.addEventListener(MouseEvent.CLICK,xuanze5dDhs);
function xuanze5dAhs(MouseEvent) {
    xuanzetida5_txt.text="A";
}
function xuanze5dBhs(MouseEvent) {
    xuanzetida5_txt.text="B";
}
function xuanze5dChs(MouseEvent) {
    xuanzetida5_txt.text="C";
}
```

```
function xuanze5dDhs(MouseEvent) {
    xuanzetida5_txt.text="D";
}
/*以下是判分程序代码*/
xuanzepanfen1_btn.addEventListener(MouseEvent.CLICK,xuanzepanfenhs1);
function xuanzepanfenhs1(MouseEvent) {
    if (xuanzetida1_txt.text=="B") {
        xzdx1_mc.gotoAndStop(2);
        xz1=2;
    } else {
        xzdx1_mc.gotoAndStop(3);
        xz1=0;
    }
    /*第1题*/
    if (xuanzetida2_txt.text=="B") {
        xzdx2_mc.gotoAndStop(2);
        xz2=2;
    } else {
        xzdx2_mc.gotoAndStop(3);
        xz2=0;
    }
    /*第2题*/
    if (xuanzetida3_txt.text=="A") {
        xzdx3_mc.gotoAndStop(2);
        xz3=2;
    } else {
        xzdx3_mc.gotoAndStop(3);
        xz3=0;
    }
    /*第3题*/
    if (xuanzetida4_txt.text=="C") {
        xzdx4_mc.gotoAndStop(2);
        xz4=2;
    } else {
        xzdx4_mc.gotoAndStop(3);
        xz4=0;
    }
    /*第4题*/
    if (xuanzetida5_txt.text=="B") {
        xzdx5_mc.gotoAndStop(2);
        xz5=2;
```

```
    } else {
        xzdx5_mc.gotoAndStop(3);
        xz5=0;
    }
    /*第5题*/
    /*下面是得分代码*/
    xuanze=xz1+xz2+xz3+xz4+xz5+xz6+xz7+xz8+xz9+xz10+xz11+xz12+xz13+xz14+
    xz15+xz16+xz17+xz18+xz19+xz20+xz21+xz22+xz23+xz24+xz25+xz26+xz27+xz28+
    xz29+xz30;
    ertifen_txt.text=""+xuanze;
    zongfenshu=tiankongfen+panduanfen+xuanze+fenlei+tuofang;
    zongfen_txt.text=""+zhongfenshu;
    }
```

//以上代码是选择题4个页面中第1个页面的代码，其他页面的代码与本页代码思路相同，具体请
参考本书所附光盘中的源文件

任务四：判断题设计思路与代码编写

判断题分两个页面完成，每题后面有一个判断对错元件，该元件共有3帧，如图5-34
所示。在第1帧添加Stop()语句让其停止。

步骤1 每小题后面有两个隐藏按钮，分别放在判断对错元件上面的两个选择空心圆
上。在判断对错元件后面是评判元件，用来评价用户的选择是否正确。每个页面下面是"继
续训练"、"判分评价"两个按钮。

(a) 第一帧　　　　　　　　(b) 第二帧　　　　　　　　(c) 第三帧

图 5-34　判断对错元件内部三帧的内容

步骤2 为每题的两个隐藏按钮添加事件侦听器，定义事件处理函数，用户单击前面的
隐藏按钮，"判断对错元件"跳转到第2帧并停止，如果本题的说法是正确的，则本题变
量值为1，否则为0。用户单击错前面的隐藏按钮，"判断对错元件"跳转到第三帧并停止，
如果本题说法是错误的，则本题变量值为1，否则为0。

步骤3 为"继续训练"、"判分评价"两个按钮添加事件侦听器和定义事件处理函数。
函数体内调用if条件语句判断各题变量是否等于1，如果等于1则表示用户选择正确，本题
后面的判断对错元件跳转到第2帧并停止；如果不等于1则表示用户选择错误，判断对错
元件跳转到第3帧并停止。最后用"="赋值运算符，把判断各小题的得分变量的值之和赋
给"panduanfen"变量。把"tiankongfen"、"panduanfen"、"xuanze"、"fenlei"、"tuofang"
变量值之和赋给"zongfenshu"变量。最后让动态文本shantifen_txt(判断题得分)的输出内容
等于变量panduanfen的值，总分动态文本zhongfen_txt的值等于变量zongfenshu的值。代
码如下所示。

```
pdd1_btn.addEventListener(MouseEvent.CLICK,pd1dhs);
function pd1dhs(MouseEvent) {
    panduanyj1_mc.gotoAndStop(2);
    pd1=0;
}
pdc1_btn.addEventListener(MouseEvent.CLICK,pd1chs);
function pd1chs(MouseEvent) {
    panduanyj1_mc.gotoAndStop(3);
    pd1=1;
}
/*上面是第1题的*/
pdd2_btn.addEventListener(MouseEvent.CLICK,pd2dhs);
function pd2dhs(MouseEvent) {
    panduanyj2_mc.gotoAndStop(2);
    pd2=1;
}
pdc2_btn.addEventListener(MouseEvent.CLICK,pd2chs);
function pd2chs(MouseEvent) {
    panduanyj2_mc.gotoAndStop(3);
    pd2=0;
}
/*上面是第2题的*/
pdd3_btn.addEventListener(MouseEvent.CLICK,pd3dhs);
function pd3dhs(MouseEvent) {
    puanduanyj3_mc.gotoAndStop(2);
    pd3=1;
}
pdc3_btn.addEventListener(MouseEvent.CLICK,pd3chs);
function pd3chs(MouseEvent) {
    puanduanyj3_mc.gotoAndStop(3);
    pd3=0;
}
/*上面是第3题的*/
pdd4_btn.addEventListener(MouseEvent.CLICK,pd4dhs);
function pd4dhs(MouseEvent) {
    panduanyj4_mc.gotoAndStop(2);
    pd4=0;
}
pdc4_btn.addEventListener(MouseEvent.CLICK,pd4chs);
function pd4chs(MouseEvent) {
    panduanyj4_mc.gotoAndStop(3);
    pd4=1;
}
```

```
/*上面是第 4 题的*/
pdd5_btn.addEventListener(MouseEvent.CLICK,pd5dhs);
function pd5dhs(MouseEvent) {
    panduanyj5_mc.gotoAndStop(2);
    pd5=0;
}
pdc5_btn.addEventListener(MouseEvent.CLICK,pd5chs);
function pd5chs(MouseEvent) {
    panduanyj5_mc.gotoAndStop(3);
    pd5=1;
}
/*上面是第 5 题的*/
pdd6_btn.addEventListener(MouseEvent.CLICK,pd6dhs);
function pd6dhs(MouseEvent) {
    panduanyj6_mc.gotoAndStop(2);
    pd6=0;
}
pdc6_btn.addEventListener(MouseEvent.CLICK,pd6chs);
function pd6chs(MouseEvent) {
    panduanyj6_mc.gotoAndStop(3);
    pd6=1;
}
/*上面是第 6 题的*/
pdd7_btn.addEventListener(MouseEvent.CLICK,pd7dhs);
function pd7dhs(MouseEvent) {
    panduanyj7_mc.gotoAndStop(2);
    pd7=0;
}
pdc7_btn.addEventListener(MouseEvent.CLICK,pd7chs);
function pd7chs(MouseEvent) {
    panduanyj7_mc.gotoAndStop(3);
    pd7=1;
}
/*上面是第 7 题的*/
pdd8_btn.addEventListener(MouseEvent.CLICK,pd8dhs);
function pd8dhs(MouseEvent) {
    panduanyj8_mc.gotoAndStop(2);
    pd8=0;
}
pdc8_btn.addEventListener(MouseEvent.CLICK,pd8chs);
function pd8chs(MouseEvent) {
    panduanyj8_mc.gotoAndStop(3);
    pd8=1;
```

```
}
/*上面是第 8 题的*/
pdd9_btn.addEventListener(MouseEvent.CLICK,pd9dhs);
function pd9dhs(MouseEvent) {
    panduanyj9_mc.gotoAndStop(2);
    pd9=0;
}
pdc9_btn.addEventListener(MouseEvent.CLICK,pd9chs);
function pd9chs(MouseEvent) {
    panduanyj9_mc.gotoAndStop(3);
    pd9=1;
}
/*上面是第 9 题的*/
pdd10_btn.addEventListener(MouseEvent.CLICK,pd10dhs);
function pd10dhs(MouseEvent) {
    panduanyj10_mc.gotoAndStop(2);
    pd10=1;
}
pdc10_btn.addEventListener(MouseEvent.CLICK,pd10chs);
function pd10chs(MouseEvent) {
    panduanyj10_mc.gotoAndStop(3);
    pd10=0;
}
/*上面是第 10 题的*/
pdd11_btn.addEventListener(MouseEvent.CLICK,pd11dhs);
function pd11dhs(MouseEvent) {
    panduanyj11_mc.gotoAndStop(2);
    pd11=0;
}
pdc11_btn.addEventListener(MouseEvent.CLICK,pd11chs);
function pd11chs(MouseEvent) {
    panduanyj11_mc.gotoAndStop(3);
    pd11=1;
}
/*上面是第 11 题的*/
pdd12_btn.addEventListener(MouseEvent.CLICK,pd12dhs);
function pd12dhs(MouseEvent) {
    panduanyj12_mc.gotoAndStop(2);
    pd12=0;
}
pdc12_btn.addEventListener(MouseEvent.CLICK,pd12chs);
function pd12chs(MouseEvent) {
    panduanyj12_mc.gotoAndStop(3);
```

```
    pd12=1;
}
/*上面是第 12 题的*/
```

以上代码是选择后显示选择的内容。
以下代码是对做出的选择进行评价。

```
panduanpanfen1_btn.addEventListener(MouseEvent.CLICK,pdpfhs1);
function pdpfhs1(MouseEvent) {
    if (pd1==1) {
        pddc1_mc.gotoAndStop(2);
    } else {
        pddc1_mc.gotoAndStop(3);
    }
    if (pd2==1) {
        pddc2_mc.gotoAndStop(2);
    } else {
        pddc2_mc.gotoAndStop(3);
    }

    if (pd3==1) {
        pddc3_mc.gotoAndStop(2);
    } else {
        pddc3_mc.gotoAndStop(3);
    }
    if (pd4==1) {
        pddc4_mc.gotoAndStop(2);
    } else {
        pddc4_mc.gotoAndStop(3);
    }
    if (pd5==1) {
        pddc5_mc.gotoAndStop(2);
    } else {
        pddc5_mc.gotoAndStop(3);
    }
    if (pd6==1) {
        pddc6_mc.gotoAndStop(2);
    } else {
        pddc6_mc.gotoAndStop(3);
    }

    if (pd7==1) {
        pddc7_mc.gotoAndStop(2);
    } else {
```

```
            pddc7_mc.gotoAndStop(3);
    }
    if (pd8==1) {
        pddc8_mc.gotoAndStop(2);
    } else {
        pddc8_mc.gotoAndStop(3);
    }
    if (pd9==1) {
        pddc9_mc.gotoAndStop(2);
    } else {
        pddc9_mc.gotoAndStop(3);
    }
    if (pd10==1) {
        pddc10_mc.gotoAndStop(2);
    } else {
        pddc10_mc.gotoAndStop(3);
    }
    if (pd11==1) {
        pddc11_mc.gotoAndStop(2);
    } else {
        pddc11_mc.gotoAndStop(3);
    }

    if (pd12==1) {
        pddc12_mc.gotoAndStop(2);
    } else {
        pddc12_mc.gotoAndStop(3);
    }
    panduanfen=pd1+pd2+pd3+pd4+pd5+pd6+pd7+pd8+pd9+pd10+pd11+pd12+pd13+
        pd14+pd15+pd16+pd17+pd18+pd19+pd20;
    santifen_txt.text=""+panduanfen;

    zongfenshu=tiankongfen+panduanfen+xuanze+fenlei+tuofang;
    zongfen_txt.text=""+zongfenshu;

}
panduanjixu1_btn.addEventListener(MouseEvent.CLICK,panduanjx1)
function panduanjx1 (MouseEvent) {
    if (pd1==1) {
        pddc1_mc.gotoAndStop(2);
    } else {
        pddc1_mc.gotoAndStop(3);
    }
```

```
    if (pd2==1) {
        pddc2_mc.gotoAndStop(2);
    } else {
        pddc2_mc.gotoAndStop(3);
    }

    if (pd3==1) {
        pddc3_mc.gotoAndStop(2);
    } else {
        pddc3_mc.gotoAndStop(3);
    }
    if (pd4==1) {
        pddc4_mc.gotoAndStop(2);
    } else {
        pddc4_mc.gotoAndStop(3);
    }
    if (pd5==1) {
        pddc5_mc.gotoAndStop(2);
    } else {
        pddc5_mc.gotoAndStop(3);
    }
    if (pd6==1) {
        pddc6_mc.gotoAndStop(2);
    } else {
        pddc6_mc.gotoAndStop(3);
    }

    if (pd7==1) {
        pddc7_mc.gotoAndStop(2);
    } else {
        pddc7_mc.gotoAndStop(3);
    }
    if (pd8==1) {
        pddc8_mc.gotoAndStop(2);
    } else {
        pddc8_mc.gotoAndStop(3);
    }
    if (pd9==1) {
        pddc9_mc.gotoAndStop(2);
    } else {
        pddc9_mc.gotoAndStop(3);
    }
    if (pd10==1) {
```

```
        pddc10_mc.gotoAndStop(2);
    } else {
        pddc10_mc.gotoAndStop(3);
    }
if (pd11==1) {
        pddc11_mc.gotoAndStop(2);
    } else {
        pddc11_mc.gotoAndStop(3);
    }

if (pd12==1) {
        pddc12_mc.gotoAndStop(2);
    } else {
        pddc12_mc.gotoAndStop(3);
    }
panduanfen=pd1+pd2+pd3+pd4+pd5+pd6+pd7+pd8+pd9+pd10+pd11+pd12+pd13+
    pd14+pd15+pd16+pd17+pd18+pd19+pd20;
santifen_txt.text=""+panduanfen;

zongfenshu=tiankongfen+panduanfen+xuanze+fenlei+tuofang;
zongfen_txt.text=""+zongfenshu;
this.nextFrame();//本句代码是转到下一帧并停止
}
```

以上代码是判断题第一个页面的代码，其他页面代码与本页代码思路相同，具体请参考本书所附光盘中的源文件。

任务五：分类题设计思路与代码编写

本题只有一个页面，上面第一部分是题目要求，下面共有 10 个可以拖动的元件，按其具体分类赋予实例名称，再向下是椭圆形的集合，是上面 10 个元件拖动后的目标区，按其意义赋予其实例名称，最下面是"继续训练"和"判分评价"两个按钮。

为每个可拖动实例添加两个事件侦听器，即鼠标按下事件与鼠标松开事件。定义事件处理函数，让拖动实例在鼠标按下时开始拖动，鼠标松开时停止拖动。

为"继续训练"、"判分评价"按钮添加鼠标单击事件侦听器。定义事件处理函数，函数体内用 if 语句判读拖动实例是否碰撞(hitTestObject)到自己的目标区，如果碰到了，本小题分数变量值为 1，可拖动实例跳转到第 2 帧显示对号；否则本小题分数变量值为 0，可拖动实例跳转到第 3 帧显示错号。最后用"="赋值运算符把拖动题各小题的得分变量的值之和赋值给"fenlei"变量。把"tiankongfen"、"panduanfen"、"xuanze"、"fenlei"、"tuofang"变量值之和赋值给"zongfenshu"变量。最后让动态文本 sitifen_txt(判断题得分)的输出内容等于变量 fenlei 的值，总分动态文本 zongfen_txt 的值等于变量 zongfenshu 的值。代码如下所示。

```
flz1_mc.addEventListener(MouseEvent.MOUSE_DOWN,flz1khs);
flz1_mc.addEventListener(MouseEvent.MOUSE_UP,flz1ths);
function flz1khs(MouseEvent) {
    flz1_mc.startDrag();
}
function flz1ths(MouseEvent) {
    flz1_mc.stopDrag();
}
/*上面是拖动第一个元件的代码*/
flfz1_mc.addEventListener(MouseEvent.MOUSE_DOWN,flfz1khs);
flfz1_mc.addEventListener(MouseEvent.MOUSE_UP,flfz1ths);
function flfz1khs(MouseEvent) {
    flfz1_mc.startDrag();
}
function flfz1ths(MouseEvent) {
    flfz1_mc.stopDrag();
}
/*上面是拖动第二个元件的代码*/
flz2_mc.addEventListener(MouseEvent.MOUSE_DOWN,flz2khs);
flz2_mc.addEventListener(MouseEvent.MOUSE_UP,flz2ths);
function flz2khs(MouseEvent) {
    flz2_mc.startDrag();
}
function flz2ths(MouseEvent) {
    flz2_mc.stopDrag();
}
/*上面是拖动第三个元件的代码*/
flzf1_mc.addEventListener(MouseEvent.MOUSE_DOWN,flzf1khs);
flzf1_mc.addEventListener(MouseEvent.MOUSE_UP,flzf1ths);
function flzf1khs(MouseEvent) {
    flzf1_mc.startDrag();
}
function flzf1ths(MouseEvent) {
    flzf1_mc.stopDrag();
}
/*上面是拖动第四个元件的代码*/
flzf2_mc.addEventListener(MouseEvent.MOUSE_DOWN,flzf2khs);
flzf2_mc.addEventListener(MouseEvent.MOUSE_UP,flzf2ths);
function flzf2khs(MouseEvent) {
    flzf2_mc.startDrag();
}
function flzf2ths(MouseEvent) {
    flzf2_mc.stopDrag();
```

```
}
/*上面是拖动第五个元件的代码*/
flfz2_mc.addEventListener(MouseEvent.MOUSE_DOWN,flfz2khs);
flfz2_mc.addEventListener(MouseEvent.MOUSE_UP,flfz2ths);
function flfz2khs(MouseEvent) {
    flfz2_mc.startDrag();
}
function flfz2ths(MouseEvent) {
    flfz2_mc.stopDrag();
}
/*上面是拖动第六个元件的代码*/
flff1_mc.addEventListener(MouseEvent.MOUSE_DOWN,flff1khs);
flff1_mc.addEventListener(MouseEvent.MOUSE_UP,flff1ths);
function flff1khs(MouseEvent) {
    flff1_mc.startDrag();
}
function flff1ths(MouseEvent) {
    flff1_mc.stopDrag();
}
/*上面是拖动第七个元件的代码*/
flz3_mc.addEventListener(MouseEvent.MOUSE_DOWN,flz3khs);
flz3_mc.addEventListener(MouseEvent.MOUSE_UP,flz3ths);
function flz3khs(MouseEvent) {
    flz3_mc.startDrag();
}
function flz3ths(MouseEvent) {
    flz3_mc.stopDrag();
}
/*上面是拖动第八个元件的代码*/
flff2_mc.addEventListener(MouseEvent.MOUSE_DOWN,flff2khs);
flff2_mc.addEventListener(MouseEvent.MOUSE_UP,flff2ths);
function flff2khs(MouseEvent) {
    flff2_mc.startDrag();
}
function flff2ths(MouseEvent) {
    flff2_mc.stopDrag();
}
/*上面是拖动第九个元件的代码*/
flfz3_mc.addEventListener(MouseEvent.MOUSE_DOWN,flfz3khs);
flfz3_mc.addEventListener(MouseEvent.MOUSE_UP,flfz3ths);
function flfz3khs(MouseEvent) {
    flfz3_mc.startDrag();
}
```

```
function flfz3ths(MouseEvent) {
    flfz3_mc.stopDrag();
}
/*上面是拖动第十个元件的代码*/
```

以下是对拖动元件的分类代码。

```
fenleipf_btn.addEventListener(MouseEvent.CLICK,fenleipfhs);
function fenluipfhs(MouseEvent) {
    if (flz1_mc.hitTestObject(mbzz_mc)) {
        flt1=1;
        flz1_mc.wenliepf_mc.gotoAndStop(2);
    } else {
        flt1=0;
        flz1_mc.wenliepf_mc.gotoAndStop(3);
    }
    if (flfz1_mc.hitTestObject(mbfz_mc)) {
        flt2=1;
        flfz1_mc.wenliepf_mc.gotoAndStop(2);
    } else {
        flt2=0;
        flfz1_mc.wenliepf_mc.gotoAndStop(3);
    }
    if (flz2_mc.hitTestObject(mbzz_mc)) {
        flt3=1;
        flz2_mc.wenliepf_mc.gotoAndStop(2);
    } else {
        flt3=0;
        flz2_mc.wenliepf_mc.gotoAndStop(3);
    }
    if (flzf1_mc.hitTestObject(mbzf_mc)) {
        flt4=1;
        flzf1_mc.wenliepf_mc.gotoAndStop(2);
    } else {
        flt4=0;
        flzf1_mc.wenliepf_mc.gotoAndStop(3);
    }

    if (flzf2_mc.hitTestObject(mbzf_mc)) {
        flt5=1;
        flzf2_mc.wenliepf_mc.gotoAndStop(2);
    } else {
        flt5=0;
        flzf2_mc.wenliepf_mc.gotoAndStop(3);
    }
```

```
    if (flfz2_mc.hitTestObject(mbfz_mc)) {
        flt6=1;
        flfz2_mc.wenliepf_mc.gotoAndStop(2);
    } else {
        flt6=0;
        flfz2_mc.wenliepf_mc.gotoAndStop(3);
    }
    if (flff1_mc.hitTestObject(mbff_mc)) {
        flt7=1;
        flff1_mc.wenliepf_mc.gotoAndStop(2);
    } else {
        flt7=0;
        flff1_mc.wenliepf_mc.gotoAndStop(3);
    }

    if (flz3_mc.hitTestObject(mbzz_mc)) {
        flt8=1;
        flz3_mc.wenliepf_mc.gotoAndStop(2);
    } else {
        flt8=0;
        flz3_mc.wenliepf_mc.gotoAndStop(3);
    }

    if (flff2_mc.hitTestObject(mbff_mc)) {
        flt9=1;
        flff2_mc.wenliepf_mc.gotoAndStop(2);
    } else {
        flt9=0;
        flff2_mc.wenliepf_mc.gotoAndStop(3);
    }

    if (flfz3_mc.hitTestObject(mbfz_mc)) {
        flt10=1;
        flfz3_mc.wenliepf_mc.gotoAndStop(2);
    } else {
        flt10=0;
        flfz3_mc.wenliepf_mc.gotoAndStop(3);
    }
    fenlei=flt1+flt2+flt3+flt4+flt5+flt6+flt7+flt8+flt9+flt10;
    sitifen_txt.text=""+fenlei;
    zongfenshu=tiankongfen+panduanfen+xuanze+fenlei+tuofang;
    zongfen_txt.text=""+zongfenshu;
}
fenleijx_btn.addEventListener(MouseEvent.CLICK,fenluixiyiths)
```

```
function fenluixiyiths(EVENT:MouseEvent) {
    if (flz1_mc.hitTestObject(mbzz_mc)) {
        flt1=1;
        flz1_mc.wenliepf_mc.gotoAndStop(2);
    } else {
        flt1=0;
        flz1_mc.wenliepf_mc.gotoAndStop(3);
    }
    if (flfz1_mc.hitTestObject(mbfz_mc)) {
        flt2=1;
        flfz1_mc.wenliepf_mc.gotoAndStop(2);
    } else {
        flt2=0;
        flfz1_mc.wenliepf_mc.gotoAndStop(3);
    }
    if (flz2_mc.hitTestObject(mbzz_mc)) {
        flt3=1;
        flz2_mc.wenliepf_mc.gotoAndStop(2);
    } else {
        flt3=0;
        flz2_mc.wenliepf_mc.gotoAndStop(3);
    }
    if (flzf1_mc.hitTestObject(mbzf_mc)) {
        flt4=1;
        flzf1_mc.wenliepf_mc.gotoAndStop(2);
    } else {
        flt4=0;
        flzf1_mc.wenliepf_mc.gotoAndStop(3);
    }

    if (flzf2_mc.hitTestObject(mbzf_mc)) {
        flt5=1;
        flzf2_mc.wenliepf_mc.gotoAndStop(2);
    } else {
        flt5=0;
        flzf2_mc.wenliepf_mc.gotoAndStop(3);
    }
    if (flfz2_mc.hitTestObject(mbfz_mc)) {
        flt6=1;
        flfz2_mc.wenliepf_mc.gotoAndStop(2);
    } else {
        flt6=0;
        flfz2_mc.wenliepf_mc.gotoAndStop(3);
```

```
    }
    if (flff1_mc.hitTestObject(mbff_mc)) {
        flt7=1;
        flff1_mc.wenliepf_mc.gotoAndStop(2);
    } else {
        flt7=0;
        flff1_mc.wenliepf_mc.gotoAndStop(3);
    }

    if (flz3_mc.hitTestObject(mbzz_mc)) {
        flt8=1;
        flz3_mc.wenliepf_mc.gotoAndStop(2);
    } else {
        flt8=0;
        flz3_mc.wenliepf_mc.gotoAndStop(3);
    }

    if (flff2_mc.hitTestObject(mbff_mc)) {
        flt9=1;
        flff2_mc.wenliepf_mc.gotoAndStop(2);
    } else {
        flt9=0;
        flff2_mc.wenliepf_mc.gotoAndStop(3);
    }

    if (flfz3_mc.hitTestObject(mbfz_mc)) {
        flt10=1;
        flfz3_mc.wenliepf_mc.gotoAndStop(2);
    } else {
        flt10=0;
        flfz3_mc.wenliepf_mc.gotoAndStop(3);
    }
    fenlei=flt1+flt2+flt3+flt4+flt5+flt6+flt7+flt8+flt9+flt10;
    sitifen_txt.text=""+fenlei;
    zongfenshu=tiankongfen+panduanfen+xuanze+fenlei+tuofang;
    zongfen_txt.text=""+zongfenshu;
    this.nextFrame();//本句代码是转到下一帧并停止
}
```

任务六：拖放题设计思路与代码编写

本题设计思路与分类题相似，所不同的是本题有 10 个目标区，上一题为 4 个目标区。具体代码如下所示。

以下代码用来控制元件的拖放。

```
tdt1_mc.addEventListener(MouseEvent.MOUSE_DOWN,tdt1khs);
tdt1_mc.addEventListener(MouseEvent.MOUSE_UP,tdt1ths);
function tdt1khs(MouseEvent) {
    tdt1_mc.startDrag();
}
function tdt1ths(MouseEvent) {
    tdt1_mc.stopDrag();
}

tdt2_mc.addEventListener(MouseEvent.MOUSE_DOWN,tdt2khs);
tdt2_mc.addEventListener(MouseEvent.MOUSE_UP,tdt2ths);
function tdt2khs(MouseEvent) {
    tdt2_mc.startDrag();
}
function tdt2ths(MouseEvent) {
    tdt2_mc.stopDrag();
}

tdt3_mc.addEventListener(MouseEvent.MOUSE_DOWN,tdt3khs);
tdt3_mc.addEventListener(MouseEvent.MOUSE_UP,tdt3ths);
function tdt3khs(MouseEvent) {
    tdt3_mc.startDrag();
}
function tdt3ths(MouseEvent) {
    tdt3_mc.stopDrag();
}
tdt4_mc.addEventListener(MouseEvent.MOUSE_DOWN,tdt4khs);
tdt4_mc.addEventListener(MouseEvent.MOUSE_UP,tdt4ths);
function tdt4khs(MouseEvent) {
    tdt4_mc.startDrag();
}
function tdt4ths(MouseEvent) {
    tdt4_mc.stopDrag();
}

tdt5_mc.addEventListener(MouseEvent.MOUSE_DOWN,tdt5khs);
tdt5_mc.addEventListener(MouseEvent.MOUSE_UP,tdt5ths);
function tdt5khs(MouseEvent) {
    tdt5_mc.startDrag();
}
```

```
function tdt5ths(MouseEvent) {
    tdt5_mc.stopDrag();
}


tdt6_mc.addEventListener(MouseEvent.MOUSE_DOWN,tdt6khs);
tdt6_mc.addEventListener(MouseEvent.MOUSE_UP,tdt6ths);
function tdt6khs(MouseEvent) {
    tdt6_mc.startDrag();
}
function tdt6ths(MouseEvent) {
    tdt6_mc.stopDrag();
}


tdt7_mc.addEventListener(MouseEvent.MOUSE_DOWN,tdt7khs);
tdt7_mc.addEventListener(MouseEvent.MOUSE_UP,tdt7ths);
function tdt7khs(MouseEvent) {
    tdt7_mc.startDrag();
}
function tdt7ths(MouseEvent) {
    tdt7_mc.stopDrag();
}


tdt8_mc.addEventListener(MouseEvent.MOUSE_DOWN,tdt8khs);
tdt8_mc.addEventListener(MouseEvent.MOUSE_UP,tdt8ths);
function tdt8khs(MouseEvent) {
    tdt8_mc.startDrag();
}
function tdt8ths(MouseEvent) {
    tdt8_mc.stopDrag();
}


tdt9_mc.addEventListener(MouseEvent.MOUSE_DOWN,tdt9khs);
tdt9_mc.addEventListener(MouseEvent.MOUSE_UP,tdt9ths);
function tdt9khs(MouseEvent) {
    tdt9_mc.startDrag();
}
function tdt9ths(MouseEvent) {
    tdt9_mc.stopDrag();
}


tdt10_mc.addEventListener(MouseEvent.MOUSE_DOWN,tdt10khs);
tdt10_mc.addEventListener(MouseEvent.MOUSE_UP,tdt10ths);
```

```
function tdt10khs(MouseEvent) {
    tdt10_mc.startDrag();
}
function tdt10ths(MouseEvent) {
    tdt10_mc.stopDrag();
}
```

以下是拖动元件的判分代码。

```
tdtpf1_btn.addEventListener(MouseEvent.CLICK,tdtpfhs);
function tdtpfhs(MouseEvent) {
    if (tdt1_mc.hitTestObject(tw1_mc)) {
        td1=0.5;
        tdt1_mc.tdpf_mc.gotoAndStop(2);
    } else {
        td1=0;
        tdt1_mc.tdpf_mc.gotoAndStop(3);
    }
    if (tdt2_mc.hitTestObject(tw2_mc)) {
        td2=0.5;
        tdt2_mc.tdpf_mc.gotoAndStop(2);
    } else {
        td2=0;
        tdt2_mc.tdpf_mc.gotoAndStop(3);
    }
    if (tdt3_mc.hitTestObject(tw3_mc)) {
        td3=0.5;
        tdt3_mc.tdpf_mc.gotoAndStop(2);
    } else {
        td3=0;
        tdt3_mc.tdpf_mc.gotoAndStop(3);
    }
    if (tdt4_mc.hitTestObject(tw4_mc)) {
        td4=0.5;
        tdt4_mc.tdpf_mc.gotoAndStop(2);
    } else {
        td4=0;
        tdt4_mc.tdpf_mc.gotoAndStop(3);
    }
    if (tdt5_mc.hitTestObject(tw5_mc)) {
        td5=0.5;
        tdt5_mc.tdpf_mc.gotoAndStop(2);
    } else {
        td5=0;
```

```
            tdt5_mc.tdpf_mc.gotoAndStop(3);
    }
    if (tdt6_mc.hitTestObject(tw6_mc)) {
            td6=0.5;
            tdt6_mc.tdpf_mc.gotoAndStop(2);
    } else {
            td6=0;
            tdt6_mc.tdpf_mc.gotoAndStop(3);
    }
    if (tdt7_mc.hitTestObject(tw7_mc)) {
            td7=0.5;
            tdt7_mc.tdpf_mc.gotoAndStop(2);
    } else {
            td7=0;
            tdt7_mc.tdpf_mc.gotoAndStop(3);
    }
    if (tdt8_mc.hitTestObject(tw8_mc)) {
            td8=0.5;
            tdt8_mc.tdpf_mc.gotoAndStop(2);
    } else {
            td8=0;
            tdt8_mc.tdpf_mc.gotoAndStop(3);
    }
    if (tdt9_mc.hitTestObject(tw9_mc)) {
            td9=0.5;
            tdt9_mc.tdpf_mc.gotoAndStop(2);
    } else {
            td9=0;
            tdt9_mc.tdpf_mc.gotoAndStop(3);
    }
    if (tdt10_mc.hitTestObject(tw10_mc)) {
            td10=0.5;
            tdt10_mc.tdpf_mc.gotoAndStop(2);
    } else {
            td10=0;
            tdt10_mc.tdpf_mc.gotoAndStop(3);
    }
    tuofang=td1+td2+td3+td4+td5+td6+td7+td8+td9+td10;
    wutifen_txt.text=""+tuofang;
    zongfenshu=tiankongfen+panduanfen+xuanze+fenlei+tuofang;
    zongfen_txt.text=""+zongfenshu;
}
jieshul_btn.addEventListener(MouseEvent.CLICK,jieshuhs);
```

```
function jieshuhs(MouseEvent) {
    if (tdt1_mc.hitTestObject(tw1_mc)) {
        td1=0.5;
        tdt1_mc.tdpf_mc.gotoAndStop(2);
    } else {
        td1=0;
        tdt1_mc.tdpf_mc.gotoAndStop(3);
    }
    if (tdt2_mc.hitTestObject(tw2_mc)) {
        td2=0.5;
        tdt2_mc.tdpf_mc.gotoAndStop(2);
    } else {
        td2=0;
        tdt2_mc.tdpf_mc.gotoAndStop(3);
    }
    if (tdt3_mc.hitTestObject(tw3_mc)) {
        td3=0.5;
        tdt3_mc.tdpf_mc.gotoAndStop(2);
    } else {
        td3=0;
        tdt3_mc.tdpf_mc.gotoAndStop(3);
    }
    if (tdt4_mc.hitTestObject(tw4_mc)) {
        td4=0.5;
        tdt4_mc.tdpf_mc.gotoAndStop(2);
    } else {
        td4=0;
        tdt4_mc.tdpf_mc.gotoAndStop(3);
    }
    if (tdt5_mc.hitTestObject(tw5_mc)) {
        td5=0.5;
        tdt5_mc.tdpf_mc.gotoAndStop(2);
    } else {
        td5=0;
        tdt5_mc.tdpf_mc.gotoAndStop(3);
    }
    if (tdt6_mc.hitTestObject(tw6_mc)) {
        td6=0.5;
        tdt6_mc.tdpf_mc.gotoAndStop(2);
    } else {
        td6=0;
        tdt6_mc.tdpf_mc.gotoAndStop(3);
    }
```

```
    if (tdt7_mc.hitTestObject(tw7_mc)) {
        td7=0.5;
        tdt7_mc.tdpf_mc.gotoAndStop(2);
    } else {
        td7=0;
        tdt7_mc.tdpf_mc.gotoAndStop(3);
    }
    if (tdt8_mc.hitTestObject(tw8_mc)) {
        td8=0.5;
        tdt8_mc.tdpf_mc.gotoAndStop(2);
    } else {
        td8=0;
        tdt8_mc.tdpf_mc.gotoAndStop(3);
    }
    if (tdt9_mc.hitTestObject(tw9_mc)) {
        td9=0.5;
        tdt9_mc.tdpf_mc.gotoAndStop(2);
    } else {
        td9=0;
        tdt9_mc.tdpf_mc.gotoAndStop(3);
    }
    if (tdt10_mc.hitTestObject(tw10_mc)) {
        td10=0.5;
        tdt10_mc.tdpf_mc.gotoAndStop(2);
    } else {
        td10=0;
        tdt10_mc.tdpf_mc.gotoAndStop(3);
    }
    tuofang=td1+td2+td3+td4+td5+td6+td7+td8+td9+td10;
    wutifen_txt.text=""+tuofan;
    zongfenshu=tiankongfen+panduanfen+xuanze+fenlei+tuofang;
    zongfen_txt.text=""+zongfenshu;
    this.nextFrame();//本句代码是转到下一帧并停止
}
```

任务七：评价页设计思路与代码编写

评价页是给舞台加上进入帧事件侦听器，在事件处理函数内根据总分变量 zongfenshu 的大小用多重 if 来给出用户的不同评价。再次训练是为按钮实例添加鼠标单击事件侦听器，函数体内响应鼠标事件，主时间轴跳转到第 1 帧，并卸载进入帧事件。代码如下所示。

```
stage.addEventListener(Event.ENTER_FRAME,pyhs);
function pyhs(Event) {
    if (zongfenshu<30) {
```

```
        py_txt.text="太少了，好好复习一下再来一次";
    } else {
        if (zongfenshu<60) {
            py_txt.text="不及格还需努力";
        } else {
            if (zongfenshu<85) {
                py_txt.text="及格了但成绩不算理想";
            } else {
                py_txt.text="您的成绩不错给予表扬";
            }
        }
    }
}
zlyc_btn.addEventListener(MouseEvent.CLICK,zlychs);
function zlychs(MouseEvent) {
    this.gotoAndStop(1);
    stage.removeEventListener(Event.ENTER_FRAME,pyhs);
    this.gotoAndStop(1);
}
```

(四)完成作品，发布影片

　　课件发布后才能在教学中使用。教学应用中常用的格式有 exe 或 swf 等，其中 exe 格式通用性最强，即使在没安装 Flash 播放器的计算机上也可以正常使用。

　　具体方法是：执行"文件"|"发布设置"命令，弹出"发布设置"对话框，在"类型"列表中选择要发布的文件类型。单击"发布"按钮，就可以将课件发布到与课件源文件相同的路径下，如图 5-35 所示。

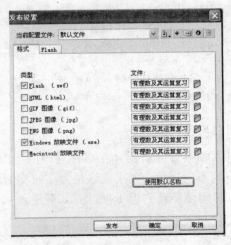

图 5-35　课件发布界面

活动建议

做一个训练复习型的多媒体课件，在制作过程中，反思总结存在的问题，并把它应用到实际教学当中，请把在教学中出现的问题及解决办法写在下面的横线上。

_____

_____

_____。

第三节　训练复习型多媒体课件的教学应用

本节导读

本节主要向大家介绍训练复习型多媒体课件在教学中的应用。通过学习，大家会了解到训练复习型多媒体课件的适用环境、适用学科以及适用的教学活动。希望能帮助您合理、恰当地应用训练复习型多媒体课件服务于教学活动。

一、教学应用环境

训练复习型多媒体课件是一种与学生互动的课件，课堂上学生在人机互动中实现知识点的训练与复习，训练复习型多媒体课件课堂环境应选择网络教室。其大部分是用 Flash 软件制作的，Flash 课件的特点是体积小，对硬件要求不高，现在一般的计算机上都能运行，Flash 完成后通长发布成 EXE 文件，所以对软件没有要求，计算机上只要装有操作系统就能运行。

训练复习型多媒体课件是学生在计算机上进行复习训练的，计算机对学生的操作做出及时反馈，因此训练复习型多媒体课件要保证训练的学生每人一台计算机。

二、教学应用过程

有理数及其运算这部分内容概念性的知识点比较多，很多概念容易产生误区，通过 Flash 课件强大的交互性让学生反复训练以达到知识强化的目的。

训练复习型多媒体课件在设计开发时要了解学生的年龄特点和学科特点，明确教学目标和应用方式，只有这样才能在学生不同思维水平训练中发挥作用。《有理数及其运算》课件的教学应用过程如表 5-8 所示。

表 5-8 《有理数及其运算》课件应用表

知识点	资源名称及表现形式	素材类型	思维水平	来源	应用方式和作用
数轴	填空题，选择题，	文本	理解概念	自制	强化概念，并能进行鉴别，内化成内在认知结构
相反数	填空题，选择题，判断题	文本	理解概念	自制	改变内在认知结构，完成概念重构
绝对值	填空题，选择题	文本	理解概念	自制	强化概念，树立相对的数学理念
运算律	分类题，拖放题	文本	识记并能灵活应用	自制	建立概念间的联系
运算法则	判断题，拖放题	文本	理解应用	自制	强化概念间的联系

训练复习型多媒体课件在教学应用时应该注意以下几个方面。

第一，应注意学生年龄特点和认识能力与计算机操作技能。对于低年级小学生来说应用训练复习型多媒体课件让学生去找出自己知识与技能的不足是不科学的。

第二，应注意学科特点和知识特点，对于那些发散性思维的问题计算机很难给出合理的评价。例如，语文教学中的组词、组句、作文，数学教学中的应用题。

第三，教师放弃自己的主导作用，不论运用什么样的课件教师的主导作用都是不可取代的，让计算机去评价可以减轻教师的不少负担，但如果盲目地相信计算机的评价就会把教学带上极端。教师应观察学生的操作，发现学生哪个知识点不足，并适当地加以点拨。

三、教学应用模式

训练复习型多媒体课件的设计强调人机交互性，学生通过与计算机的交互训练，强化技能，习得知识。这类课件在教学中通常应用于以学生活动为主的教学，比较适用于学生的自主学习与评价测试。因此，使用对象要有一定的自学能力和计算机操作技能，一般来说，较适合小学高年级的学生及初、高中学生的学习。

(一)基于自主学习的教学模式

自主学习的训练复习型多媒体课件通常以学生单独、自主训练为主，一般包括训练目标、基本内容训练、巩固提高训练、迁移应用训练等多个不同层级的训练。一般以个别化训练或个别化学习为主要形式。这类教学应用模式的学习内容通常分为两大类，一类是以技能训练为主，包括外语学习中的听力训练、阅读训练、对话练习、写作训练等；计算机学科教学中的文字录入训练、五笔输入法训练等。另一类是以巩固强化记忆为主。例如，数学教学中的方程问题、多边形问题、数轴问题等；物理教学中的电路连接问题、摩擦力问题、功与能的转化问题等；这些问题解决模式的形成都需要进行大量而有效的强化训练，才能在学生的头脑中形成长时记忆，进而使其理解并灵活应用。

(二)基于测试评价的教学模式

训练复习型多媒体课件具有强大的测试评价的教学功能，也是各学科应用训练复习型多媒体课件的典型应用方式。具有评价和测试功能的多媒体课件通常包括：题干、选项、答案、反馈、评价、结果分析、计时等部分。题干的表述通常包括多种形式的类型题，即填空、单项选择、多项选择、判断对错、连线、拖动等，表现形式以文本为主，也包括音频(如英语听力测试)、图像、动画等其他的表现形式。

(1) 选项：通常出现在选择题、连线题与拖动题中。

(2) 答案：每道题都要有答案，答案一般在评测的过程中不会给出，如果是非正式的测试，也可以显示答案。

(3) 反馈：是指学习者做对或做错计算机给出的反应，一般会是：好！对！正确！或者很遗憾！再来一次！加油！等。

(4) 评价：一般来说是在学习者完成测试后给出的分数评价或者是等级评定。

(5) 结果分析：是指根据学习者的评价结果进行详细的分析，哪个部分的知识掌握比较好，哪个部分还需要强化训练等。

(6) 计时：一般的评测课件都会有计时程序，以便学习者能在规定的时间内完成测试，考查学习者对知识掌握的程度。

四、教学应用案例

(一)数理类训练复习型多媒体课件的应用——《分苹果》

案例研习

《分苹果》是义务教育课程标准实验教科书(北师大版)数学一年级上册第三单元《加减法》第八节中的内容。本单元内容是学生学习加减法的开始，而10以内的加减法是小学生必须掌握的基础知识。《分苹果》一课是有关10的加减法，这个内容是今后学习20以内进位加法和退位减法的重要基础，在计算教学中起着至关重要的作用。教材借助"分苹果"这一情境，让学生通过自己动手分一分，整理出有关10的加减法算式。本课要求学生初步理解得数是10的加法和相应的减法，体验学习数学的乐趣，并发展数感。

案例分析

小学数学新课程标准强调让学生亲身经历问题探究的解决过程并得出结论，进而应用数学规律解决实际问题，建立学生对数量关系的概念，激发学生对数学探索的兴趣。数学课程标准倡导：学生的数学学习内容应当是现实的、有意义的、富有挑战性的。《分苹果》课件采用了树形结构设计，融数字训练于各种游戏活动中，既增大了训练密度，又增加了训练的趣味性。课件以多样化的练习设计为主，包括分苹果、连线、算一算、小狗爬阶梯、摘苹果等自主学习活动。①"分苹果"让学生通过拖动 10 个苹果到 2 个篮子里的探索活动，让学生体验 10 可以由不同的数字相加构成，体验 10 以内加法的概念；②"连线"活动再次让学生通过连线，体验数字 10 可以由哪两个数字相加而成，让学生再次增强 10 以内加法的运算；③"算一算"是一个阶段性的训练，目的是要学生熟练掌握 10 以内数的运算，并且，在学生完成练习之后，计算机会给出判断和分数；④"小狗爬阶梯"的游戏是让学生探究 10 以内减法的运算规律，通过有趣的游戏，学生会渐渐发现 10 以内数的加法和减法之间的联系；"摘苹果"是 10 以内数加减法的综合训练，学生通过运算，把标有相应数字的苹果放到正确的篮子里，做完所有练习之后，计算机会给予反馈。

(二)外语学习类训练复习型多媒体课件的应用——《It's raining》

案例研习

《It's raining》是人民教育出版社七年级下册第六单元中的内容。本单元主要谈论天气，要求学生会用英语谈论各地、各国的天气情况，并学会表达某人正在做什么。本课的主要教学目标是使学生掌握表示天气情况的词语，能够谈论天气，表达自己的情感，并能根据情境表达某人正在做某事。(案例来源：姜志红，本溪市桓仁县东山中学)

案例分析

基础教育阶段英语课程的总体目标是培养学生的综合语言运用能力。综合语言运用能力的形成是建立在学生的语言技能、语言知识、情感态度、学习策略和文化意识等素养整体发展的基础上的。语言技能包括听、说、读、写。语言知识包括语音、词汇、语法、动能和话题。其中语言技能和语言知识是综合语用能力形成的基础，没有大量的语言知识积累和语言技能训练是无从谈起综合语言运用能力的。《It's raining》课件采用了网状结构，共包括"warm up"、"presentation"、"practice"三个部分。"warm up"部分有两个 exercises 一个 lead in 的听力练习。其中，一个 exercise 是关于动词的现代分词的训练，另一个 exercise 是看图说话，利用句子"What is/are…doing"，"She/he is doing…"句型做 pairwork 训练。"lead in"环节利用 Flash 动画的对话情景进行听力训练。"presentation"部分包括 words 和 dialogue 两个内容的训练。"words"的训练方式有两种，一种是看图搭配单词，另一种是看图猜词；dialogue 部分设置了 4 幅图片，学生看图做"How is the weather today？""It is windy/cloudy/sunny/rainy."练习。"practice"部分设置了两段听力训练，listening1 是听对话，填写地名；listening2 是听声音标出事件发生的顺序，训练的难度有所增加。《It's raining》课件的主要界面如图 5-36 所示。

图 5-36　《It's raining》课件的主要界面

(三)技能类训练复习型多媒体课件的应用——《鼠标操作练习》

　案例研习

　　《鼠标操作练习》是小学一年级的信息技术课中的内容。本课的主要教学任务是熟练掌握鼠标的各种操作，包括单击、双击、拖动、移动、右击。并能根据实际需要运用自如。

　案例分析

　　小学阶段信息技术课程的主要目标是：让学生建立对计算机的感性认识，了解信息技术在日常生活中的应用，培养学生学习使用计算机的兴趣和意识，使其能够有意识地利用网络资源进行学习。鼠标操作是学生刚刚接触计算机时的技能训练内容，是学生熟练操作计算机的开始，因此要融趣味性和操作性于一体。《鼠标操作练习》课件包括练习和游戏两个部分。练习包括移动、单击、拖动、双击、右击几个操作练习部分。"移动"部分设计了"移动鼠标看效果"、"用鼠标单击物体"两个活动。课件利用 Flash 的鼠标跟随技术，

设计了单击玫瑰花的有趣练习，这既能帮助学生进行练习移动鼠标，又增加了训练的趣味性；"单击"包括两个部分的内容，一部分是单击苹果的训练，另一部分是通过单击来欣赏图片；"双击"与"右击"同样利用趣味活动帮助学生通过课件训练操作鼠标的技能。《鼠标操作技能》课件的主要界面如图 5-37 所示。

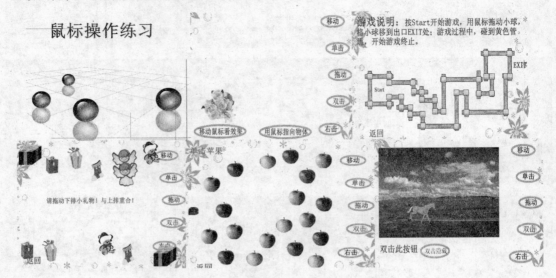

图 5-37　《鼠标操作练习》课件的主要界面

 活动建议

请将你制作的训练复习型多媒体课件应用于课堂教学，从教学目标达成、教学方法、教学过程、学生学习效果、课堂效率、评价反馈等方面对比不用课件的课堂教学，写一篇课件应用的反思日志，这样能帮助你更加理性、科学地设计并应用课件。

_____

_____

_____。

第六章

模拟实验型多媒体课件的设计与开发

本章要点

- 了解什么是模拟实验型多媒体课件。
- 了解模拟实验型多媒体课件的主要特点。
- 掌握模拟实验型多媒体课件的主要教学功能。
- 能根据自身的教学需要完成模拟实验型多媒体课件的设计与制作。
- 能对模拟实验型多媒体课件的教学应用效果进行理性反思。

多媒体课件理论与实践

本章知识结构图

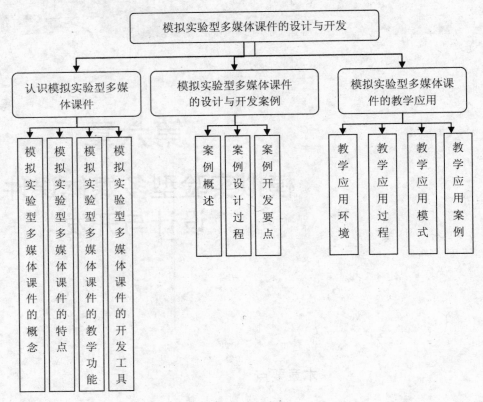

图结构内容：

模拟实验型多媒体课件的设计与开发

- 认识模拟实验型多媒体课件
  - 模拟实验型多媒体课件的概念
  - 模拟实验型多媒体课件的特点
  - 模拟实验型多媒体课件的教学功能
  - 模拟实验型多媒体课件的开发工具
- 模拟实验型多媒体课件的设计与开发案例
  - 案例概述
  - 案例设计过程
  - 案例开发要点
- 模拟实验型多媒体课件的教学应用
  - 教学应用环境
  - 教学应用过程
  - 教学应用模式
  - 教学应用案例

第一节　认识模拟实验型多媒体课件

本节导读

　　本节主要帮助学习者认清什么是模拟实验型多媒体课件，总结模拟实验型多媒体课件有哪些突出的特点，其在教学中的主要教学功能是什么？了解用哪些工具可以制作模拟实验型多媒体课件。

案例研习

　　在学校开展的"同课异构"活动中，孟老师和魏老师同上初中化学《常见的酸和碱》

这一节课。在讲授"酸和碱具有相同的化学性质"时，授课老师通常都会采用课堂演示酸碱盐溶液的导电性实验来加以讲解。

下面是孟老师和魏老师上课的情境。

孟老师在讲授该内容时，是这样做的：首先利用实验仪器分别对事先准备好的酸碱盐溶液进行通电实验，然后将实验结果以表格的形式书写在黑板上。实验结果全部出来后，通过归纳整理最后得出结论，酸碱盐的水溶液具有导电性。在实验过程中，由于实验只能以小灯泡的点亮来验证酸碱盐溶液具有导电性，却不能反映其导电的微观机理，很多同学看着插在酸碱盐溶液里的两根并没有直接接触的电极棒，任凭孟老师怎么讲解就是想不通小灯泡为什么会点亮，更是无法理解做导电实验跟酸和碱具有相同的化学性质有什么联系。

魏老师在讲授该课内容时，引用了模拟实验型多媒体课件。课件不仅设计模拟了整个实验过程，还将人们无法直接观察到的微观带电离子的活动情况生动直观地模拟出来。例如，氯化钠晶体在通电前和通电后，氯离子和钠离子因缺少解离条件而无法解离出可以自由移动的带电离子，所以不具备导电的条件；而氯化钠溶液通电前，解离出来的带电离子在水溶液中做无规则的自由运动；通电后，在电场的作用下，带电离子在水溶液中由无规则自由运动变为定向移动，整个电路形成了闭合回路，小灯泡点亮。在对酸碱盐导电性的探究过程中，同学们通过模拟实验型多媒体课件生动直观的实验模拟分析，很快就弄明白了酸碱盐溶液导电的真正原因。进而发现稀盐酸、稀硫酸中都存在着相同的阳离子——H^+，不仅稀盐酸、稀硫酸中存在 H^+，还有其他的一些物质也能电离出唯一的阳离子——H^+，所以它们在化学性质上具有相似性。魏老师结合同学们通过实验模拟分析所得到的感官认识，因势利导地归纳出"酸"的概念。在此基础上，魏老师又引导学生利用上面的办法自己归纳总结出"碱"的概念。

 案例分析

《常见的酸和碱》一课是初中化学中比较重要的章节，为帮助学生理解掌握酸和碱各自具有相同的化学性质这一教学重点和难点，教材在本环节设置了一个导电实验。传统的酸碱盐溶液导电性实验只能得出酸碱盐溶液能够导电的结论，却不能反映其导电的微观机理。由于学生刚刚接触到"离子"这一微观粒子，而这些微观粒子又是用肉眼无法观察到的，仅凭老师的实验演示和语言描述，很难使学生认知和理解这些微观粒子的真实存在。而利用模拟实验型多媒体课件不仅可以为学生提供多种模拟实验组合，激发了学生探究学习酸和碱化学性质的欲望，更重要的是还可以将看不见摸不着的带电离子模拟成像，有效地解决了学生对抽象的微观粒子无法形成概念的难题。模拟实验型多媒体课件的恰当应用不仅提高了教师课堂教学的效率，同时，也帮助魏老师提供了解决重难点的新途径和新方法。

一、模拟实验型多媒体课件的概念

模拟实验型多媒体课件是借助计算机的仿真技术，模仿实验需要的条件并将其组合成

实验模型进行仿真实验操作，通过改变实验条件能够模拟出实验对象的状态和特征的一组计算机程序。模拟实验型多媒体课件可以逼真模拟真实实验中无法实现或表达不清楚的教学内容。利用模拟实验型多媒体课件能够展现出人们通常用肉眼无法观察到的宏观世界和微观世界，能将转瞬即逝或非常缓慢的变化过程以正常速度呈现出来，还可以形象地模拟出微观粒子世界的变化过程。因此，模拟实验型课件在物理、化学及生物等自然学科的课堂教学中占有很重要的地位。

模拟实验型多媒体课件继承了多媒体课件的基本特征，它是运用文本、图形、图像、音频、视频、动画等多媒体元素，按照教师系统课堂教学设计的方法，依据某些教学理论、教学策略，运用特定的多媒体集成工具软件，制作成内容完整，具有某种特定教学功能的教学软件，或帮助教师突出教学重点，解决教学难点，或帮助学生将抽象经验形象化、具体化，或代替教师传递特定的教学内容，或创设学习情境，激发学生探究精神，培养学生解决问题的能力，从而获取较为深刻的观察经验和抽象经验。

二、模拟实验型多媒体课件的特点

模拟实验型多媒体课件是传统实验的必要补充和延伸，是中学物理、化学和生物等自然学科教学与实验教学的新模式，是学科老师得力的教学辅助工具，也是学生自主探究学习的好帮手。从模拟实验型多媒体课件设计制作的过程以及在教学中的应用来看，其具有以下几个方面的特点。

(一)实验仿真生动、形象，互动性强

模拟实验型多媒体课件可以逼真地模拟出实验的全部操作过程，可以重复操作，为使用者提供了一个完全自由的教学平台和实验平台，满足学生参与实验、探究性学习的要求。能激发学生学习物理、化学和生物等学科的兴趣，降低了学习难度，提高了学习效率。

(二)突破传统的实验仪器及实验场所的限制

传统的实验只能在实验室里进行，而且有些实验所需要的实验仪器和实验材料在现阶段是无法得到满足的。而模拟实验型多媒体课件能够轻而易举地解决这些难题，实现现实中难以完成的实验，如取用昂贵的实验材料、购买高价的实验仪器等。实现了将实验带回家，预习、复习操练实验的目的。

(三)节省实验成本，避免意外事故的发生

传统的实验操作由于受到各种环境因素和人为因素的影响，出现意外事故在所难免。模拟实验型多媒体课件无需真实的实验仪器设备，更不会产生实验药品和实验仪器的消耗，它所依托的计算机环境，模拟出的实验过程和最终的实验结果都是计算机虚拟的，不会出现意外事故，实验都是按照程序的设定运行的，能够保证实验顺利进行，没有燃烧、爆炸、毒气的危险。

(四)便于教师指导教学和学生自主探究

模拟实验型多媒体课件与学科特点紧密结合，可以根据教学和实验对象设置参数，充分发挥了学生的自主性。老师和学生可以随意设置实验对象的参数。将实验对象的变化规律呈现出来，起到化无形为有形、化抽象为形象的作用。

 拓展阅读

实验教学及其功能

实验教学是指在教师指导下，使学生亲自动手、运用实验手段、借助仪器设备、选择适当的技术方法，观察、探索自然现象的运动变化，从而获取感性知识，加深理解，进而揭示实验对象的本质的活动。实验教学过程把理论知识和实践活动、间接经验与直接经验、抽象与形象相结合，相对于理论教学更具有直观性、实践性、科研性、综合性与创新性等特点，决定了它在育人方面尤其是在学生能力培养和综合素质提高方面有其独特的作用，是整个教学体系的重要组成部分和基石。实验教学主要有以下几个方面的功能。

(1) 实验教学能培养学生良好的意志品质。通过实验活动，可以培养学生认真观察、实事求是的科学态度，严谨认真、一丝不苟的工作作风，敏锐的观察能力、探索精神和坚强的毅力。

(2) 实验教学有利于优化学生的知识结构，可以激发学生爱科学、学科学的兴趣和求知欲。具备知识传授、能力培养和素质教育的实验教学，不仅向学生传授实验技术知识，更重要的是还能教给学生如何通过实践获得更多的知识。实验过程中直观形象的实验现象，既增强了学生的感性认识，使其从死记硬背、生搬硬套中解放出来，又使学生在看、听、做、思中学到知识，激发了学生的学习兴趣。

(3) 实验教学具有训练技能的作用。技能是在掌握知识的基础上，通过反复练习而逐步形成的。学生积累了一定的理论知识和技能，就可以开展比较复杂的综合试验、设计性试验，从而对已掌握的知识和技能起到深化与拓展的作用。

(4) 实验教学能提高学生的多种能力。实验教学不仅能很好地配合课堂教学，提高教学质量，更重要的是培养学生的基本实验能力(如观察能力、动手能力、思维能力)，创造性实验能力(如分析和解决问题的能力、创新应用能力)。实验过程中，学生通过实验操作，使其能力和智力得到积累和提高。

(5) 具有探索未知、推动科学发展的作用。许多科学成果是在大量的实验中得来的，这表明了实验与科学的内在联系。即使是在基础实验中，也可引导学生在观察异常现象中进行分析探索，发展创造性思维，就有可能总结出具有科学研究价值的经验和规律来。(资料来源：单美贤，李艺.虚拟实验原理与教学应用.北京：教育科学出版社，2005)

三、模拟实验型多媒体课件的教学功能

模拟实验型多媒体课件以其丰富的教学资源、形象生动的情境和鲜明的教学特点，备受教师和学生的青睐。巴甫洛夫曾经说过，在学习过程中，如果有多种器官参加，就可以

提高大脑皮层的兴奋性。合理地运用模拟实验型多媒体课件，有利于使课堂教学活动更加符合学生的心理特点和认识规律，有利于因材施教，有利于突破教学的难点，有利于正确地处理好教学活动中教师、学生和教学媒介三者之间的关系。将模拟实验型多媒体课件应用于教学中，可以丰富教学内容，改善教学手段，优化教学方法，提高教学艺术的感染力。从模拟实验型多媒体课件的特点及在教学中的实际应用来看，这类课件一般具有如下几个方面的教学功能。

(一)有助于突出教学重点、解决教学难点

模拟实验型多媒体课件具有丰富的表现力，它不仅可以逼真地模仿和再现自然科学中所涉及的各种变化，还可以对微观事物进行模拟，能模拟常规教学手段难以完成的演示实验，对抽象事物进行生动直观的表现，对复杂过程进行简化和再现等，从而把抽象内容具体化、复杂过程简单化、枯燥内容形象化、隐形内容显形化。充分表现教学内容，突出教学重点，为突破教学难点提供了新的有效途径。例如，在"常见的酸和碱"的教学中，传统的盐溶液导电性实验只能得出氯化钠溶液能够导电的结论，却不能反映其导电的微观机理。而通过模拟实验型多媒体课件的模拟演示和模拟分析却可以轻易地破解教学的难点，使学生从微观粒子的角度理解不同的酸和碱都有各自相同的化学性质。

(二)有助于提高教学效果

以往的教学活动是由教师、学生、媒体三个要素构成的，三个要素缺一不可。大多数教学媒体都具有直观性的特点，但各有所长，也各有所短。传统教学媒体中有教师语言、课本、板书、实物、模型、挂图等，都具有一定的局限性。而模拟实验型多媒体课件能使学生不由自主地集中全部注意力，引起其浓厚的学习兴趣，激发其强烈的情感，使其从中获得直接、生动、形象的感性知识。物理、化学和生物等自然学科的教师在授课过程中，恰当地选用模拟实验型多媒体课件，能更好地把知识技能传授给学生，加快师生间的信息传递，优化教学过程，从而获得良好的教学效果。

(三)有助于事实性知识的识记和领会

教学中常有一些宏观的自然现象、转瞬即逝的变化或者需长时间才能感知的事物，因受时间和空间的制约，无法让学生亲眼看见；一些微观的事物和微小的变化，无法通过仪器设备让学生进行观察，这些都是靠传统的课堂教学手段无法完成的。模拟实验型多媒体课件的运用，为学生提供了形象生动、内容丰富、直观具体、感染力强的感性认识材料，使学生看到了事物的运动、发展和变化的全过程。真情实感取代了凭空想象，难题无需多讲。学生通过听、视、评、悟充分感知原先较为抽象的教学内容，适应了学生从具体到抽象的认识规律，从而保证了教学活动的顺利进行。例如，在化学课的教学中，在向学生介绍铁生锈的时候，教师可以借助模拟实验型多媒体课件，将铁漫长的无法察觉的氧化过程转化为可以目测的变化过程，让学生对铁锈的产生有了切身的感官认识和理解，从而引导学生理解和掌握防锈和除锈的方法，深化了教学内容，也拓展了教学空间。

(四)有助于培养学生的探索精神和创新意识

兴趣是最好的老师，是人们力求认识某种事物的一种心理倾向，有了兴趣，才会有求知的欲望，才能积极思维，努力探索。模拟实验型多媒体课件在课堂教学中的合理运用，不仅可以凭借那些生动逼真的模拟动画吸引学生们的注意力，激发他们的学习积极性，更重要的是课件中预留的一些可以修改的参数和变量，为学生的自主学习提供了猜想和探究的空间。例如，在《一氧化碳的性质》的教学中，模拟实验型多媒体课件在探究思考环节就一氧化碳还原氧化铜的实验装置改进为学生提供了模拟组装实验装置的探索空间，同学们通过小组内的热烈讨论提出了各种修改方案，各小组再选派代表模拟演示各组的实验成果。这种猜想和探究是在小组合作的基础上产生的，广泛的交流、合作和讨论又增加了学生之间的相互了解，也培养了学生的创新意识。

(五)有助于规范正确的实验示范

模拟实验型多媒体课件以其较强的仿真特性，能为教学提供标准的示范，而且教学应用范围比较广泛。例如，在化学课《一氧化碳的性质》一节中，一氧化碳还原氧化铜的实验步骤往往得不到学生的重视，很多同学都认为，点燃酒精灯和通入一氧化碳谁先谁后不重要，可以随自己方便。这时授课教师就可以利用模拟实验型多媒体课件为学生展示违反操作规程所造成的严重后果，然后再通过模拟实验型多媒体课件为学生演示正规标准的实验操作示范。通过模拟实验型多媒体的重复演练，可以规范学生的实验操作规程，也有助于培养学生规范实验操作的良好习惯。

四、模拟实验型多媒体课件的开发工具

制作课件的工具比较多，常见的制作软件有 Microsoft PowerPoint、Authorware、Flash、方正奥思、Director、Premier、几何画板(数学学科的课件开发工具)等。其中，模拟实验型多媒体课件以 Flash 软件应用最为广泛，Flash 是 Macromedia 公司推出的一款专业的网页动画设计制作软件。它具备完善的媒体支持功能，可以将图形、图像、声音、视频、三维动画等各种媒体有机地融合在一起。同时，强大的动画编辑功能使得 Flash 具有更大的设计空间。生成的动画文件体积小巧，便于网络传播。另外，它又是一种交互式动画设计工具，通过一些简单的脚本命令，就可以实现多媒体课件需要的各种类型的交互功能。用它制作的课件作品交互性强，操作简单。因此，在多媒体课件制作领域，Flash 越来越成为教师和教育工作者首选的课件制作软件。

2005 年 10 月，Macromedia 推出了 Flash 8.0 版本，2007 年 12 月，Adobe 公司收购 Macromedia 公司后，首次推出了 Adobe Flash CS3 的版本，用最新的 AS 3.0 编程语言替换了原来的 AS 2.0 编程语言。本章将在第二节具体介绍如何利用 Flash 8.0 软件设计并制作模拟实验型多媒体课件。

 活动建议

有些老师认为模拟实验型多媒体课件所模拟出来的物理、化学和生物等学科的实验很逼真很形象，而且实验的效果也很理想，完全可以代替教学中的真实实验，展示教学内容，您是否赞同"模拟实验型多媒体课件可以替代教学中的真实实验"这种看法？请您结合自身的教学实践总结在实际的课堂教学过程中如何使用模拟实验型多媒体课件才是恰如其分的？

_____

_____

_____。

第二节 模拟实验型多媒体课件的设计与开发案例

 本节导读

本节主要介绍模拟实验型多媒体课件的设计、开发的基本过程。通过本节的学习，您将了解利用 Flash 8.0 设计模拟实验型多媒体课件的基本流程，初步掌握模拟实验型课件的制作方法。

一、案例概述

本案例是面向初中三年级学生设计的化学课堂教学应用案例，主题为《常见的酸和碱》。三年级的学生已进入初中的高年段，他们思维敏捷、活泼好动，有一定的自控能力，抽象记忆有所发展，但思维活动中形象记忆的作用仍非常明显，仍需要具体、形象的教学材料及灵活多样的教学方法来引导学习。信息技术与化学教学整合是实现"课堂升级"最有效的途径和手段。本案例根据人教版化学新课程标准化学教材的特点，充分发挥现代教育技术提供的模拟实验的优势，使学生真正成为课堂的主人，让学生在真实与虚拟的情景转换中乐于学习，学会学习，培养学生科学严谨的探究求证意识，为学生提供良好的自主学习环境。让学生在合作探究、自由交流中真正体会到学习所带来的快乐！

二、案例设计过程

(一)教学需求分析

1. 学生的一般特征分析

在记忆方面，这一阶段的学生有意记忆逐步发展并占主导地位，抽象记忆有一定程度

的发展，但具体形象记忆的作用仍非常明显。在思维方面，学生逐步学会分出概念中本质与非本质，主要与次要的内容，学会掌握初步的科学定义，学会独立进行逻辑论证，但他们的思维活动仍然具有很大成分的具体形象色彩。在注意方面，学生的有意注意逐步发展并占主导地位，注意的集中性、稳定性，注意广度，注意的分配、转移等方面都较低年级学生有不同程度的发展。在想象方面，学生想象的有意性迅速增长并逐渐符合客观现实，同时创造性成分日益增多。

2．学生已有知识水平与技能分析

初中三年级的学生，从身心两个方面都在快速地成长，对于知识的追求也与日俱增。他们对各种知识和新鲜事物都很感兴趣，同时对这个世界有了自己的一些看法。这一阶段正是初中学生从直观认识化学现象向形成抽象化学概念过渡的阶段，他们渴望运用化学实验来表达他们所熟悉的生活常识，对化学学习的动机很强。关于酸和碱的化学性质，有些化学反应初中三年级的学生已经学过，如酸与金属的反应、氢氧化钙与二氧化碳的反应、酸碱与指示剂的反应等。对本课的学习在一定程度上可以降低学生的学习难度。

3．Flash 课件的可行性分析

在课堂教学中使用 Flash 课件既可以使学生在充分感知的基础上，实现多种感官的有机结合，又可以帮助教师活跃课堂气氛，调动学生学习的积极性。Flash 课件有着传统教学所不能替代的自身特点，是初中化学课堂教学中首选的辅助性课堂工具。

1）模拟化学实验过程，提高课堂教学效率

在传统的化学课堂教学模式中，教师只能通过板书、挂图及装置简单的演示实验进行教学，而且那些有毒有害、易燃易爆、反应速度极快或极慢、宏观反应及微观粒子变化的化学实验又不能搬到课堂上进行实地操作。因此学生只能简单地依赖听觉和有限的视觉进行课堂学习。而利用 Flash 课件可以扩大课堂的信息量，将声音、图片、视频、动画等多种媒体集合在一起，通过生动的画面将知识有效地呈现在学生面前，激发了学生的学习兴趣，同时也避免了传统课堂中课堂气氛过于呆板的不足。

2）营造一个开放、有趣、新鲜的教学环境

在教学方法上，运用多媒体计算机进行教学可以把多种教学方法紧密结合起来，从而达到启发学生主动思考，积极参与课堂学习，提高学生多方面能力的教学目的。在教学形式上，运用多媒体计算机的同时，加上教师的精讲与启发，再结合学生的质疑、问难和讨论，使学生通过身临其境的直观感受和仔细观察，切身体会到实际的应用环境，改变了过去那种光靠教师"灌"，学生被动接受的形式，有效地激发了学生的学习兴趣，真正体现了以学生为主体。

(二)教学目标设计

(1) 知识目标：初步了解什么是酸、碱、盐；能完成简单的探究实验。

(2) 能力目标：在学习了什么是酸后，完成对碱的模拟自主探究，运用实验的方法获取信息，运用比较、归纳、概括等方法对获取的信息进行加工。

(3) 情感态度与价值观：增强学生对化学现象的探求欲望，培养学生的化学素养，发扬善于合作，勤于思考的科学精神。

(4) 教学重难点：从离子观点了解什么是酸、碱、盐。

(三)教学内容设计

本节课是人教版初中化学九年级下册第十单元酸和碱第一课时的内容。首先，从酸碱指示剂的实验，使学生对生活和实验中常见的酸和碱的性质有些初步的了解。在此基础上具体介绍几种常见的酸和碱的性质、用途，并通过学生总结的方式简单归纳几种酸和碱各自相似的化学性质。最后，通过酸和碱溶液的导电模拟实验，引导学生从离子的角度了解酸和碱各有其相似性质的原因。从而为后面的酸碱中和反应的学习扫清障碍。

(四)框架结构设计

本课件的框架结构如图 6-1 所示。

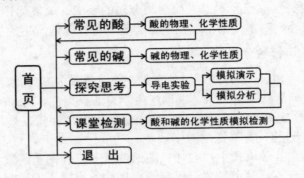

图 6-1　课件框架结构

(五)脚本设计

1. 首页

首页的脚本设计如表 6-1 所示。

表 6-1　首页脚本设计

名　称	内　容	制作说明
首页	数字时钟 标题文本 导航按钮	主页面为复合式窗口背景图片 上册边框添加一个数字时钟 右侧边框上添加六个导航水晶按钮 导航按钮下方添加一个帮助按钮
图形	化学实验仪器	初中化学教科书封面原版图形
文本	人教版初中化学、第十单元、酸和碱、课题 1 常见的酸和碱	"人教版初中化学"添加于复合式窗口左上角的边框外，"第十单元、酸和碱、课题 1 常见的酸和碱" 添加于复合式窗口的主窗口内

2. "常见的酸"页

本课件中"常见的酸"页面的脚本设计如表 6-2 所示。

表 6-2　"常见的酸"页脚本设计

名　称	内　容	制作说明
常见的酸页	数字时钟 标题文本 链接按钮	显示窗口为浅蓝色背景，此部分内容主要是以盐酸和硫酸为例介绍酸的物理性质和化学性质
文本	盐酸和硫酸都属于酸。在实验室和化工生产中常用到的酸还有硝酸（HNO_3）、醋酸(CH_3COOH)等	通过阅读文本，联系生活实际，初步了解盐酸、硫酸等常见的酸的物理性质和化学性质

3. "常见的碱"页

课件中"常见的碱"页面的脚本设计如表 6-3 所示。

表 6-3　"常见的碱"页脚本设计

名　称	内　容	制作说明
常见的碱页	数字时钟 标题文本 链接按钮	显示窗口为浅蓝色背景，此部分内容主要是以氢氧化钠和氢氧化钙为例介绍常见的碱的物理性质和化学性质
文本	氢氧化钠有强烈的腐蚀性，在实验室检验二氧化碳时用到的石灰水就是氢氧化钙的水溶液	通过阅读文本，联系生活实际，初步了解氢氧化钠、氢氧化钙等常见的碱的物理性质和化学性质

4. "探究思考——模拟演示"页

课件中的"探究思考——模拟演示"页面的脚本设计如表 6-4 所示。

表 6-4　"探究思考——模拟演示"页脚本设计

名　称	内　容	制作说明
模拟演示页	数字时钟 模拟实验区 提示按钮 链接按钮	模拟酸碱盐固体和液体导电实验组合装置，创设化学实验学习环境，激发学生自主学习的兴趣
按钮	演示、分析、结论、后退	单击相应按钮进入相应页面

5. "探究思考——模拟分析"页

课件中"探究思考——模拟分析"页面的脚本设计如表 6-5 所示。

表 6-5   "探究思考——模拟分析"页脚本设计

名　称	内　容	制作说明
模拟分析页	按钮　数字时钟 　　　实验装置图 　　　模拟动画 　　　链接按钮	以氢氧化钠的固体不能导电，而氢氧化钠液体能够导电为例，通过模拟带点离子的自由移动不能形成电流，而带点离子的定向移动能够形成电流的导电机理的分析，从根本上突破了本章节的教学难点
按钮	演示、分析、结论、后退	单击相应按钮进入相应页面

6. "探究思考——结论"页

课件中"探究思考——结论"页面的脚本设计如表 6-6 所示。

表 6-6   "探究思考——结论"页脚本设计

名　称	内　容	制作说明
结论页	数字时钟 文本区 化学方程式 返回按钮	通过文本说明和电离方程式的展示，得出酸碱盐溶液导电的微观机理
文本	结论(略)	输入文本和电离方程式
按钮	演示、分析、结论、后退	单击相应按钮进入相应页面

7. "课堂检测"页

课件中的"课堂检测"页面的脚本设计如表 6-7 所示。

表 6-7   "课堂检测"页脚本设计

名　称	内　容	制作说明
课堂检测页	数字时钟 标题文本 导航按钮	单选题使用"单选答题卡"制作，共四道单选题。填空题为输入式答题，使用影片剪辑进行对错判断
文本	单选题(略)、填空题(略)	输入文本和空格横线

(六)界面设计

本课件的主要界面如图 6-2 所示。

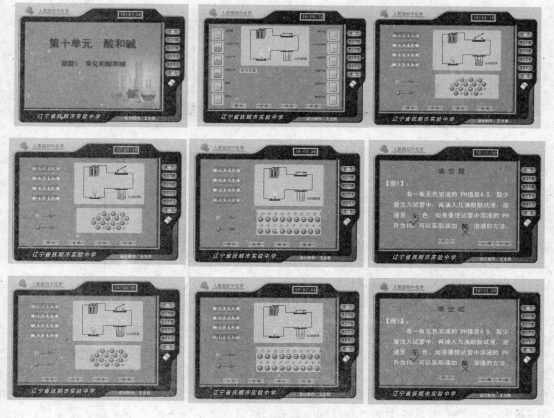

图 6-2　课件主要界面预览

三、案例开发要点

(一)元件的开发

任务一：烧杯图形元件的制作

步骤 1　绘制圆角矩形。单击工具条中的"矩形工具"，再单击"笔触颜色"，将笔触颜色设为"黑"色，再单击"填充色"，选择"禁用颜色"选项，如图 6-3 所示。再单击"边角半径设置"，将边角半径设置为"8"点，使用"矩形工具"在舞台上绘制一个 42 像素×50 像素的四角圆滑的"矩形"，如图 6-4 所示。

步骤 2　绘制"烧杯"杯口。单击工具条中的"选择工具"，将圆角"矩形"的左上圆角选中并删除，然后单击工具条中的"线条工具"，在已删除圆角的位置用两段短线条将缺口连上，如图 6-5 所示。再次单击工具条中的"选择工具"，将鼠标分别移动到短线条附近和右上角的圆弧附近。当鼠标的箭头右下方出现一个弧线标识时按住鼠标的左键进行拖曳调整，经过细致的调整即可勾绘出烧杯的杯口外沿，如图 6-6 所示。

图 6-3　选择颜色

图 6-4　圆角矩形

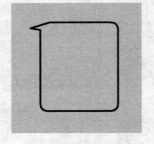

图 6-5　短线封口

图 6-6　调整弧线

步骤 3　绘制溶液液面。单击工具条中的"线条工具"，在调整后的"矩形"的三分之二处画出一条直线，如图 6-7 所示。打开"混色器"面板，设置"类型"为线性，左右两个色标均设置为淡蓝色，中间偏左增设一个色标，设置为白色，Alpha 值均设为 50%，如图 6-8 所示。单击工具条中的"颜料桶工具"，然后在"矩形"内的下半部单击鼠标，得到渐变的填充色。再用工具条中的"选择工具"选中"烧杯"内的水平横线，按键盘上的 Delete 键将其删除，如图 6-9 所示。

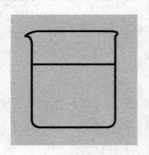

图 6-7　画水平线

图 6-8　设置颜色

图 6-9　删除水平线

步骤 4　将图形转换成元件。最后单击工具条中的"选择工具"，选中舞台上的所有图形，选择"修改"|"转换为元件"命令，打开转换为元件对话框，将"名称"改为"烧杯"，在"类型"选项组中选中"图形"单选按钮，单击"确定"按钮完成烧杯图形元件的制作，如图 6-10 所示。

图 6-10　转换影片剪辑元件

提示卡

　　本例的烧杯图形元件是先在"场景"的舞台上直接进行编辑制作，然后再转换为元件。还有一种制作方法就是先创建一个新的元件，然后在元件的编辑界面进行编辑制作。

　　任务二：帮助按钮元件的制作

　　步骤 1　创建"按钮"元件。选择"插入"|"新建元件"命令，打开"创建新元件"对话框，将"名称"改为"帮助"，在"类型"选项组中选中"按钮"单选按钮，单击"确定"按钮，进入按钮元件编辑界面，如图 6-11 所示。

图 6-11　创建按钮元件

　　步骤 2　设置"按钮"图层。如图 6-12 所示，双击时间轴上的默认图层，将其重命名为"图片"层，单击"弹起"帧，使用"选择工具"将事先导入到"库"中的"书签"图片拖曳到舞台上，并选中图片，打开属性面板，将"书签"图片设置成 40 像素×40 像素。右击"指针经过"帧，在弹出的快捷菜单中选择"插入关键帧"命令，再右击"按下"帧，在弹出的快捷菜单中选择"插入关键帧"命令。重新选中"指针经过"帧，将"书签"图片调整成 50 像素×50 像素，如图 6-13 所示。

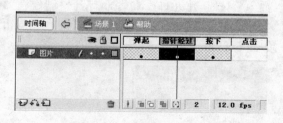

图 6-12　设置按钮图层

图 6-13　按钮弹起图标

　　步骤 3　设置文字图层。如图 6-14 所示，选择"插入"|"时间轴"|"图层"命令，在时间轴上插入一个新图层。并将新图层重命名为"文字"。右击"指针经过"帧，插入一个空白关键帧，再右击"按下"帧，也插入一个空白关键帧。重新选中"指针经过"帧，使用工具条中的"文本工具"在"书签"图片的右下方输入文字"帮助"，如图 6-15 所示。

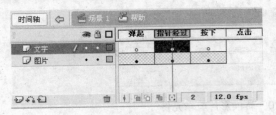

图 6-14 设置文字图层

图 6-15 按钮按下图标

步骤 4 设置"音效"图层。选择"插入"|"时间轴"|"图层"命令，在时间轴上再插入一个新图层，并将新图层重命名为"音效"。右击"指针经过"帧插入一个空白关键帧，将事先导入到"库"中的声音文件拖曳到舞台上，此时在"音效"图层的"指针经过"帧上会出现一段声音波形，说明声音文件装载成功，如图 6-16 所示。

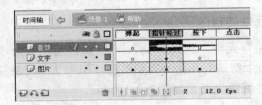

图 6-16 设置音效图层

步骤 5 完成以上步骤后单击舞台左上方的"场景"按钮，退出按钮编辑界面，即完成了对按钮元件的制作。需要使用此按钮元件时可以到"库"中直接调用。

按钮编辑区中的第 4 帧"点击"帧在主场景中是不可见的，在编辑界面中是以绿色半透明状态显示的，它主要用于制作文字按钮时扩大文字的反应区。而本例按钮元件的反应区是一张图片，所以可以省去"点击"帧的设置。

任务三：时钟影片剪辑元件的制作

步骤 1 创建影片剪辑元件。选择"插入"|"新建元件"命令，打开"创建新元件"对话框，将"名称"改为"时钟"，在"类型"选项组中选中"影片剪辑"单选按钮，单击"确定"按钮进入影片剪辑编辑界面，如图 6-17 所示。

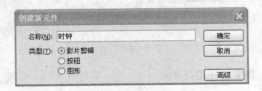

图 6-17 创建影片剪辑元件

步骤 2 设置文本框属性。选中时间轴上默认图层的第 1 帧，单击工具条上的"文本工具"，在编辑区域内拖曳出一个文本框，再打开属性面板，把这个文本框设置成动态文本，大小设置为 160 像素×40 像素，字体为"宋体"，字号为"20"，文本颜色为"绿色"，再给这个文本框设置变量为 time，如图 6-18 所示。

图 6-18　属性设置

　　步骤 3　添加动作代码。如图 6-19 所示，选中第 1 帧，按 F9 键进入动作界面，输入如下代码。

```
mydate = new Date();
seconds = mydate.getSeconds();
minutes = mydate.getMinutes();
hours = mydate.getHours();
month = mydate.getMonth();
if (hours < 10)
{
    hours = "0" + hours;
} // end if
if (minutes < 10)
{
    minutes = "0" + minutes;
} // end if
if (seconds < 10)
{
    seconds = "0" + seconds;
} // end if
time = hours + ":" + minutes + ":" + seconds;
```

之后再右击第 2 帧插入帧，如图 6-20 所示。

　　步骤 4　完成以上步骤后单击舞台左上方的"场景"按钮，退出影片剪辑编辑界面，即完成了对"时钟"影片剪辑元件的制作。在进行下面的元件组装时可以到"库"中直接调用。

提示卡

　　选择字体时尽量不要选择自己所用的特殊字体，否则在别人没有安装该字体的情况下是不会显示你所选用的字体的，而看见的只会是默认的宋体。

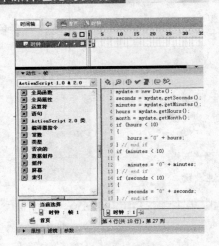

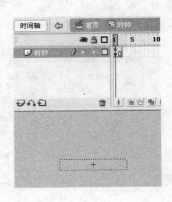

图 6-19 设置动作代码

图 6-20 插入帧

任务四：离子定向移动影片剪辑元件的制作

步骤 1 创建影片剪辑元件。选择"插入"|"新建元件"命令，打开"创建新元件"对话框，将"名称"改为"定向移动"，在"类型"选项组中选中"影片剪辑"单选按钮，单击"确定"按钮进入影片剪辑编辑界面，如图 6-21 所示。

图 6-21 创建影片剪辑元件

步骤 2 绘制矩形面板。使用"选择工具"双击时间轴上的"图层 1"，将其重命名为"面板"。单击工具条中的"矩形工具"，"笔触颜色"选取"#FF6600"色，"填充色"选取"#CCCCCC"色，再单击"边角半径设置"，将边角半径设置为"9"点，在舞台上绘制一个 295 像素×120 像素的矩形图形。右击"面板"图层的第 3 帧，在打开的快捷菜单中选择"插入帧"命令，如图 6-22 所示。

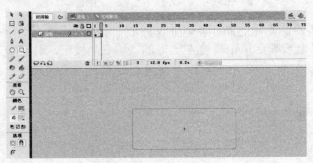

图 6-22 绘制面板

步骤 3 添加 3 个"阳离子"关键帧。选择"插入"|"时间轴"|"图层"命令，在时间轴上插入一个新图层。并将新图层重命名为"阳离子"，选中本图层的第 1 帧，将预先

制作好的钠离子串图形元件拖曳到舞台上，并调整到适当的位置。再右击第 2 帧插入一个关键帧，将钠离子串图形元件水平向右移动 12 像素。最后，再右击第 3 帧插入一个关键帧，继续将钠离子串图形元件水平向右移动 12 像素，如图 6-23 所示。

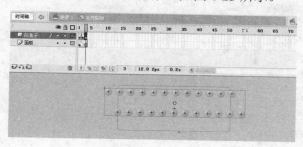

图 6-23　绘制"阳离子"

步骤 4　设置"遮罩层"。选中"阳离子"层，选择"插入"|"时间轴"|"图层" 命令，在时间轴的"阳离子"图层上插入一个新图层。并将新图层重命名为"蒙板"。将"面板"层的第 1 帧复制粘贴到"蒙板"的第 1 帧。右击"蒙板"层，在打开的快捷菜单中选择"遮罩层"命令，如图 6-24 所示。

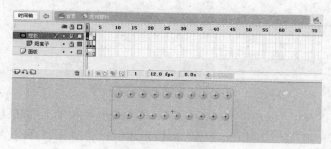

图 6-24　设置遮罩层

步骤 5　添加 3 个"阴离子"关键帧。选中"阳离子"层，选择"插入"|"时间轴"|"图层"命令，在时间轴的"阳离子"图层上插入一个新图层。并将新图层重命名为"阴离子"，选中本图层的第 1 帧，将预先制作好的氯离子小球图形元件拖曳到舞台上，并调整好位置。再右击第 2 帧插入一个关键帧，将氯离子小球图形元件水平向左移动 12 像素，最后再右击第 3 帧插入一个关键帧，继续将氯离子小球图形元件水平向左移动 12 像素，如图 6-25 所示。

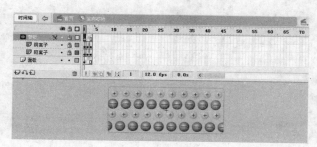

图 6-25　绘制"阴离子"

步骤 6　完成以上步骤后单击舞台左上方的"场景"按钮，退出影片剪辑编辑界面，即完成了对离子定向移动影片剪辑元件的制作。需要使用此影片剪辑元件时可以到"库"中直接调用。

遮罩层显示的是遮罩层与被遮罩层相交的部分，不相交的部分不会显示出来。显示出来的颜色是被遮罩层的颜色，与遮罩层的颜色无关。

(二)元件的应用

任务一：模板的制作

步骤 1　编辑影片剪辑元件。选择"插入"|"新建元件" 命令，打开"创建新元件"对话框，将"名称"改为"模板"，在"类型"选项组中选中"影片剪辑"单选按钮，单击"确定"按钮进入影片剪辑元件的编辑界面，如图 6-26 所示。

图 6-26　创建影片剪辑元件

步骤 2　添加"背板"元件。使用"选择工具"双击时间轴上的默认图层，将其重命名为"背板"，按 Ctrl+L 组合键打开"库"面板，用鼠标将事先做好的"背板"图形元件拖曳到舞台上，并调整好相应的位置，如图 6-27 所示。

步骤 3　添加"时钟"影片剪辑和"导航"按钮。选择"插入"|"时间轴"|"图层"命令，在时间轴上插入一个新图层。并将新图层重命名为"时钟和按钮"，选中本图层的第 1 帧，按 Ctrl+L 组合键打开"库"面板，将预先制作好的"时钟"影片剪辑元件和"导航"按钮元件拖曳到舞台上，并调整到相应的位置，如图 6-28 所示。

图 6-27　调整背板　　　　　　　　　　图 6-28　添加时钟和按钮

提示卡

不要把"模板"的类型设置成图形元件，因为"时钟"影片剪辑元件和导航按钮元件在图形元件中无法发挥其应有的功能，只有在影片剪辑元件中才能正常使用。

任务二：首页的组合

步骤1 设置文档属性。新建一个 Flash 文档，选择"修改"|"文档"命令，打开文档对话框，将舞台大小设置为 800 像素×600 像素，单击"背景颜色"右边的下三角按钮打开调色板，选择"#FFCC33"色，如图 6-29 所示。选择"文件"|"保存"命令将文件保存到硬盘上，将文件的名称命名为"常见的酸和碱.fla"。选择"窗口"|"其他面板"|"场景"命令，打开场景对话框，双击"场景 1"，将其重命名为"首页"，如图 6-30 所示。

图 6-29 设置文档属性

图 6-30 场景重命名

步骤2 添加"模板"图层。使用"选择工具"双击时间轴上的默认图层，将其重命名为"模板"，按 Ctrl+L 组合键打开"库"面板，用鼠标将事先做好的"模板"影片剪辑元件拖曳到舞台上，再选中"模板"图形元件，打开"属性"面板，将该图形元件设置为 750像素×550 像素，打开"对齐"面板，选择"相对于舞台"|"水平中齐"|"垂直中齐"命令，如图 6-31 所示。

步骤3 添加"封面"图层。选择"插入"|"时间轴"|"图层"命令，在时间轴上插入一个新图层。并将新图层重命名为"封面"，选中本图层的第 1 帧，按 Ctrl+L 组合键打开"库"面板，将带有化学仪器背景的标题图片拖曳到舞台上，使用工具条中的"任意变形工具"调整图片的大小，使其正好覆盖"模板"影片剪辑元件的显示窗口上，如图 6-32 所示。

图 6-31 模板视图

图 6-32 封面视图

(三)场景的应用

任务一：场景的添加与删除

步骤 1 添加场景。选择"窗口"|"其他面板"|"场景"命令，打开场景浮动面板，单击浮动面板右下角的"＋"按钮，在原有场景的下面可添加一个新场景，双击这个新添加的场景，将其重命名为"探究思考"，如图 6-33 所示。

步骤 2 删除场景。选择"窗口"|"其他面板"|"场景"命令，打开场景浮动面板，单击要删除的场景(例如，练习题)，单击浮动面板右下角的"垃圾桶"按钮即可删除，如图 6-34 所示。

图 6-33　添加新场景

图 6-34　删除场景

任务二：场景的复制与移动

步骤 1 复制场景。选择"窗口"|"其他面板"|"场景"命令，打开场景浮动面板，单击选中要复制的场景名称(以复制"探究思考"为例)，再单击浮动面板右下角的"直接复制场景"按钮，这时可在原有场景的下面复制出一个"探究思考"场景副本，如图 6-35 所示。

步骤 2 移动场景。选择"窗口"|"其他面板"|"场景"命令，打开场景浮动面板，用左键按住要移动的场景不放，向上(或向下)拖曳到指定位置即可。

任务三：场景间的跳转

下面以从"首页"主场景跳转到"探究思考"主场景为例。

步骤 1 打开主场景。单击时间轴右上角的"编辑场景"图标，打开编辑场景的浮动面板，选择"首页"选项，进入"首页"主场景。

步骤 2 打开"动作"面板。选中"首页"主场景中左侧导航按钮中的"探究思考"按钮，打开"动作"面板。展开"全局函数"\"影片剪辑控制"\on 节点，此命令会自动添加到右侧的输入栏里面，双击"release"，如图 6-36 所示。

步骤 3 添加动作语句。将光标定位在大括号的中间，然后选择动作语句，展开"全局函数"\"时间轴控制"\gotoAndStop 节点，最后在 gotoAndStop 后面的小括号内输入""探究思考", 1"。完整的 Action 语句是：

```
On(release) {                //设定鼠标事件为单击该按钮后，就会执行大括号里面的语句
gotoAndStop("首页", 1);       //按钮响应后就会跳转到"探究思考"主场景的第 1 帧处并停止在
                             第 1 帧处等候下一个指令。

}
```

按钮动作设置如图 6-37 所示。

图 6-35　复制场景

图 6-36　"动作"面板

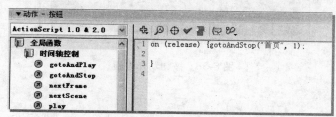

图 6-37　添加动作语句

(四)实验模拟分析页面的调试

任务一：关键帧的添加

步骤 1　添加"模板"图层。在"探究思考"主场景的时间轴上，按照脚本设计的要求，将"图层 1"重命名为"模板"层，按 Ctrl+L 组合键打开"库"面板，用鼠标将事先做好的"模板"影片剪辑元件拖曳到舞台上，再选中"模板"图形元件，打开"属性"面板，将该图形元件设置为 750 像素×550 像素，打开"对齐"浮动面板，选择"相对于舞台"|"水平中齐"|"垂直中齐"命令，右击第 56 帧选择"插入帧"命令。

步骤 2　设置独立页面。选择"插入"|"时间轴"|"图层"命令，在时间轴上插入一个新图层。并将新图层重命名为"控制"，选中本图层的第 1 帧，打开"动作"面板，展开"全局函数"\"时间轴控制"\stop 节点，再将第 1 帧分别复制粘贴到第 2 帧～第 56 帧上，使第 1 帧～第 56 帧的每一帧都成为一个独立的静止页面。

步骤 3　添加相应图层。再依次在时间轴上插入 6 个新图层。并分别将新图层重命名为"按钮"层、"实验装置"层、"实验药品"层、"开关显示"层、"提示"层和"帮助"层，按照脚本设计的要求，在相应图层的相应帧上插入"关键帧"和"空白关键帧"，其中每插入一个"关键帧"，在舞台上要有相应的图形元件、按钮元件和影片剪辑元件构成的实验反应状态。

步骤 4　选择动作语句。单击选中相应的"按钮"，为其添加相应的跳转动作。以"液体通电后"按钮为例。单击"液体通电后"按钮，然后打开"动作"面板，展开"全局函数"\"影片剪辑控制"\on 节点，在右侧的输入栏内，双击"release"，将光标定位在大括号的中间，然后选择动作语句，展开"全局函数"\"时间轴控制"\gotoAndStop 节点，最后在 gotoAndStop 后面的小括号内输入"55"。这样，单击"分析"按钮时就会自动跳转到"实验模拟分析"界面了，如图 6-38 所示。

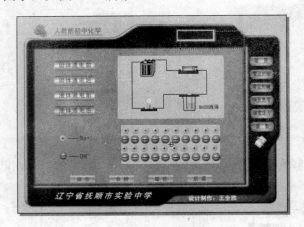

图 6-38　按钮动作设置

 提示卡

空白关键帧就是舞台上什么东西都没有，这在做物体出现、消失的时候很有用，如果需要它在中间什么时候消失就可以在中间相对的时间轴上插入空白关键帧。

任务二：为按钮添加动作

步骤 1　打开主场景。单击时间轴右上角的"编辑场景"图标，打开编辑场景的浮动面板，选择"探究思考"选项，进入"探究思考"主场景，如图 6-39 所示。

步骤 2　打开"动作"面板。单击选中主场景中的"分析"按钮，然后打开"动作"面板。展开"全局函数"\"影片剪辑控制"\on 节点，此命令会自动添加到右侧的输入栏里面，双击"release"，如图 6-40 所示。

图 6-39　编辑场景

图 6-40　按钮动作设置

步骤 3　添加动作语句。将光标定位在大括号的中间，然后选择动作语句，展开"全局函数"\"时间轴控制"\gotoAndStop 节点，最后在 gotoAndStop 后面的小括号内输入"51"。

完整的 Action 语句如下。

```
On(release) {          //设定鼠标事件为单击该按钮后，就会执行大括号里面的语句
gotoAndStop(51);       //按钮响应后就会跳转到第 51 帧并停止在第 51 帧处等候下一个指令
}
```

 **提示卡**

在给按钮添加动作前必须先选中这个按钮，否则，"动作"面板里的各添加选项是不可用的。

(五)模拟检测题的开发

任务一：单选题的制作

步骤 1　单击时间轴右上角的"编辑场景"图标，打开编辑场景的浮动面板，选择"首页"选项，进入"首页"主场景。使用工具条中"选择工具"的同时选中"模板"层、"时钟"层和"按钮"层的第 1 帧，再框选舞台上的所有元件，在全部选中状态下按下 Ctrl+V 组合键进行复制。

步骤 2　单击时间轴右上角的"编辑场景"图标，打开编辑场景的浮动面板，选择"课堂检测"选项，进入"课堂检测"主场景。选择"编辑"|"粘贴到当前位置"命令，将其全部复制到"课堂检测"主场景的默认图层的第 1 帧的舞台上，并将这个图层重命名为"模板"图层。

步骤 3　选择"插入"|"时间轴"|"图层"命令，在时间轴上插入一个新图层。并将新图层重命名为"文本"，选中本图层的第 1 帧，使用"文本工具"在舞台上输入第一道单选题的题干和 4 个选项的内容，并将 4 个选项的内容调整到适当位置，如图 6-41 所示。

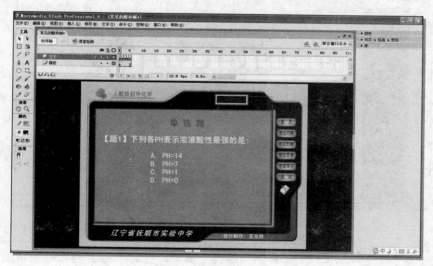

图 6-41　添加文本

步骤 4 选择"插入"|"时间轴"|"图层"命令，在时间轴上插入一个新图层。并将新图层重命名为"组件"，选中本图层的第 1 帧，按 Ctrl+F7 组合键打开"组件"面板，把"单选答题卡"组件拖曳到舞台上，可以看到该组件是由 4 个单选按钮和一个提交按钮构成的。调整组件在舞台上的位置，使它位于 4 个选项内容的左半部分，如图 6-42 所示。

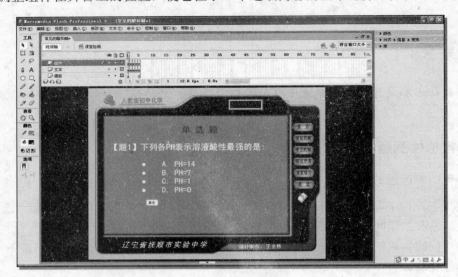

图 6-42 添加组件

步骤 5 选择"插入"|"时间轴"|"图层"命令，在时间轴上插入一个新图层。并将新图层重命名为"按钮"，按 Ctrl+L 组合键打开"库"面板，将预先制作好的"下一题"按钮元件拖曳到舞台的右下角，如图 6-43 所示。

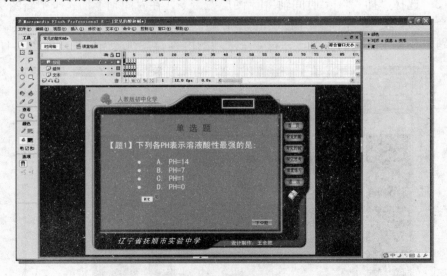

图 6-43 添加按钮

步骤 6 选择"插入"|"时间轴"|"图层"命令，在时间轴上插入一个新图层。并将新图层重命名为"控制"，选中本图层的第 1 帧，打开"动作"面板，展开"全局函数"\

"时间轴控制"\stop 节点，如图 6-44 所示。

步骤 7 按 Atl+F7 组合键打开组件检查器面板，在组件检查器中设置参数"Result"的值。默认的值为 1，单击该值打开下拉菜单，在下拉菜单中选择正确答案的题号。例如，本题的正确答案是第 4 个选项，所以将"Result"的值设置为 4，如图 6-45 所示。第一道选择题就制作完成了。

图 6-44 "动作"面板

图 6-45 组件检查器

步骤 8 本实例共制作了 5 道单选题，其他 4 道题的制作方法同上，不同之处就是在"按钮"层要多加一个"上一题"按钮，以方便答题的灵活性。5 道单选题每个图层占用了 5 帧。

提示卡

单选题答题卡组件是自定义的一个组件，可以在本书所附光盘中的 Flash 8.0 素材文件夹中找到一个"单选答题卡.swc"文件，将其复制粘贴到安装 Flash 8.0 的目录 Macromedia\Flash 8\zh_cn\Configuration\Components\Data 中之后，再重新启动 Flash 8.0，按下 Ctrl+F7 快捷键，即可在组件面板中找到"单选答题卡"组件。

任务二：填空题的制作

步骤 1 接着在"课堂检测"主场景中的单选题后继续制作填空题，先在"控制"层的第 6 帧上插入一个空白关键帧，然后打开"动作"面板，展开"全局函数"\"时间轴控制"\stop 节点。

步骤 2 在"文本"层的第 5 帧上插入一个空白关键帧，然后使用"文本工具"在舞台上输入第一道填空题的题干内容，并在需要填空的地方留出适当的位置，再使用"线条工具"在空位处划一条横线(本实例有两个空，分别需要在两个空位划出横线)，如图 6-46 所示。

步骤 3 使用"文本工具"分别在两个横线的上面拖曳出可以完整输入正确答案的文本框，并在属性面板中将两个文本框修改为"输入文本"，在"变量"右侧的输入栏内分别填写"t1"和"t2"，如图 6-47 所示。

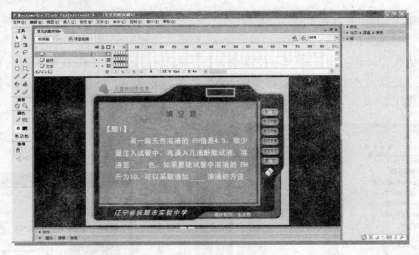

图 6-46　添加文本

图 6-47　设置文本

步骤 4　在"组件"层的第 5 帧上插入一个空白关键帧，按 Ctrl+L 组合键打开"库"面板，将事先制作好的"对错"影片剪辑元件拖曳到舞台上(拖曳两次)，并在两条横线下分别各放一个，如图 6-48 所示。

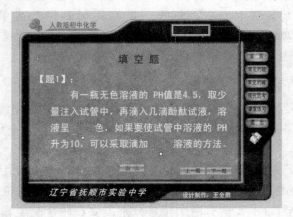

图 6-48　添加影片剪辑

步骤 5　在"按钮"层的第 5 帧上插入一个空白关键帧，按 Ctrl+L 组合键打开"库"面板，将事先制作好的"提交"、"上一题"和"下一题"按钮元件拖曳到舞台的右下角。将"提交"按钮的动作设置为跳转到第 7 帧，如图 6-49 所示。

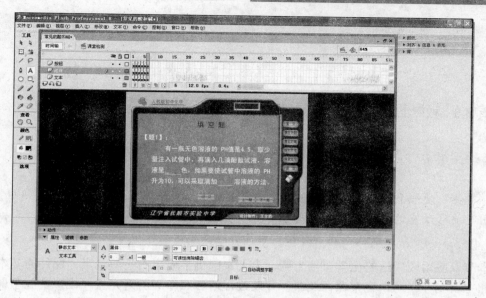

图 6-49 添加按钮

步骤 6 在"控制"层的第 7 帧上插入一个空白关键帧，然后打开"动作"面板。在右侧的输入栏里面输入 Action 语句。

完整的 Action 语句如下。

```
if (t1=="无") {
    mc1.gotoAndStop(2);
    } else {
    mc1.gotoAndStop(3);

}
if (t2=="碱") {
    mc2.gotoAndStop(2);
    } else {
    mc2.gotoAndStop(3);

}
```

步骤 7 在"按钮"层的第 7 帧上插入一个空白关键帧，按 Ctrl+L 组合键打开"库"面板，将事先制作好的"重填"、"上一题"和"下一题"按钮元件拖曳到舞台的右下角。单击选中"重填"按钮，然后打开"动作"面板。在右侧的输入栏里面输入 Action 语句。

完整的 Action 语句如下。

```
on (release) {
    gotoAndStop(6);
    t1=""
    t2=""
```

```
        mc1.gotoAndStop(1);
        mc2.gotoAndStop(1);


}
```

步骤8 按照上述方法完成剩余填空题的制作。

"对错"是一个影片剪辑,共3帧,第一帧动作为stop; ,第2帧是√,第3帧是×。在使用时要修改它的属性,本实例是将第一个横线下的"对错"影片剪辑在属性面板中修改为"mc1",第二个横线下的"对错"影片剪辑在属性面板中修改为"mc2"。

本节以应用较广泛的化学课件为例,为大家剖析了模拟实验型多媒体课件的基本设计思路和主要制作技巧,完整课件及课件开发过程请参照本书所附光盘。模拟实验型课件不仅仅应用于化学学科,在物理、生物等实验性较强的学科也很实用。Flash所能完成的模拟实验型多媒体课件不限于此,大家可以结合学科特点和教学的实际要求,巧学妙用,或参考专门的讲解Flash技术应用的书籍,以解决课件开发过程中的技术问题。模拟实验型多媒体课件除了可以制作成二维动画之外,还可以利用其他专业软件制作成三维的虚拟实验,例如,Maya、3ds MAX、世界工具包WTK(World Tool Kit)、MR(Minimal Reality)等。有兴趣致力于此方面课件制作的教师可以参考相关的网站和书籍。

选择一节新课,设计并制作一个模拟实验型多媒体课件,在制作的过程中,反思并总结存在的问题,把教材中没有出现的问题及解决办法写在下面的横线上。

_____

_____

_____。

第三节　模拟实验型多媒体课件的教学应用

本节主要向大家介绍模拟实验型多媒体课件在教学中的应用。通过学习大家会了解到模拟实验型多媒体课件的适用环境、适用学科以及适用的教学活动。希望能帮助您合理、恰当地应用模拟实验型多媒体课件。

案例研习

陈老师本周的教学内容是人教版初中化学九年级上册第五单元《一氧化碳的性质》。由于一氧化碳是有毒气体，涉及一氧化碳的实验具有一定的危险性，在初中阶段不适宜做分组实验。为了解决这一难题，陈老师准备利用学校的多媒体教室来完成这次教学任务。他配合这节课的教学设计制作了一个模拟实验型多媒体课件，课件包括视频导入—初识一氧化碳、一氧化碳和二氧化碳的物理性质比较—一氧化碳的化学性质—模拟演示一氧化碳的可燃性、还原性和有毒性实验—小组合作探究—小组发表改进实验装置方案—小组代表操控模拟实验装置等环节。陈老师操作主机上的模拟实验型课件，通过大屏幕播放给学生。各小组的学生代表再把各自小组的实验装置方案拿到课件上进行模拟组装对比，在陈教师的指导下完成了整节课的学习⋯⋯

案例分析

陈老师的教学设计构思缜密，颇具创新特色，比较符合化学课改的要求。他以创新教育理论为指导，探索、研究创新教育课堂教学的方法与途径。他在培养学生的创新意识、创新能力以及教学方法和手段的创新方面都迈出了成功的一步。此外，教学中使用的实验探究法，注重生活实际与理论的联系等教学方法也是成功的。

但是，从上面的基本教学流程，我们可以看到，陈老师在课件的使用上虽然给学生留出了自主探究学习的时间，组织学生分小组讨论并选派代表到讲台前来操控计算机，利用模拟实验型多媒体课件进行探究学习，但是大多数的学生却没有通过计算机参与互动或训练技能的机会，这样的课程设计在计算机网络教室中进行效果会更好，因为计算机网络教室更利于学生开展小组合作的活动，使学生注意力更集中。况且在计算机网络教室进行教学，可以非常方便地通过电子举手和学生演示等网络功能来完成师生之间的互动和学生之间的探讨与交流，这样既可以节省宝贵的课堂教学时间，又可以让每一个学生都参与到课件的模拟实验当中去，体验探究发现和自我创造的过程，培养学生的创新意识和创新能力。

一、教学应用环境

模拟实验型多媒体课件的教学应用环境比较广泛，即适合在计算机网络环境下应用，也适用于一般的多媒体教室。如果它是以学生参与互动、自主探究为主，并能够进行个别化学习，则适合在计算机网络环境下应用，因为网络环境更突出人机交互和师生互动。所以，模拟实验型多媒体课件主要是在计算机网络环境下，通过教师的指导，学生参与互动、小组合作，自主探究的学习过程。硬件环境包括一台教师多媒体计算机、若干台学生多媒体计算机和一套网络教学系统。

如果只是简单的实验模拟演示，通常在一般的多媒体教室里就可以应用。硬件环境包括一台多媒体计算机、一台投影仪、一个投影屏幕、麦克、音响等。软件环境一般没有特殊要求，如果课件是可执行文件，在装有操作系统的计算机上即可运行。如果是其他格式的课件，那么只要安装课件的开发软件即可。常见的课件开发软件见第五章第一节。例如，Flash 格式的课件，只要计算机上有 Flash 软件或安装有 Flash 播放器即可运行。

二、教学应用过程

(一)课件应用举例

下面以课件资源应用为例来介绍，如表 6-8 所示。

表 6-8　模拟实验型多媒体课件资源应用计划表

《一氧化碳的性质》模拟实验型多媒体课件资源应用计划表				
知识点	资源名称	素材类型	思维水平	应用方式和作用
1. 课前热身	形形色色的一氧化碳中毒	视频	感知	课前热身，调动情绪
2. 情境引入	人体一氧化碳中毒过程	模拟动画	感知与体验	模拟动画直观展现
3. 提出问题	为什么会发生一氧化碳中毒，一氧化碳中毒的原因是什么？	图片文本	感知与体验	学生思考
4. 讨论分析	复习旧知，学生通过互相讨论分析	图片文本	感知与体验，加强理解并识记	学生讨论发挥学生主体作用
5. 学习新知	一氧化碳的有毒性 一氧化碳的可燃性 一氧化碳的还原性	模拟动画	感知与体验	模拟实验过程 激发学习动机
6. 小结	一氧化碳对环境的污染	图片	理解，识记	教师讲解
7. 上机操练	一氧化碳还原氧化铜实验装置改进方案探讨	模拟动画	感知、体验、思考	拓展思维，培养创造性思维
8. 知识巩固	通过练习巩固新知	图片文本	感知、体验、思考	培养创造性思维
9. 讨论总结	一氧化碳与二氧化碳差异 一氧化碳与氢气化学性质的相似性 课后作业	文本	感知与体验	归纳总结巩固

备注：

模拟实验型多媒体课件在应用于课堂教学时，设计开发时要了解各种媒体的特点，只有明确其教学目标和应用的方式，才能在学生不同思维水平训练中发挥作用。

(二)模拟实验型多媒体课件应用时的注意事项

相对于传统教学而言,模拟实验型多媒体课件的应用为揭示自然学科中那些复杂抽象的反应机理和变化规律提供了一条有效的途径,也为初中的课堂教学展现了一片崭新的天地。为了使模拟实验型多媒体课件更有效地发挥其作用,运用模拟实验型多媒体课件进行教学时应把握如下原则。

1. 实际性与实用性原则

用计算机制作的模拟实验型多媒体课件与以往的挂图,幻灯片等相比,其逼真的模拟,完美理想的效果,往往可以直接揭示事物的本质规律,一目了然,有很大的优越性。但在教学过程中它只是一个媒体,体现的是教师在这堂课中所要阐述的内容,使学生能够有更直观的感受,帮助并促进学生对这一堂课内容的理解与掌握,从而起到事半功倍的效果。

既然模拟实验型多媒体课件是作为辅助教学的工具为课堂教学服务的,那么课件的好坏应该体现在其使用效果上。使用课件时,必须从实际的教学出发,注重其辅助的本质与实效。所以,我们首先要考虑的是课件的教学价值,即这堂课是否有使用课件的必要。如果传统的教学方式就能达到良好的教学效果,就没有必要花费大量的精力去制作课件。因而,在确定制作课件的内容时,要注意选取那些实验效果不明显或者无法进行演示实验的教学内容。例如,化学学科所涉及的微观粒子,既看不见也摸不着却又是真实存在的,比较抽象,这给初中学生理解、掌握它们带来一定的困难。若用计算机的模拟动画来演示,不仅能把高度抽象的知识直观显示出来,而且给学生以新异的刺激感受,激发学生的学习欲望,促使学生理解、掌握它们的本质属性。模拟实验型多媒体课件在课堂中的作用是有局限性的,它必须依附教师的教学设计和教学内容,并不是说多媒体课件在教学中用得越多越好。

2. 优势互补原则

传统的教学方法与现代教学方法各有特点,比如,教师以富有情感的启发式语言向学生传授知识,以表情、姿态、板书等对教学效果产生影响,能适应学生变化,督促学生学习,言传身教,但教学信息量不够,很难用语言来表达学生难以理解的抽象内容、复杂的变化过程等,不能及时有效地跟踪和客观评价学生的学习情况,从而真正做到因材施教,个别辅导。而多媒体课件以大量视听信息,高科技表现手段冲击学生的思维兴奋点,加上虚拟现实技术和图形、图像、三维动画使教学内容表现得丰富多彩、形象生动,使认知理论原理中情境学习理论和问题辅助学习理论等在教学中得到充分的体现;使学生变被动学习为主动学习,创造性地进行学习,进一步提高教学质量和学生的综合素质。因此,只有各种教学手段取长补短,结合使用,才能真正提高整体教学效益。

但是,作为一种教学手段,运用多媒体课件进行课堂教学并不能完全取代传统的教学方法。只有将这两种方法配合起来使用,使其相互补充,相得益彰。不能以现代多媒体教学方法去替代传统的教学方法,而应以传统的教学手段为主,以现代多媒体方法为辅。不能把多媒体教学方法流于形式,而要真正发挥计算机的长处,起到传统教学方法无法达到的作用。

3. 互动性原则

模拟实验型多媒体课件辅助教学应能充分调动学生学习的积极性，通过情境创设协作学习，促进学生主动思考、主动探索，发展联想思维，使学生在学习的过程中真正成为信息加工的主体和知识的主动建构者。模拟实验型多媒体课件应充分发挥学生的主体作用，保证学生有动脑和动手的机会。充分发挥模拟实验型多媒体课件的特性，为学生创造更多上机操作的机会，在课堂教学中应当以教师为主导，以学生为主体，以思维为核心，调动学生多种感官参与教学全过程，鼓励和引导学生进行小组合作探究，参与课件的人机交互，自主学习，在"学中做"、"做中学"。

模拟实验型多媒体课件凭借着生动直观的模拟效果，弥补了传统的教具、学具、模型、幻灯等呆板、单调、枯燥的不足。因此，大力提倡模拟实验型多媒体辅助教学，对优化理化学科的课堂教学结构，提高课堂教学效率是显而易见的。相信只要脚踏实地，不断加强多媒体课件的研究，计算机辅助教学一定能为进一步推进素质教育作出应有的贡献。

三、教学应用模式

模拟实验型多媒体课件以其模拟逼真、参数可调、画面丰富、生动直观等特点，被广泛地运用于中学阶段的自然学科教学中，其优越性是毋庸置疑的。但是，模拟实验型多媒体课件同其他多媒体课件一样，仅仅是课堂教学的一个辅助工具、一种教学手段，教师必须从教学设计的整体出发，认真研究教学内容，灵活地选择模拟实验型多媒体课件的教学应用模式，只有这样才能达到事半功倍的教学效果。

模拟实验型多媒体课件的教学应用模式主要有两大类，一类是以学生为主的自主探究教学模式；另一类是以教师讲授为主的传统课堂教学模式。

(一)以学生为主的自主探究教学模式

这是模拟实验型多媒体课件的主要应用模式。以学生为主的自主探究教学模式主要是指在教师的启发、引导、点拨和帮助下，学生带着一种渴望了解问题、解决问题的迫切心情用探索研究的方法，自主参与学习，从而达到解决疑问、掌握相关知识与能力的目的。在整个教学过程中，作为学习主体的学生主要是依靠模拟实验型多媒体课件所搭建的模拟实验平台，以学生个体自学、小组讨论、师生互动等形式进行自主探究，以寻求解决问题的有效途径。以学生为主的自主探究教学模式要求学生具有一定的自主学习能力和经验，拥有方便的、丰富的学习资源，以便随时解决自主学习过程中的问题。以学生为主的自主探究教学模式主要培养学生自主探究、与人合作以及问题解决能力。多媒体课件在这种教学模式中的主要应用形式是作为自主学习资源的一种形式而存在的，一般用来帮助学生了解基本知识。

(二)以教为主的传统课堂教学模式

该模式是一种普遍而有效的教学方式，广泛应用于各个学科的教学中。该模式以教师的教为主，主要活动是教师的讲授、演示、提问和分析。学生在教师的引导和控制下，通过倾听、观察、记忆、提问、训练习得新知识，并与原有知识建立联系，构建新的知识网络。"以教为主"的课堂讲授，并不一定是机械的、被动的、死记的。教师通过运用多媒体课件，丰富信息表达方式，有利于突出教学重点，解决教学难点，增强信息表现力，增加学生的感性认知，将抽象的知识具象化，活跃课堂氛围，激发学生的想象力和思维，增加其学习兴趣，激活内在求知欲，提高学习效率，节约知识传授的时间，改变传统枯燥、教师一言堂的学习风格，取得良好的教学效果。

四、教学应用案例

建构主义学习理论认为学习的过程是信息的加工、控制和处理的过程，学生对学科知识的获取必须由学生主动构建，而知识的构建是在一定的情境之下完成的。在建构主义学习环境下，教学设计不仅要考虑教学目标分析，还要考虑有利于学生建构意义的情境的创设，并把情境创设看做是教学设计的最重要的内容之一。多媒体课件的应用就是情境创设非常有效的一个途径。

以实验为基础的自然学科，如开设的物理、化学、生物等学科，它们的研究方法一般都是观察、实验、分析、抽象。直观教学在这些学科的教学过程中占有相当重要的地位。传统的直观教学主要是运用演示实验、教学模型和教学挂图等进行的，但这些手段有较大的局限性。使学生对学科知识的理解不能建立在充分的直观感知的基础上。而模拟实验型多媒体课件的出现在很大程度上弥补了传统教学方法的不足。

下面就以模拟实验型多媒体课件在自然学科中的教学应用为实例进行分析。

(一)化学学科模拟实验型多媒体课件的应用——《常见的酸和碱》

案例研习

《常见的酸和碱》是人教版义务教育课程标准实验教科书化学九年级下册第十单元课题 1 的教学内容。本节内容在本册课程的学习中有着十分重要的地位，是在学习了氧气、碳及其化合物、金属等简单物质的性质和用途的基础上，更高层次的学习。通过对酸的学习，可以为碱盐的学习打下基础，完善无机物之间的关系网络。同时探究酸的学习方法，可以为碱的学习提供知识基础和学法帮助，并通过实验来揭示酸和碱各有其相似性质的根本原因。本课的主要教学目标是：知道几种常见酸和碱的主要性质和用途，会用酸碱指示剂检验溶液的酸碱性，认识酸和碱的腐蚀性及使用时的安全注意事项。

案例分析

化学实验是化学教学中不可分割的一个重要组成部分。加强化学实验教学，可以帮助学生形成化学概念，理解和掌握化学知识，正确地掌握实验的基本方法和基本技能。化学实验对培养学生的观察、思维、独立操作等能力，培养理论联系实际能力和实事求是、严肃认真的科学态度以及探讨问题的科学方法都有重要的意义。但是，在实际的化学课堂教学过程中，有一些实验却又无法在课堂教学中进行实际操作，例如，需要让学生反复观察的实验、现象模糊的实验、较难完成的实验、有危险性污染严重的实验、化学实验原理的解释实验、难以再现的实验、错误操作造成严重后果的实验等。

本课件根据初中化学课程标准的要求，中学化学实验教学的特点制作而成，主要包括"常见的酸"、"常见的碱"、"探究思考"、"课堂检测"四个功能板块。"常见的酸"板块中的"酸的物理性质"用隐藏和显示表格对比的方式将盐酸和稀硫酸做了详细的对比，还用模拟动画演示了稀释浓硫酸错误操作的后果和正确操作规程；"酸的化学性质"给学生们模拟展示了酸与指示剂的反应、酸与金属氧化物的反应和酸与活泼金属的反应。"探究思考"部分的"模拟演示"给学生们提供一个自由探究的空间。同学们可以随意选择软件提供的酸碱盐溶液或晶体进行导电实验，并根据自己的实验结果与软件进行对比分析，"模拟分析"为同学们揭示了酸碱盐溶液导电的微观机理，进而得出最终的结论，即酸和碱都各自具有相似的化学性质。"课堂检测"将本章节的教学内容以单项选择和填空的形式做了系统的总结，起到了教学效果及时反馈的作用。课件的主要界面如图6-50所示。

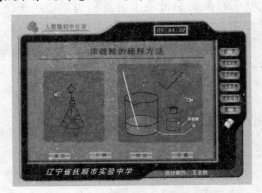
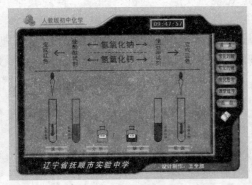

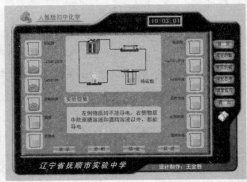

图6-50　《常见的酸和碱》课件主要界面

(二)物理学科模拟实验型多媒体课件的应用——《机械波》

案例研习

《机械波》是人教版高中物理教材第一册第五章"机械振动和机械波"的第七节内容。波的形成过程分析是本节课教学的重要内容，能否正确、准确地理解对后续知识的学习具有重要意义。本课的主要教学目标是：明确机械波的产生条件，掌握机械波的形成过程及波动传播过程的特征，了解机械波的种类及其传播特征，初步了解描述机械波的物理量。机械波是机械运动中比较复杂的运动形式，它作为周期性变化的运动，广泛地涉及物理学的各个领域。通过本节课的学习，学生不仅可以巩固以前学过的有关运动学和动力学的知识，还可为今后学习电磁振荡，电磁波和光的本性打下良好的基础。

案例分析

物理学是个多姿多彩的世界，那些直观生动的物理现象令无数人为之着迷，然而在传统的课堂教学中，有很多精彩绝伦的物理现象往往无法十分清晰地呈现于学生的面前，还有一些转瞬即逝的物理过程，只有通过极为细心的观察才能把握，经过认真的分析才能理解，对于观察能力还不够强的学生来说，这是一件很困难的事情。要想在教学中达到良好的效果，就必须想办法放慢速度，适当延长过程的时间，让学生有比较充裕的时间进行观察和分析，从而掌握现象的本质。这时，模拟实验型多媒体课件就有了用武之地，它能将转瞬即逝或非常缓慢的物理过程以正常速度呈现出来，能展现通常用肉眼无法看到的宏观、微观世界，它所创设的模拟实验环境，便于学生们观察现象，读取数据，科学分析，掌握科学探索的方法与途径。因此，计算机模拟在物理教学中有着广泛的应用。

在《机械波》一课的教学中引用的模拟实验型多媒体课件主要包括"波的形成"、"向右传播"、"向左传播"、"波长与速度"、"波长与频率"、"波的叠加"6个模块。教师可以利用课件开发的随时开始、任意暂停、多次重复，选择振幅、波长等功能，结合讲解，使学生可以很清楚地了解关于波长、振幅、频率、周期等波动概念，同时弄明白"机械波"传播的特点，将抽象的波的概念形象化，从而使学生消化理解"机械波"变得顺理成章。在课件中设计的单选按钮、多选按钮和移动滑块可随时更改实验参数，便于操作者通过更改实验参数来加以对比分析，进而帮助学生理解和掌握机械波的产生条件，掌握机械波的形成过程及波动传播过程的特征。课件的主要界面如图 6-51 所示。(案例来源：冯辉、于庆国、刘平，抚顺清原高中)

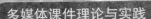
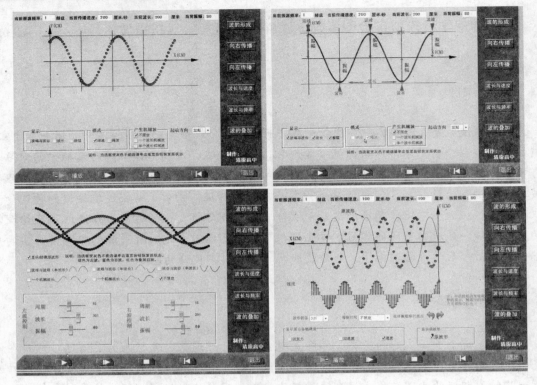

图 6-51 《机械波》课件主要界面

(三)生物学科模拟实验型多媒体课件的应用——《细菌、真菌和病毒—真菌》

 案例研习

　　《细菌、真菌和病毒真菌》选自义务教育课程标准实验教科书北师大版八年级下册第22章第4节。本节的教学要点为真菌是有真正细胞核的单细胞或多细胞生物，寄生或腐生生活。主要进行孢子生殖。本节的教学目标是通过教学使学生了解细菌、真菌和病毒的形态、结构、营养方式和生殖方式。了解细菌、真菌和病毒在自然界的作用、与人类的关系等知识；通过分析细菌、真菌和病毒与人类的关系，培养学生辩证地分析事物的思想方法。

 案例分析

　　生物学是一门以实验为基础的自然学科，许多生物现象只有通过实验才能得到解释。但在普通的教学条件下，许多生命现象因时空跨度过大或过小而很难直接进行观察，一些抽象难懂的生物知识单凭课本上的插图和挂图、模型等传统教具进行教学，效果往往不是很理想。而结合实际的教学内容适时地引用模拟实验型多媒体课件以辅助课堂教学，不仅可以通过形象生动的画面、声像同步的情境、言简意赅的解说和悦耳动听的音乐，将知识

一目了然地展现在学生面前，使学生的学习变得轻松愉快，激发求知欲望，充分调动学生的学习积极性，还可以利用动画模拟功能化虚为实，扩大观察范围，提高观察效果，实现课堂教学质的突破。课件的主要界面如图 6-52 所示。

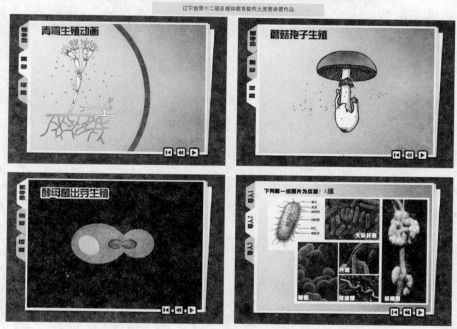

图 6-52　《细菌、真菌和病毒—真菌》课件主要界面

为本节教学内容设计的模拟实验型多媒体课件将"教学过程"划分为"课前热身"、"新课导入"、"新课传授"、"课堂小结"、"课堂练习"等几个板块。其中"课前热身"以一首采蘑菇的小姑娘配以活泼可爱的 Flash 动画为同学们创设了一个轻松愉快的教学环境。"新课导入"以丰富多彩的图片展示引出本节课的教学内容——真菌，激发了学生的学习兴趣。"新课传授"则充分利用计算机的音视频技术和模拟功能将蘑菇的生长环境及生长过程展现出来，逼真的模拟动画功能又为学生了解细菌、真菌的形态、结构、营养方式和生殖方式提供了更生动直观的诠释，学生可以根据自己的认知水平进行体验式学习。"课堂小结"以填充表格、知识点汇总和总结分析等形式将本节课的教学内容进行了系统的梳理。"课堂练习"采用了选择填空、填图以及看图讨论等形式对教学内容进行教学反馈。(案例来源：刚强、王秀凤，辽阳市第九中学)

活动建议

请将你制作的模拟实验型多媒体课件应用于课堂教学，从教学目标达成、教学方法、教学过程、学生学习效果、课堂效率、评价反馈等方面对比不用课件的课堂教学，写一篇课件应用的反思日志，能帮助你更加理性、科学地设计并应用课件。

_____

_____

_____。

第七章

游戏型多媒体课件的
设计与开发

本章要点

- 了解什么是游戏型多媒体课件。
- 了解游戏型多媒体课件的主要特点。
- 掌握游戏型多媒体课件的主要教学功能。
- 能根据教学需要完成游戏型多媒体课件的设计与制作。
- 能对游戏型多媒体课件的教学应用效果进行理性反思。

本章知识结构图

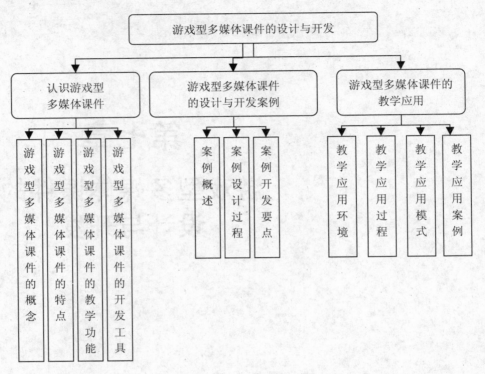

```
          游戏型多媒体课件的设计与开发
    ┌──────────────┬──────────────────┐
认识游戏型        游戏型多媒体课件      游戏型多媒体课件的
多媒体课件        的设计与开发案例      教学应用
```

游戏型多媒体课件的概念 | 游戏型多媒体课件的特点 | 游戏型多媒体课件的教学功能 | 游戏型多媒体课件的开发工具

案例概述 | 案例设计过程 | 案例开发要点

教学应用环境 | 教学应用过程 | 教学应用模式 | 教学应用案例

第一节　认识游戏型多媒体课件

本节导读

　　本节主要帮助学习者认清什么是游戏型多媒体课件；总结游戏型多媒体课件有哪些突出的特点；在教学中游戏型多媒体课件的主要教学功能是什么；知道用哪些工具可以制作游戏型多媒体课件等。

案例研习

　　《小英雄王二小》是语文出版社小学一年级的一篇课文，本课要求学生：①认识"军、根、敌、扫、团、员、坡、帮、助、带、装、消、灭、"13 个生字。会写"灭、面、听、就、员、声、边"7 个生字。学会用"常常"说话。②正确、流利、有感情地朗读课文。

③读懂句段，领悟小英雄爱憎分明，机智勇敢和不怕牺牲的精神，激励学生热爱小英雄的感情。传统的教学方式是教师先逐字地教：读音、笔顺、部首、结构、组词、造句；然后教师领读课文，学生朗读课文；再让学生书写生字、词语、句子进行机械性记忆。这样，既增大了教师的工作强度又增加了学生的学习负担，并抹杀了孩子天真好奇的天性，把一个个孩子束缚到课堂上，不利于素质教育的开展。

如果利用游戏型多媒体课件来上这节课，课堂教学形式将发生质的变化。教师上课可以少讲甚至不讲，只要动动鼠标即可完成特定的教学任务。有条件的学校完全可以把课件放入网络教室，让学生自己动手操作完成学习任务，这样既摆脱了对教师及课本的依赖，又使学生在游戏中获得新知、受到教育。

 **案例分析**

游戏型多媒体课件可以集文本、图形、图像、声音、视频、动画、动手操作等于一体，使知识的呈现方式不再局限于视、听两种媒体形式，从知识到情感都在愉快的游戏中得到升华。课堂教学是以一种轻松活跃、立体互动的形式进行的，大大节约了媒体演示的时间，使学生通过游戏不知不觉地解决了学习中的难点。

一、游戏型多媒体课件的概念

游戏型多媒体课件是通过现代信息技术手段把教学与游戏结合起来，利用游戏创造一种趣味性、生动性的学习环境，使教师完成教学任务，使学生获得新知识的一种课件形式。游戏型多媒体课件大体上可以分为两类：单机游戏型课件、网络型游戏课件。无论是哪种课件都能最大限度地提高学生学习的积极性，使学生能主动地学习，不再把学习当成一种负担。游戏型多媒体课件既可以用于教师的课堂教学又可以让学生自主学习，成为学生自觉学习的一种工具。随着现代教育技术的发展，游戏型多媒体课件将成为未来教育软件的主流。

游戏型多媒体课件除了具有其他多媒体课件的特征外，最大的特点是具交互性、可控性、娱乐性、教学性、教育性于一体。它可以帮助教师和学生把抽象的知识具体化、趣味化，创设一种愉快的教学情境，从而让学生在游戏中学到知识、受到教育。

二、游戏型多媒体课件的特点

游戏型多媒体课件以游戏的形式呈现教学知识点，它的设计精细，按照不同的知识点以不同的游戏形式展现给学生，在课堂上，师生可以共同操作课件，使课堂气氛活跃，达到最大限度的师生互动，也可以利用网络教室，让全体学生都参与到游戏之中，形成立体的互动，即师生互动、生机互动、生生互动。

根据游戏型多媒体课件的设计过程及在教学中的应用，其具有以下几个方面的特征。

(一)结构相对复杂，制作技术要求较高

游戏型多媒体课件已不再是教学的辅助工具，它通常是教师根据教学目标的要求来设计制作的课件，以突出重点、化解难点，为增强学生自主学习兴趣为目的而设计的课件。因此，游戏型多媒体课件的框架结构较为灵活，便于学生和教师操作，课堂教学可控性强和适应性较强，一个课件可以适应不同的教学设计，适应不同的教师上课，适应不同的教学环境，适应不同的教学群体。它的情境引入、新知识传授、巩固练习通常都是以交互形式来体现的，是以适应不同学生的认知能力而设计、制作的。最大限度地改变了知识的呈现形式和学生的学习方式。制作游戏型多媒体课件常用的软件有 Macromedia 公司的 Authorware、Adobe 公司 Flash，VB 等，其中最常用的是 Adobe 公司的 Flash。这个软件操作相对简单，交互性好，教师容易掌握。

(二)给学生留有动手动脑的空间

心理学家皮亚杰说："活动是认识的基础，智慧从动作开始。"动手操作过程是学生对知识认知的过程。中小学生的认识能力以具体形象思维为基础，然后逐步过渡到抽象思维，动手操作便是一种以"动"促"思"，调动学生积极参与学习活动的重要途径。游戏型多媒体课件能让学生动起来(手脑结合)，在玩乐中学到新知。它的难度和高度的设计有意无意地培养了学生的竞争意识和抗挫能力，不论是游戏课件中的游戏还是电子游戏，它们如果都没有什么难度和高度就没人玩了，正是因为难度和高度的设计才会吸引那么多人。竞争是现代生活中的必然现象，中小学生树立竞争意识是他们积极进取的动力和源泉。心理学家认为："当一个人面临问题的情境时，他必然会产生各式各样的情感和动机状态，而这些状态又必然会影响他解决问题的效果。"游戏中的难度设计正基于此。

(三)对硬件环境要求不高

Flash 设计的游戏型多媒体课件可以在多媒体教室中由师生共同操作完成特定的教学目标，也可以在网络教室中使用，让全体同学共同参与，在一种积极活跃的气氛中完成特定的教学目标。目前国家已经开始着手启动"班班通"工程，这样的硬件环境完全可以满足游戏型多媒体课件应用的需要，因此更加有利于教学、教法的创新，有利于教学模式的改革。

(四)较适用于以学生为主体的学习方式

对学生来说，这种课堂教学是一种主动的，积极参与的探究性学习模式，使学生真正地成为学习的主人。教师应大胆地放手把课堂的主控权交给学生，自己成为教学的组织者，学生学习的引导者，在教学中应注意观察学生的学习状态和认识程度，引导学生正确地使用游戏型课件，让它成为教师教学的有力助手，学生学习的有效工具。

(五)开发难度相对较大

游戏型多媒体课件的不足之处在于其开发难度较大、周期长。教师很难在短时间内掌握。所以在常规教学中推广有一定的困难。但随着新软件的开发以及现代信息技术知识的普及，一些教学积件的开发，它的门槛会逐渐降低。终将成为未来课堂教学和学生自学的一种主要的工具。

游戏型多媒体课件通过交互传递信息，不仅能让学生在轻松愉快的气氛中学到知识，受到教育，还锻炼了学生通过做来获得技能，特别是通过计算机操作获得技能和经验，培养了学生的竞争意识与抗挫能力，培养了学生对困难的挑战意识。这种课件有利于学生个性的培养，但它的缺点是开发难度相对大，不能广泛地应用到常规教学之中。但因为它的诸多优点，以及现代教育技术的发展，这一缺点越来越被淡化，由于游戏型多媒体课件知识教学的灵活性，思想教育的直观性，能最大限度地提升学生自主学习，所以深受广大中小学教师和学生的欢迎。21世纪人才的培养为教育教学提出了新的挑战，我们要借助一切教学方法和媒体手段的协同作用来实现教育、教学目标。教学内容的内在结构就是学科知识结构的组织设计，它是教学设计的基础；教学内容的外在表现形式，即如何最佳利用多媒体来传递教学内容是教学设计的手段，也是信息技术环境下教师所需的重要教学技能。

三、游戏型多媒体课件的教学功能

从游戏型多媒体课件的特点及在教学中的实际应用来讲，这类课件一般具有两个突出的功能。

(一)通过游戏使学生获得新知，形成能力

课件设计能满足学生对课程目标相关知识点的学习要求，它通过游戏的形式，引发学生的学习兴趣，让学生在游戏中获得学科知识、形成各种能力，着重解决教学内容中的重点难点，变乏味的机械记忆为生动有趣的游戏。让学生在玩乐中不知不觉学到新知。它突出了重点，分散了难点，适合不同层次的学生的学习。它目标明确，形式新颖，最大限度地体现了学生在教学中的主体作用，最大限度地激发了学生主动参与学习的热情，在游戏中设计进去的失败惩罚，也是学生能接收的。成功的奖励更是学生所求的。无意中培养了学生的抗挫能力与竞争意识。

(二)有助于学生识记能力的培养

对于需要学生识记的知识来说，机械识记是学生的一个负担，他们要用很长时间从事那些乏味的记忆活动(识记可以分为无意识记和有意识记两大类。有意识记又可分为机械识记和意识识记两种。各种识记在学习中都具有一定的作用。无意识记既没有自觉目的，也不需要做出任何意志努力的一种识记。人们所学习的科学文化知识，其中有很多极其重要

的基本理论和基本事实，都必须通过有意识记去牢固掌握。正是有助于有意识记，人们才能积累知识、巩固知识、系统地掌握知识。在学习过程中，无意识记和有意识记巧妙地结合起来，是减轻负担又能促进学习的有效措施。)，游戏型多媒体课件可以把无意识记和有意识记巧妙地结合起来。例如，英语单词识记对于中小学生来说是一大难点，他们长时间从事这种机械的有意识记，学习强度非常大，有的学生一个单词需要读写上百遍。如果让学生在轻松快乐的游戏中进行无意识记，最后让无意识记和有意识记巧妙地结合起来，这样会达到事半功倍的效果。

机械识记的主要特征是不需要理解学习材料的意义而单纯依靠对材料的重复；不需要或很少利用过去的知识经验；不要求采取多种多样有效的识记方法，它的基本条件是复习。对于缺乏意义的学习教材，如历史年代、任务名称、元素符号、外语单词等机械识记是必要的。意识识记的主要特征是：需要理解教材的意义；需要利用过去的只是经验；采取多种多样有效的识记方法。在学习中，大多数教材都包含有一定意义，如科学的定义、定理、规律和法则，需要运用已有的知识经验去理解，才能记住它的主要精神和基本内容。游戏型多媒体课件可以改变机械识记为意识识记。例如低年级语文识字教学对生字的识记，大部分学生和教师采用的是机械识记，如果改成组字游戏就可以改变学生的识记类型。

四、游戏型多媒体课件的开发工具

开发游戏型多媒体课件的工具比较多，常见的开发软件有：Authorware、Flash、方正奥思、VB、易语言、雅奇等。其中 Flash 在开发游戏型多媒体课件中应用最多，他与其他开发工具对比具有以下优点：操作起来简单、容易掌握，表现形式也较丰富。Flash 软件是一款二维画现制作软件，由 Macromedia 公司开发后被 Adobe 公司收购。Flash 是一种创作工具，设计人员和开发人员可使用它来创建演示文稿、应用程序和其他允许用户交互的内容。Flash 作品中可以包含的动画、音频、视频、复杂的演示文稿和应用程序以及介于它们之间的任何内容。通常，使用 Flash 创作的各个内容单元称为应用程序，即使它们可能只是很简单的动画。您也可以通过添加图片、声音、视频和特殊效果，构建包含丰富媒体的 Flash 应用程序。用于课件设计与开发方面，它强大的 ActionScript 面向对象编程语言可以实现功能强大的人机交互，让课件成为学生自主学习的一种工具。

 拓展阅读

ActionScript 语言简介

ActionScript 是针对 Adobe Flash Player 运行时环境的编程语言，它在 Flash 内容和应用程序中实现了交互性、数据处理以及其他许多功能。

ActionScript 是由 Flash Player 中的 ActionScript 虚拟机 (AVM) 来执行的。其代码通常被编译器编译成"字节码格式"(一种由计算机编写且能够为计算机所理解的编程语言)，如 Adobe Flash CS3 Professional 或 Adobe&reg, Flex Builder 的内置编译器或 Adobe&reg, Flex SDK 和 Flex Data Services 中提供的编译器。字节码嵌入 SWF 文件中，SWF 文件由

运行时的环境 Flash Player 执行。ActionScript 3.0 提供了可靠的编程模型，具备面向对象编程基本知识的开发人员对此模型会感到似曾相识。ActionScript 3.0 中的一些主要功能如下。

- 一个新增的 ActionScript 虚拟机，称为 AVM2，它使用全新的字节码指令集，可使性能显著提高。
- 一个更为先进的编译器代码库，它更为严格地遵循 ECMAScript (ECMA 262) 标准，并且相对于早期的编译器版本，可执行更深入的优化。
- 一个扩展并改进的应用程序编程接口 (API)，拥有对对象的低级控制和真正意义上的面向对象的模型。
- 一种基于即将发布的 ECMAScript (ECMA-262)第 4 版草案语言规范的核心语言。
- 一个基于 ECMAScript for XML (E4X) 规范(ECMA-357 第 2 版)的 XML API。E4X 是 ECMAScript 的一种语言扩展，它将 XML 添加为语言的本机数据类型。
- 一个基于文档对象模型 (DOM) 第 3 级事件规范的事件模型。

基础教育第二轮课程改革提出让学生成为课堂教学的主体，并以学生为中心建立自主、合作、探究的学习模式已十几年了。可是我们的课堂教学形式大部分没有改变，新技术的运用也没有改变知识的呈现方式，多媒体等现代教育设备成了板书的另一种载体、教材的替代品。请您结合自身的教学实践总结如何利用游戏型多媒体课件改变知识的呈现方式，让学生成为课堂教学的主体，从而建立一种自主、合作、探究的学习模式。

_____

_____

_____。

第二节 游戏型多媒体课件的设计与开发案例

本节主要介绍游戏型多媒体课件的设计、开发的基本过程。通过本节的学习，您将了解利用Flash设计游戏型多媒体课件的基本流程，并初步掌握游戏型多媒体课件的制作方法。

一、案例概述

本案例是面向小学一年级学生设计的语文讲读课教学应用案例。一年级的学生有以下特点：好奇多问，对一切新事物都感兴趣。活泼好动，喜爱游戏、活动，但行为缺乏目的性。例如，让他复习功课，他可能津津有味地看书本后面的插图；一听到其他声响，注意

力就被吸引过去了。容易看到自己的优点，不容易看到自己的缺点；较多地评价他人，不善于客观地评价自己。一年级学生知觉发展不够充分，做作业时往往看错题，或者把方位搞错，例如，常常把毛写成手，把 6 写成 9。在观察顺序性方面，它们显得杂乱无章，观察事物凌乱，不系统，没头没尾。这一时期的学生只要能引起自己兴趣和关心的事物，注意力就能保持相当长的时间。如电视中的动画故事片能从头看到尾，在此期间，你叫他的名字他都没有反应。这说明一年级学生在一定条件下注意力能集中相当长的时间。他们一旦把注意力集中在某一个感兴趣的问题上，就会忘记了别的事情，他们注意力范围狭窄。游戏型多媒体课件正迎合了学生这一特点，有效地把学生注意力集中了起来。

二、案例设计过程

(一)教学需求分析

1．学生的一般特征分析

小学一年级的学生，都是刚刚入学的儿童，天真烂漫，对自己的行为约束力差，注意力容易分散。观察事物往往比较笼统，不够精确。心理活动表现为既爱说又爱动。他们的有意注意的时间持续不长，且注意力多与兴趣、情感有关，学习中经常会出现上课不专心、回答问题不正确、理解不透彻等现象。老师总是把这些特点视为缺点加以约束，限制学生动，强制其听课，有的还被认为是患了多动症。上课不专心听讲，老师批评，家长责备，学生容易产生厌学情绪。低年级是学生从以游戏为主的生活过渡到以学习为主的生活阶段，这一阶段是学生形成正确的学习方法和良好的学习习惯的关键期。如果没有科学的引导，不仅会影响到学生学习能力的培养，还会给学生的终身学习留下阴影。在课堂上，学生有时要玩一会儿与学习无关的东西，个别的总爱磨蹭，就是不爱写作业。传统的教学思想把这些特征视为影响学生学习的缺点加以约束，长此以往，形成大面积的后进生层面，日积月累，延误学生的一生。游戏型多媒体课件有利于培养学生的学习兴趣和热情，符合小学生好奇、好动，注意力集中时间短的心理特点，能有效地防止课堂教学后期容易产生的注意力分散等问题的发生，从而调动学生学习的积极性。

2．学生已有知识水平与技能分析

一年级的学生，从身心方面都在快速成长，但由于刚从游戏为主的生活过渡到以学习为主的生活阶段，很难适应这种紧张的学习生活，低年级语文以字、词学习为主，对学生来说那种机械记忆强度很大，他们也没有掌握有效的学习方法，同时，刚入学的孩子的有意注意的时间持续不长，且注意力多与兴趣、情感有关，学习中经常出现上课不专心、爱溜号等现象，而游戏型多媒体课件中的游戏设计正好迎合了孩子爱玩的天性，能够引起他们的兴趣。让他们的注意力长时间地集中，所以说游戏型多媒体课件更适合低年级课堂教学。

3．游戏型多媒体课件的可行性分析

游戏型多媒体课件在课堂上的运用改变了课堂教学的形式，实现了多种感官的有机结

合，全体学生共同参与师生互动、生生互动、生机互动使课堂学习空前活跃。游戏型多媒体课件有着传统教学所不能替代的自身特点，它不再是课堂教学中的辅助性工具，而成为一种快乐学习的主要工具，它具知识传授与情感交流于一体，是真正的寓教于乐。

1) 游戏型多媒体课件具有强大的交互与可控性

游戏型课件的交互性与可控性是传统的教学及线性多媒体教学无法比拟的。学生和教师可以根据自己的需要去选择知识点，根据自己的具体情况组织教学时间，直至达到预期的目标。交互的游戏因为学生的认知不同而出现不同的结果，有意无意地培养了学生的竞争意识和抗挫能力。这种交互式游戏比动画、视频等传统媒体更具有吸引力，激发了学生的学习兴趣，把学生的注意力全部吸引到知识点上了。

2) 改变了课堂的形式

游戏型多媒体课件改变了传统的课堂教学形式，让教师成为课堂的组织者，而把课堂的主控权交给了学生。在知识传授方面，设计者运用技术手段把教学中的所有知识点以交互式操作和游戏方式呈现在课件之中，改变了教师和学生在课堂中的地位。学生可以通过与计算机交互从中学到知识，使教师成为课堂教学的指导者。课堂上，教师通过学情观察对学生适当地进行指导，达到学习新知的目的，使学生逐渐形成自主学习的能力。

(二)教学目标

1. 知识目标

认识"军、要、敌、扫、团、员、坡、帮、助、带、装、消、灭"13 个生字。会写"灭、面、听、就、员、声、边"7 个生字，会用"常常"说话。

2. 能力目标

正确、流利、有感情地朗读课文。

3. 情感态度目标

读懂句段，领悟小英雄爱憎分明、机智勇敢和不怕牺牲的精神，激励学生热爱小英雄。
教学重点：认识 13 个生字。
教学难点：会写 7 个生字，会用"常常"说话。

(三)教学内容的设计

本课是语文出版社小学语文一年级下册第 12 课的内容。本课以识字教学为主，教会学生用多种方法分析记忆生字；了解字的结构，会用生字组词、造句；掌握生字的笔顺；理解词语，能正确、流利、有感情地朗读课文。

(四)框架结构设计

本课件的框架结构如图 7-1 所示。

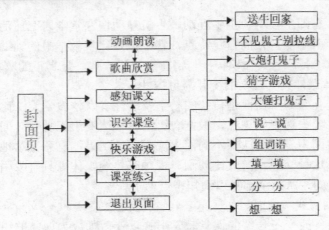

图 7-1   课件框架结构

(五)脚本设计

总体设计思路，课件导航结构采用混合型结构，课件整体构成分为课题页面、动画朗读、歌曲欣赏、感知课文、识字课堂、快乐游戏、课堂练习、退出 8 个模块。各模块之间跳转灵活，以适应不同风格的课堂教学。

1. 课题页面

本课件的封面脚本设计如表 7-1 所示。

表 7-1   封面的脚本设计

名 称	内 容	制作说明
封面	标题 教材说明 总体导航栏(右侧)	以蓝天草地为背景 文本 1：红色狂草字"小英雄王二小" 文本 2：教材版本说明
导航	课件 logo 牛头按钮调出导航栏	牛头按钮绘制，导航按钮公用库

2. 动画朗读

本课件动画朗读页面的脚本设计如表 7-2 所示。

表 7-2   "动画朗读"的脚本设计

名 称	内 容	制作说明
动画 朗读 模块	语文动画朗读 动画播放控制按钮(下侧) 右侧导航按钮	课文朗读动画 (播放、暂停、退出播放)三个动画控制按钮(AS3 代码控制)

名 称	内 容	制作说明
导航	课件 logo 牛头按钮调出导航栏	牛头按钮绘制，导航按钮公用库(AS3 代码控制)
动画元件	背景、角色(王二小、鬼子 1、鬼子 2、八路军、树、山、草、牛、云、等)	Flash 绘制

1) 歌曲欣赏

本课件歌曲欣赏页面的脚本设计如表 7-3 所示。

表 7-3 "歌曲欣赏"的脚本设计

名 称	内 容	制作说明
歌曲欣赏模块	动画 MTV《歌唱二小放牛郎》播放控制按钮	动画 MTV《歌唱二小放牛郎》网上下载。控制按钮公用库(AS3 实现控制)
导航	课件 logo 牛头按钮调出导航栏	牛头按钮绘制，导航按钮公用库(AS3 代码控制)

2) 感知课文模块

本课件感知课文模块的脚本设计如表 7-4 所示。

表 7-4 "感知课文"的脚本设计

名 称	内 容	制作说明
感知课文	通读全按钮、分段读按钮 小英雄王二小全文 右侧导航按钮	文字 按钮
	通读全按钮、分段读按钮 课文朗读元件 右侧导航按钮 下侧播放控制按钮	通读全文，用两种颜色的文标出阅读进度，以指导学生朗读，3 个控制按钮可以控制朗读、暂停、停止(AS3 代码实现)
	通读全按钮、分段读按钮 课文分段朗读元件 右侧导航按钮 各段感读按钮	分段阅读对重点段句进行强化，下面的控制按钮可在各段之间灵活跳转(AS3 代码实现)
导航按钮	课件楼够牛头按钮调出导航栏	牛头按钮绘制，导航按钮公用库(AS3 代码控制)

3) 识字课堂模块

本课件识字课堂模块的脚本设计如表 7-5 所示。

3. 快乐游戏

本课件快乐游戏模块的脚本设计如表 7-6 所示。

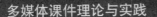

多媒体课件理论与实践

表 7-5 "识字课堂"的脚本设计

名 称	内 容	制作说明
识字课堂	蓝天草地背景 左上：四线格本课 7 个生字 左下：读音、笔顺、组词、偏旁、结构、造句 6 个功能选择按钮 右上：功能选择后读音显示区 右中：功能选择后笔顺显示区 右下：功能选择后(组词、偏旁、结构、造句)显示区	1. 蓝天草地背景 2. 鼠标单击四线格内生字可选不同的字学习 3. 鼠标单击功能选择按钮可以学习每个字的读音、笔顺、组词、偏旁、结构、造句
动画	笔顺动画	
文本	生字、组词、造句等	
声音	生字读音、组词音、造句等	
导航部分	课件 logo 牛头按钮调出导航栏	牛头按钮绘制，导航按钮公用库(AS3 代码控制)

表 7-6 "快乐游戏"的脚本设计

名 称	内 容	制作说明
快乐游戏模块	蓝天草地背景，左上背景音乐播放与停止按钮，主体成品字形以图片形式列出本课件 5 个小游戏，下面是用文字列出的游戏名称，右侧课件总体导航	1. 界面是蓝天草地背景 2. 鼠标单击左上喇叭按钮开启和关闭背景音乐 3. 鼠标单击 5 个游戏截图按钮开启游戏
送牛回家	总体分 3 个页面 蓝天草地背景	
	页面 1： 说明文字 身上带字牛、房子、王二小 开始游戏按钮	1. 文字说明游戏玩法 2. 鼠标单击开始进入游戏
	页面 2(游戏主页面) 身上带字牛、房子	用鼠标拖动牛到可以组成词的房子前，牛不动显示出所组成的词，否则牛回原位
	页面 3(完成页面) 牛都回到自己的房前，二小出来感谢 再玩一次按钮	鼠标单击再玩一次按钮重新游戏

续表

名　称	内　容	制作说明
不见鬼子别拉线	总体分 3 个页面 蓝天、山谷、草地背景	
	页面 1(游戏主画面) 说明文字 开始游戏按钮	说明游戏玩法 鼠标单击开始进入游戏
	页面 2(游戏主页面) 背景、小鬼子、地雷、地雷地点文字、地雷拉线、鸡	当鬼子进入地雷的范围内，鼠标单击拉线按钮地雷炸，如果鬼子走到山谷内就抢走一只鸡
	页面 3(游戏分页面)	对玩者进行打分，鼠标单击再玩一次按钮重新开始
大炮打鬼子	蓝天、草地背景 村庄，鬼子坦克，炮弹、大炮 开始游戏按钮	鼠标单击开始按钮进入游戏，听读音用鼠标拖动炮弹到炮膛中，只要炮弹上的部首和炮膛中的部首组成电脑读的字大炮就会发射，打向鬼子的坦克。它们所组成的字也将在屏上出现
猜字游戏	蓝天、草地背景，游戏说明。开始游戏按钮 左半部猜字板，左下部下一字按钮 右上计分板，右下答案选择区。	鼠标单击开始按钮进入游戏，计时面板开始倒计时，如果计时得 0，游戏者不得分。单击猜字面板中的图案，翻开一个面板露出后面字的一部分，游戏者根据字的特点猜是什么字，翻开的板越少猜对所得的分就越多，如果你把所有的面板都翻开了，猜对了也只能得 1 分，一题完成后单击"下一字"按钮进入下一题
大锤打鬼子	分为 3 个页面	
	页面 1：开始页面 蓝天、草地背景 游戏说明文字 右侧中下部开始按钮 底部是带有生字的大锤	单击"开始"按钮进入游戏
	一个大锤出现在屏幕上随鼠标动，出现鬼子，读生字，鬼子打枪	在下面的生字大锤单击选锤，听读音，看鬼子身上的字，在鬼子头上单击鼠标，大锤就向鬼子头上打去，只有选对了锤鬼子才会死
	蓝天、草地背景 本次游戏得分 再玩一次按钮	鼠标单击再玩一次按钮重新开始游戏
导航部分	课件 logo 牛头按钮调出导航栏	牛头按钮绘制，导航按钮公用库。(AS3 代码控制)

4．课堂练习模块

本课件课堂练习模块的脚本设计如表 7-7 所示。

表 7-7 "课堂练习"的脚本设计

名　称	内　容	制作说明
课堂练习模块	蓝天、草地背景 出题板 各题导航按钮(共 5 题)	各题导航按钮(公用库)(AS3 代码控制导航要灵活)
文本	略	
导航部分	课件 logo 牛头按钮调出导航栏	牛头按钮绘制，导航按钮公用库(AS3 代码控制)

5．退出模块

本课件退出模块的脚本设计如表 7-8 所示。

表 7-8 退出模块的脚本设计

名　称	内　容	制作说明
退出	蓝天、草地背景 课件制作人 程序设计人 设计者的联系方式	用脚本控制设计人员信息显示后自动退出课件

(六)界面设计

本课件的主要界面如图 7-2 所示。

 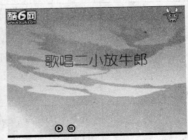 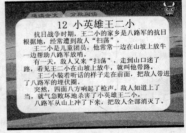

图 7-2 课件主要界面预览

图 7-2 课件主要界面预览(续)

三、案例开发要点

本案例使用的开发工具是 Flash CS4。该课件主要运用 Flash CS4 强大的动画制作功能与 AS3 脚本的交互功能来实现知识呈现方式的改变。多样化的表现方式,让学生感受到知识学习过程中的新奇性,同时,学习游戏的设计更加增添了学习的趣味性,大大激发了学生乐学、爱学的内在动力。下面向大家介绍该多媒体课件的开发过程和主要技术要点。

(一)元件的开发

Flash 元件分为影片剪辑、按钮、图形三种,其中影片剪辑和按钮可以用 AS 代码进行控制,可以监听用户的操作以实现交互。本节将主要介绍这一课件中共用元件的开发。

提示卡

课件设计时为了减少工作量常常多个场景中共用一个元件,这样的共用元件可以在课件设计脚本形成后,最先进行开发,这样用起来会非常方便。

任务一：开发影片剪辑元件

下面以课件导航 logo 影片为例来讲解剪辑元件的绘制过程与方法。

步骤 1 创建影片剪辑。选择"插入"｜"新元件"命令，弹出"创建新元件"对话框，在该对话框的"名称"文本框中输入元件名：小鬼头；在"类型"选项中选择：影片剪辑；在"文件夹"选项中选择文件夹名，单击"确定"按钮完成创建。

下面的步骤 2、步骤 3 将向大家介绍如何绘制影片剪辑元件。

步骤 2 在元件内部第 1 帧插入关键帧，选择工具箱中的椭圆工具，如图 7-3 所示。将椭圆填充颜色设置为橙色(#F86604)，绘制出椭圆形状，作为牛头的面部，并利用鼠标吸附功能改变形状，使绘制的椭圆与牛头的形状更相近，效果如图 7-4 所示。

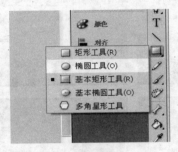

图 7-3　椭圆工具对话框

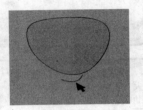

图 7-4　牛头的轮廓

步骤 3 用同样的方面绘出牛头的其他部分，效果参照图 7-5 所示。

图 7-5　logo 图形

步骤 4 动画创建。插入 3 个新的图层，分别命名为文字层、被遮层、遮罩层；在所有图层的第 80 帧处插入帧。然后，在文字层第 20 帧插入关键帧，输入文字"点我开始"，文字颜色为黑色(#000000)，在 65 帧处插入空白关键帧；在被遮层第 35 帧处插入关键帧，把"点我开始"复制到当前位置，将文字颜色改为红色(#FF0000)，并在第 65 帧插入空白关键帧；在遮罩层第 35 帧处插入关键帧，并画出大小能盖上文字的矩形，在第 55 帧处插入关键帧，改变矩形位置盖在文字上，在第 35 帧～第 55 帧之间右击，在弹出的快捷菜单中选择"创建传统补间"命令，再右击遮罩层图标，在弹出的快捷菜单中选择"遮罩层"命令。最后，时间轴如图 7-6 所示。

图 7-6　动画时间轴

　提示卡

　　补间动画可分为传统补间动画、形状补间动画、引导线动画、遮罩动画和 Flash CS4 新增加的补间动画。

任务二：绘制按钮元件

　　按钮元件是 Flash 实现人机交互的主要方式，可以通过给按钮添加侦听器，来响应键盘和鼠标事件，实现人机交互。一个标准的按钮元件内部有 4 帧，分别是弹起、指针经过、按下和点击，如图 7-7 所示。"弹起"帧定义鼠标没接触按钮时的按钮状态；"指针经过"帧定义鼠标移到按钮上时的按钮状态；"按下"帧定义在按钮上单击鼠标左键时的按钮状态。"点击"帧定义按钮响应鼠标的区域。

图 7-7　按钮图层示意图

　　在 Flash 中使用按钮，常用下面的几种方法。

1) 方法一：使用公用库中的按钮

　　Flash 的公用库中提供了一些按钮，可以在课件制作时直接使用。选择"窗口"|"公用库"|"按钮"命令，即可打开按钮库，其中提供了大量的按钮。双击列表中的文件夹图标，选择一种按钮，用鼠标拖动到舞台上即可，如图 7-8 所示。

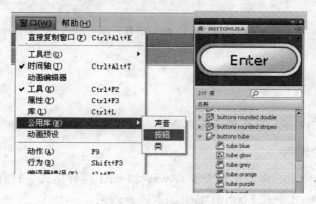

图 7-8　公用库中的按钮

2) 方法二：新建按钮

选择"插入"|"新建元件"命令，弹出的"创建新元件"对话框，在"名称"文本框中输入元件名称；在"类型"选项中选择"按钮"，单击"确定"按钮。在元件的编辑界面，导入或创建作为按钮的对象后，单击时间轴上方的向左箭头，退出按钮编辑界面。课件中想使用该按钮时，从库中将它拖到舞台上即可，如图 7-9 所示。

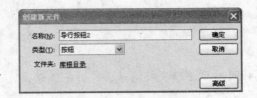

图 7-9　创建按钮

3) 方法三：将对象转换为按钮

选择舞台上的对象，选择"修改"|"转换为元件"命令，在"转换为元件"对话框中输入按钮的元件名称，将类型设为"按钮"，单击"确定"按钮。绘制影片剪辑、按钮、图形等元件备用，如图 7-10 所示。

图 7-10　绘制所有元件

提示卡

按钮的不同帧可以加入影片剪辑或声音等，以实现一些效果。

任务三：音频的运用

在 Flash 中最常使用的声音文件类型有 wav 和 mp3 两种格式。只有将外部的声音文件导入到 Flash 中以后，才能在 Flash 作品中加入声音效果。

步骤 1　导入声音。选择"文件"|"导入"|"导入到库"命令，弹出"导入到库"对

话框，找到要导入的声音文件，单击"打开"按钮，将其导入到库中，如图 7-11 所示。

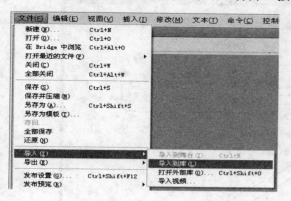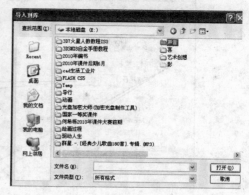

图 7-11 导入声音对话框

步骤 2 引用声音。导入声音后，必须把声音文件放到时间轴上才能使用，选择时间轴上要加入声音的关键帧，打开属性面板，在声音名称中选择想要的声音，时间轴上就出现了波形。根据需要还可以对声音进行简单的编辑，如图 7-12 所示。

图 7-12 音频导入时间轴

在 Flash 中使用声音后也可以选择一个关键帧，把要用的声音直接拖放到舞台也可达到同样的效果。

任务四：视频的导入

Flash 中最常用的视频格式是 FLV 格式，外部的视频只有导入到 Flash 中后，才能在 Flash 中进行运用。

导入视频。选择"文件"|"导入"|"导入视频"命令，弹出"导入视频"对话框，选择要导入的视频，单击"下一步"按钮即可，如图 7-13 所示。

(二)建立场景

分场景主要是把不同的画面与内容分开管理，这样可避免时间轴过长和图层过多，使 AS 代码控制更加方便等。本实例中共 8 个主场景，12 个分场景，下面将结合实例逐一介绍。

任务一：建立场景

步骤 1 建立场景。建立场景的方法有以下两种。

方法一：选择"插入"|"场景"命令，如图 7-14 所示。

方法二：选择"窗口"|"其他面板"|"场景"命令，打开"场景"面板，如图 7-14 所示。

多媒体课件理论与实践

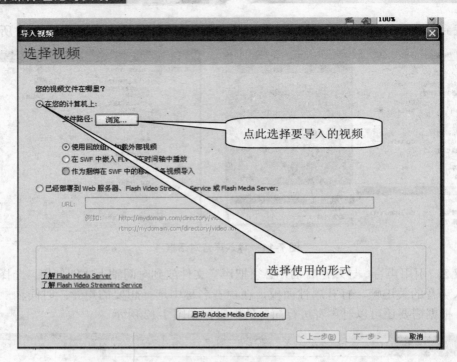

图 7-13　引用视频

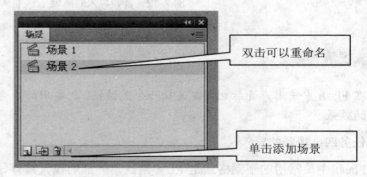

图 7-14　建立场景

提示卡

　　用场景面板管理将会更加轻松，可以随意更改场景的排列顺序(课件的播放顺序)，为场景重新命名，名字和场景的内容最好能够一一对应以方便在课件场景多时进行查找。用 AS3 代码控制课件更为方便，可让其他使用者一目了然。

　　步骤 2　插入本课件所需的 20 个场景，并将各个场景重命名，如图 7-15 所示。

图 7-15　课件场景

任务二：建立场景间导航

步骤 1　在场景面板中选中相应的场景，例如，"首页"场景，则当前舞台上所显示的就是"首页"场景中的内容。

步骤 2　从库中把需要的所有导航用的元件拖放到舞台上，并排好位置。

步骤 3　选中每个元件，打开属性面板给每个元件命名相对应的实例名称，注意一定不要出现重名，如图 7-16 所示。

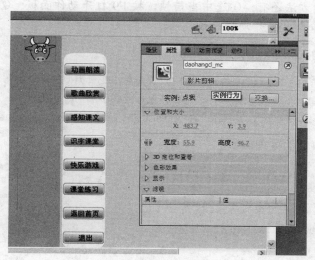

图 7-16　导航栏元件与实例名称

 **提示卡**

元件就好像是演员，而实例名称就像是演员所演的角色，在 Flash 中这个演员的演技特别好，可以一下演好很多的角色。

任务三：添加代码实现场景间的跳转

本导航为使用方便，在所有场景都可以实现自由跳转，同时，为了不影响整体画面的艺术感，在不使用时将其属性设为隐藏，单击课件右上角牛头 logo 图标时导航出现。

步骤 1　用变量 daohangb7 的值来判断导航是隐藏的还是显示的，初始状态是隐藏，变量 daohangb7 的值为"1"代表隐藏，显示时变量 daohangb7 的值为"2"代表显示。

步骤 2　用 daohangcl_mc.buttonMode=true;使鼠标指向牛头时变成手形。

步骤 3　在为牛头影片剪辑上添加事件侦听器与处量函数，当鼠标单击时，用 if 语句来判断变量 daohangb7 的值是否等于"1"，如果它的值是"1"也就是导航按钮不在舞台上，那么执行动作使它们出现在舞台上并改变变量 daohangb7 的值，使其等于 2，如果 daohangb7 的值等于 2，也就是说导航按钮在舞台上，那么单击后导航按钮从舞台上消失，并且变量 daohangb7 的值等于 1。分别为每个导航按钮添加事件侦听器，并声明相对应的事件处理函数，使它们响应鼠标事件，当鼠标单击利用 gotoAndStop 语句使影片跳转到相应的场景。

步骤 4　录入代码。在这个场景中新建一个图层，命名为 AS3.0(图层名可以任意命名，但为了便于管理，图层名字最好要与它的作用一一对应)，位于所有层的上面，右击图层第 1 帧，在弹出的快捷菜单中选择"动作"命令，打开动作面板。

打开动作面板的方法还有：①选中当前帧，按 F9 打开动作面板；②选中当前帧，选择"窗口"|"动作"命令，打开动作面板。

在动作面板中输入如下代码。

```
var daohangb7: Number=1              //设置变量，变量类型也可以是布尔型
daohangcl_mc.buttonMode=true;        //使鼠标变成手形
daohangcl_mc.addEventListener(MouseEvent.CLICK,aohaongchs7);//事件侦听器
```

下面是相对应事件的处理函数。

```
function aohaongchs7(MouseEvent) {
    if (daohangb7==1) {
        daohangbenjing_mc.x=467;
        donghuan_mc.x=505;
        gequ_mc.x=505;
        kewen_mc.x=505;
        sizhi_mc.x=505;
        youxi_mc.x=505;
        lianxi_mc.x=505;
        fanhui_mc.x=505;
        tuicu_mc.x=505;
        daohangb7=2;
    } else {

        daohangbenjing_mc.x=550;
        donghuan_mc.x=592;
        gequ_mc.x=592;
```

```
        kewen_mc.x=592;
        sizhi_mc.x=592;
        youxi_mc.x=592;
        lianxi_mc.x=592;
        fanhui_mc.x=592;
        tuicu_mc.x=592;
        daohangb7=1;
    }
}
donghuan_mc.addEventListener(MouseEvent.CLICK,donghuahansu7)
function donghuahansu7 (MouseEvent) {
    this.gotoAndStop(1,"动画")
}
gequ_mc.addEventListener(MouseEvent.CLICK,gequhangsu7)
function gequhangsu7 (MouseEvent) {
    this.gotoAndStop(1,"歌曲")
}
kewen_mc.addEventListener(MouseEvent.CLICK,kewenhangsu7)
function kewenhangsu7 (MouseEvent) {
    this.gotoAndStop(1,"阅读")
}
sizhi_mc.addEventListener(MouseEvent.CLICK,sizhihangsu7)
function sizhihangsu7 (MouseEvent) {
    this.gotoAndStop(1,"识字")
}
youxi_mc.addEventListener(MouseEvent.CLICK,youxihangsu7)
function youxihangsu7 (MouseEvent) {
    this.gotoAndStop(1,"游戏")
}
lianxi_mc.addEventListener(MouseEvent.CLICK,lianxihangsu7)
function lianxihangsu7 (MouseEvent) {
    this.gotoAndStop(1,"作业")
}

fanhui_mc.addEventListener(MouseEvent.CLICK,fanhuihangsu7)
function fanhuihangsu7 (MouseEvent) {
    this.gotoAndStop(1,"首页")
}
tuicu_mc.addEventListener(MouseEvent.CLICK,tuicuhangsu7)
function tuicuhangsu7 (MouseEvent) {
    this.gotoAndPlay (1,"退出")
}
```

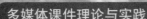

步骤5 选择进入其他场景。重复第3步的操作。注意：实例名、函数名、变量名最好不要相同，可以根据自己的使用习惯命名。

步骤6 建立分场景间的导航。用 addEventListener 为相应的实例添加事件侦听器，并声明相应的事件处理函数，利用 gotoAndStop 语句让影片跳转到相应的场景。如"识字课堂"的脚本代码如下。

```
stop();
mie_mc.addEventListener(MouseEvent.CLICK,meitiao);
function meitiao(MouseEvent) {
    gotoAndStop(1,"xiezi2");
}
mian_mc.addEventListener(MouseEvent.CLICK,miantiao);
function miantiao(MouseEvent) {
    gotoAndStop(1,"xiezi3");
}
ting_mc.addEventListener(MouseEvent.CLICK,tingtiao);
function tingtiao(MouseEvent) {
    gotoAndStop(1,"xiezi4");
}
jiu_mc.addEventListener(MouseEvent.CLICK,jiutiao);
function jiutiao(MouseEvent) {
    gotoAndStop(1,"xiezi5");
}
yuan_mc.addEventListener(MouseEvent.CLICK,yuantiao);
function yuantiao(MouseEvent) {
    gotoAndStop(1,"xiezi6");
}
sen_mc.addEventListener(MouseEvent.CLICK,sentiao);
function sentiao(MouseEvent) {
    gotoAndStop(1,"xiezi7");
}
bian_mc.addEventListener(MouseEvent.CLICK,biantiao);
function biantiao(MouseEvent) {
    gotoAndStop(1,"xiezi8");
}
```

快乐游戏分场景导航代码如下。

```
songnuiann_mc.addEventListener(MouseEvent.CLICK,songnuicjhs1);
dileiza_mc.addEventListener(MouseEvent.CLICK,dileicjhs1);
paodaan_mc.addEventListener(MouseEvent.CLICK,paodacjhs1);
caiziann_mc.addEventListener(MouseEvent.CLICK,caizicjhs1);
cuiguizian_mc.addEventListener(MouseEvent.CLICK,cuiguicjhs1);
```

```
function songnuicjhs1(MouseEvent) {
    this.gotoAndStop(1,"送牛")
}
function dileicjhs1(MouseEvent) {
    this.gotoAndStop(1,"地雷")
}
function paodacjhs1(MouseEvent) {
    this.gotoAndPlay (1,"大炮")
}
function caizicjhs1(MouseEvent) {
    this.gotoAndStop(1,"猜字")
}
function cuiguicjhs1(MouseEvent) {
    this.gotoAndStop(1,"大锤")
}
```

(三)布置场景

需要对各场景的背景进行布置，以做到整个课件风格的统一。首页场景、动画场景、歌曲场景、阅读场景内容以动画为主，因其结构简单不作为本节的重点，这里不做细致讲解。下面以"识字课堂"模块为例，讲解完整的设计与制作的过程。

"识字课堂"这一模块以知识讲解为主，主要布局结构是：左上四线格内列出本课生字，上面添加隐藏按钮，按下相应的按钮就会跳转到该字的教学页面，左下为：读音、笔顺、组词、偏旁、结构、造句 6 个按钮，分别用来启动相应的学习内容，例如，当学生单击"面"字，右边大四线格内就会出现"面"字，单击"笔顺"按钮立即响应，播放笔顺动画并伴读。

下面介绍"识字课堂"模块的制作技术要点。

步骤 1 绘制各种元件。这些元件包括生字读音元件、书写笔顺元件、组词元件、偏旁元件、结构元件、造句元件。元件的绘制方法请参考本章三(一)中元件的开发部分。本操作完成后的界面如图 7-17 所示。

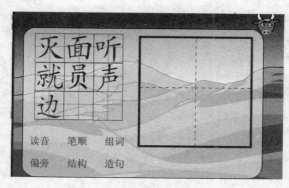

图 7-17 "识字课堂"元件

步骤2 添加代码。在时间轴上插入一个新的图层并重新命名 AS 层，选中第 1 帧，右击选择动作，打开"动作"面板，输入如下代码。

```
du1_btn.addEventListener(MouseEvent.CLICK,duyin1);
function duyin1(duyincs1:MouseEvent) {
    duyin1_mc.play();
    bisun1_mc.gotoAndStop(1);
    zuci1_mc.gotoAndStop(1);
    pianpang1_mc.gotoAndStop(1);
    jiegou1_mc.gotoAndStop(1);
    zaoju1_mc.gotoAndStop(1);
}
bisun1_btn.addEventListener(MouseEvent.CLICK,bis1);
function bis1(bisuncs1:MouseEvent) {
    bisun1_mc.play();
    duyin1_mc.gotoAndStop(1);
    zuci1_mc.gotoAndStop(1);
    pianpang1_mc.gotoAndStop(1);
    jiegou1_mc.gotoAndStop(1);
    zaoju1_mc.gotoAndStop(1);
}
zuci1_btn.addEventListener(MouseEvent.CLICK,zuci1);
function zuci1(zuxics1:MouseEvent) {
    zuci1_mc.play();
    bisun1_mc.gotoAndStop(1);
    duyin1_mc.gotoAndStop(1);
    pianpang1_mc.gotoAndStop(1);
    jiegou1_mc.gotoAndStop(1);
    zaoju1_mc.gotoAndStop(1);
}
pianpang1_btn.addEventListener(MouseEvent.CLICK,pianpang1);
function pianpang1(pianpangcs1:MouseEvent) {
    pianpang1_mc.play();
    zuci1_mc.gotoAndStop(1);
    bisun1_mc.gotoAndStop(1);
    duyin1_mc.gotoAndStop(1);
    jiegou1_mc.gotoAndStop(1);
    zaoju1_mc.gotoAndStop(1);
}
jiegou1_btn.addEventListener(MouseEvent.CLICK,jiegou1);
function jiegou1(jiegoucs1:MouseEvent) {
```

```
    jiegou1_mc.play();
    pianpang1_mc.gotoAndStop(1);
    zuci1_mc.gotoAndStop(1);
    bisun1_mc.gotoAndStop(1);
    duyin1_mc.gotoAndStop(1);
    zaoju1_mc.gotoAndStop(1);
}
zaoju1_btn.addEventListener(MouseEvent.CLICK,zaoju1);
function zaoju1(zaojucs1:MouseEvent) {
    zaoju1_mc.play();
    jiegou1_mc.gotoAndStop(1);
    pianpang1_mc.gotoAndStop(1);
    zuci1_mc.gotoAndStop(1);
    bisun1_mc.gotoAndStop(1);
    duyin1_mc.gotoAndStop(1);
}
```

提示卡

　　上述代码的程序设计思路是：在各元件内部加入 stop()语句使其停止，把它们摆放到舞台的相应位置，然后为舞台在相关的元件上用 addEventListener 语句添加事件侦听器并声明事件处理函数，让影片响应对应的事件，在处理函数内写入影片剪辑控制语句 stop()与 play()语句。

(四)游戏设计开发

任务一："送牛回家"游戏设计与开发要点

　　"送牛回家"游戏内容是形近字组词训练，共分 3 帧完成，第 1 帧为游戏说明页，第 2 帧为游戏页面，第 3 帧是游戏结束页面。此游戏是对学生生字组成能力进行训练，牛身上有字，下面的小房子上面有字，开始游戏，用鼠标拖动牛到与它身上的字组成词语的房子前松开鼠标，牛会停到房子旁边，并在房子前面出现组成的词语，否则牛会回到原位。

　　步骤 1　绘制本游戏元件：标字的牛、标字的房子。房子共两帧，第 1 帧内是一个字，第 2 帧上面出现词语。绘制方法参考本章三(一)元件的开发。

　　步骤 2　程序设计。在房子元件内部加入 stop()语句使其停止，把它们摆放到舞台的相应位置，为各元件赋予相应的实例名称。然后为相关的元件用 addEventListener 语句添加事件侦听器并声明相对应的事件处理函数，让影片响应对应的事件，再用 stopDrag 与 stopDrag 语句实现拖动，用 hitTestObject 语句实现回答正确后的响应。

　　步骤 3　添加代码。具体代码可参见书后附录 7-1。

提示卡

本游戏适合低年级进行识字教学(例如，小学英语的单词记忆训练、小学数学计算题等题形)，使用者可以对元件上的图案和文字进行修改。例如，把牛身上换成英语单词，把房子上换成汉字。

任务二："不见鬼子别拉线"游戏设计与开发要点

本游戏内容是生字组词训练，共分9帧完成，第1帧为游戏说明页，第2帧~8帧为游戏页面，第9帧是游戏结束页面。其中地雷和拉线各用一个图层，7个地雷与7个拉线元件放在一层内。"日军"独自占用一个图层，AS3代码占一个图层，第2帧~第8帧每帧一个"日军"元件，游戏开始，"日军"从山谷尽头走来，有字的树丛处理有地雷，只有单击了和树丛中字组成词的按钮地雷才会响，鬼子只有在地雷的有效杀伤范围内才会被炸死，如果鬼子走到山谷里面还没有炸死鬼子，屏幕下方的鸡就会少一只。最后一页是对你的成绩进行评估。

步骤1 绘制本游戏元件。地雷元件：地雷是一个影片剪辑元件，首先插入新元件，类型为影片完成剪辑，双击进入元件内部，新建两个图层，分别为声音图层和动画图层，在图层的第1帧中插入关键帧，选中声音层第1帧添加代码"stop();"在动画第1帧插入一个透明按钮元件，在两层第2帧插入关键帧，声音层加入爆炸声音，动画层绘制爆炸动画，如图7-18所示。

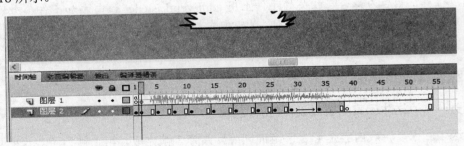

图7-18 地雷元件时间轴

拉线元件：拉线元件为影片剪辑元件，共分两帧，5个图层，其中代码层两帧添加代码"stop();"为了区分这个拉线的地雷是否已炸，第1帧字为红色，第2帧字为黑色，如图7-19所示。

鬼子元件：鬼子元件是一个影片剪辑嵌套，鬼子元件内分为两个图层，第一个图层命名为"路径层"，是鬼子行走的路径，用铅笔工具绘制；第二个图层命名为"鬼子层"，把事先完成的小鬼子元件拖放到路径的上端，在两个图层时间轴的495帧处插入帧，把第二个图层的495帧转换为关键帧，把小鬼子放到路径的下端，右击"鬼子层"第2帧与第495帧之间任意1帧，创建传统补间动画。右击"路径层"，在弹出的快捷菜单中选择"引导层"命令，鬼子元件创建完成，如图7-20所示。

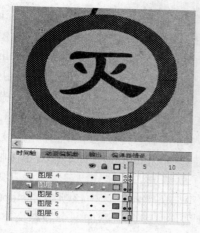

图 7-19　拉线元件

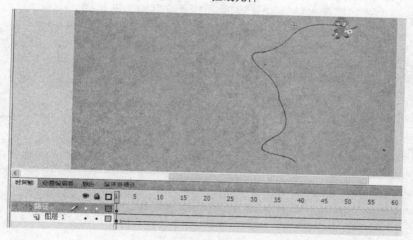

图 7-20　鬼子元件中的引导线

步骤 2　添加控制语句。在地雷元件内第 1 帧添加 stop() 语句；在拉线元件所有帧都添加 stop() 语句；在鬼子元件最后 1 帧添加 stop() 语句。

步骤 3　控制主时间轴。返回主时间轴，在代码层第 1 帧添加 stop() 语句，使影片停留在第 1 帧。为开始游戏按钮赋予实例名称，用 addEventListener 语句为该实例添加事件侦听器并声明相对应的事件处理函数，当用户单击了该按钮时，主时间轴将跳转到第 2 帧。代码层第 1 帧的代码如下。

```
stop();
kaishilx_mc.addEventListener(MouseEvent.CLICK,kaisilaxhs1);
function kaisilaxhs1(MouseEvent) {
    play();
}
```

步骤 4　设置响应事件。在代码层第 2 帧插入空白关键帧，选中该帧并添加 stop() 语句。为几个拉线元件赋予实例名称：mielaxian_mc、cenglaxian_mc、tuanlaxian_mc、jianlaxian_mc、 qianlaxian_mc、shentlaxian_mc、yinlaxian_mc。为地雷分别赋予实例名称：leixiao_mc、leijiu_mc、leiyuan_mc、leiting_mc、leimian_mc、leibian_mc、leiseng_mc。为鬼子赋予实例名称：toujiguizi1_mc。声明两个判分变量 var guizigs:Number=0 、var jijigs:Number=0，为拉线实例添加事件侦听器并声明相对应的事件处理函数，在事件处理函数内用 if () {   } 语句和影片的 currentFrame 属性来判断地雷是否爆炸。为舞台添加事件侦听器并声明相对应的事件处理函数，在事件处理函数内用 if () {   }；hitTestObject(碰撞)函数 ；currentFrame(帧编号)属性；逻辑运算符&&来判断鬼子是否被地雷炸到，也就是鬼子碰撞到地雷并且地雷的帧编号不等于"1"时鬼子就被炸到，toujiguizi1_mc 返回第 1 帧，并改变两个判分变量的值。如果帧编号等于"499"鬼子就消失。具体代码参见附录 7-2。

步骤 5　游戏反馈。在代码层第 9 帧插入空白关键帧，选中该帧添加 stop()语句，新建一图层命名为判分层，在第 9 帧插入空白关键帧，在舞台上添加一个静态文本并输入文字，在得分处留出空间，添加动态文本并赋予相对的实例名称：jijisu_txt、jijisu_txt、bilaxiaidf_txt、guzishu_txt。选中代码层关键帧，打开"动作"面板添加如下代码。

```
stop();
guzishu_txt.text=""+guizigs;
jijisu_txt.text=""+jijigs;
var zengfensu:int=guizigs*14.29;
bilaxiaidf_txt.text=""+zengfensu;
bjgzilx_mc.addEventListener(MouseEvent.CLICK,cwlxhs1);
function cwlxhs1(MouseEvent) {
    gotoAndStop(1);
    jiji1_mc.gotoAndStop(1);
    jiji2_mc.gotoAndStop(1);
    jiji3_mc.gotoAndStop(1);
    jiji4_mc.gotoAndStop(1);
    jiji5_mc.gotoAndStop(1);
    jiji6_mc.gotoAndStop(1);
    jiji7_mc.gotoAndStop(1);
}
```

任务三："大炮打鬼子"游戏设计与开发要点

本游戏的目的是指导学生用多种方法学习生字，这也是对形声字知识的一个渗透。山坡上有一门大炮，鬼子的坦克出现向村子开炮，左面是带有汉字偏旁的炮弹，大炮的炮膛中出现汉字部首，看准炮膛内的部首，只有拖动相应的带有偏旁的炮弹，与炮膛内的部首组成本课所学生字，大炮才能发射，并炸掉鬼子的坦克，对应屏幕的空白处会出现它们组成的文字。否则炮弹回到原地，鬼子的坦克继续向村子开炮。

步骤 1　绘制本游戏元件。坦克元件：坦克元件是一个影片剪辑，共包括 AS、声音、动画 1、动画 2、位图等 5 个图层。在位图层的第 1 帧是一个鬼子坦克的位图图片(也可以自行绘制)，在其他图层第 1 帧插入空白关键帧，在声音图层的第 2 帧插入空白关键帧，并插入爆炸声音，动画 1、动画 2 图层的第 2 帧、5 帧、12 帧、15 帧、19 帧、23 帧、26 帧、29 帧、34 帧，插入关键帧并绘制爆炸动画，时间轴如图 7-21 所示。

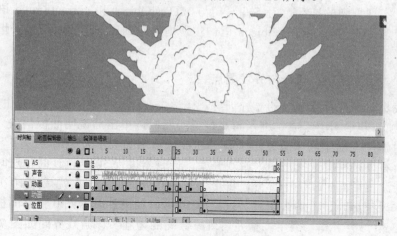

图 7-21　爆炸元件时间轴

炮弹元件：炮弹元件是一个补间动画，如图 7-22 所示。

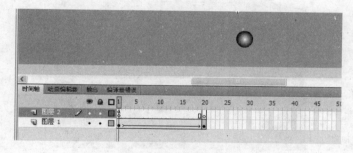

图 7-22　炮弹元件的绘制

爆炸元件：请参考坦克元件的爆炸部分。

生字元件：分两个图层，代码层和元件层，每层两帧。在代码层两帧分别添加代码 stop();在元件层第 1 帧插入一个透明按钮(编辑时在舞台上可以显示出来而动画运行时不显示)，第 2 帧是生字，如图 7-23 所示。

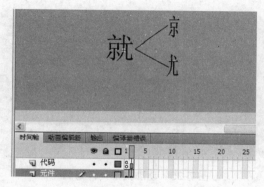

图 7-23　生字元件

多媒体课件理论与实践

参照上述 3 个元件的绘制方法,绘制其他元件。

步骤 2 设计程序。给舞台上的各元件赋予相对应的实例名称(略);用 stopDrag 和 startDrag 语句实现炮弹的拖动,用条件语句与 hitTestObject 和 currentFrame 语句结合实现炮弹发射。用条件语句与 hitTestObject 语句实现炮弹碰到鬼子坦克时把鬼子坦克炸掉。具体代码参见书后附录 7-3。

任务四:"猜字游戏"设计与开发要点

猜字游戏是对学生有意记忆的一种训练,让学生在不知不觉的游戏中对生字进行记忆。本游戏由 13 帧和若干图层组成。进入游戏是说明面板,单击后说明面板消失。开始游戏,左上角是计时器,左面中间部分是一个猜字面板,猜字面板下方是"下一字"按钮,右上是得分面板,右下是答案选择按钮。游戏开始,计时器进行 50 秒倒计时,这时点猜字面板上的水果就会漏出后面生字的一部分,每个字是 100 分,每点一次就减掉 10 分,如果猜字面板的 9 个水果都翻开了,那么猜对了只能得 10 分。如果计时器归 0 猜字面板全部翻开玩家得 0 分,13 个一类字和二类字,猜完后玩家分高的为胜。该游戏界面如图 7-24 所示。

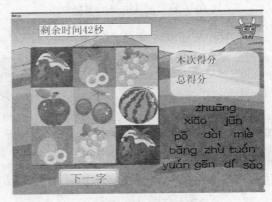

图 7-24　猜字游戏界面

步骤 1 本游戏中用到的元件有动态文本元件、影片剪辑元件、按钮元件,下面重点讲解动态文本元件和猜字面板中的水果元件。

动态文本元件:选择文本工具,在舞台上绘制文本框,打开属性面板选择动态文本,如图 7-25 所示。

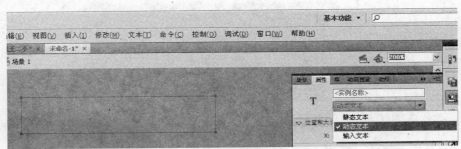

图 7-25　动态文本元件绘制

水果元件：水果元件共分两帧，第 1 帧为水果图案，添加代码"stop();"第 2 帧为空白关键帧。

步骤 2　程序设计。首先为各实例及动态文本命名，声明记录总分的变量 zhongfens、倒计时变量 sijian1、各自得分变量，为舞台添加事件侦听器并声明相对应的事件处理函数，已实现倒计时是 0 时的处理。再用 TimerEvent.TIMER 类来控制并显示倒计时，当倒计时变量 sijian1==0 时猜字面板水果翻转。为各猜字水果实例添加事件侦听器并声明相对应的事件处理函数，用 gotoAndStop 语句、if () {}语句、currentFrame 语句来控制并改变变量的值。程序设计的具体代码参见附录 7-4。

任务五："大锤打鬼子"游戏设计与开发要点

本游戏包括 9 帧，图层若干，其中代码层为独立的一个图层，其他图层的多少可根据个人习惯来设。第 1 帧为说明页面，内容包括游戏背景、说明文字、一个开始游戏按钮。第 2 帧~第 8 帧为游戏部分，主场景底部是带有本课生字的 7 个大锤，草地中间部分是隐藏的鬼子元件。第 9 帧是评分部分，内容包括判分动态文本、再玩一次按钮。该游戏界面如图 7-26 所示。

图 7-26　大锤打鬼子场景

步骤 1　绘制大锤元件。大锤元件是两个影片剪辑的嵌套，嵌套层次如图 7-27 所示。首先选择"插入"|"元件"命令，在弹出对话框的名称文本框中输入"动锤"，在"类型"选项中选择"影片剪辑"，进入编辑状态，选择工具箱中的工具绘制大锤，在刚刚绘制的大锤右击，通过右键将其菜单转换为元件，在弹出的对话框的"类型"选项卡中选择影片剪辑，并命名为"锤子"。

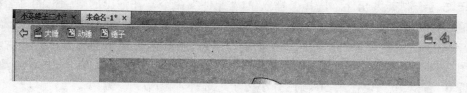

图 7-27　大锤元件嵌套

步骤 2　录入生字。双击进入大锤编辑状态，再新增两个图层，一个为代码层一个为文字层，在代码层输入"stop();"文字层分别在第 2 帧~第 8 帧输入本课生字，如图 7-28 所示。

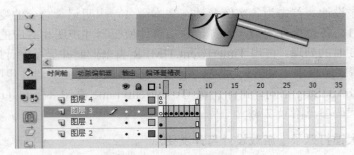

图 7-28　锤子内部的生字

步骤 3　动锤动画。返回动锤编辑状态，在第 5 帧和第 8 帧插入关键帧，并创建补间动画，如图 7-29 所示。

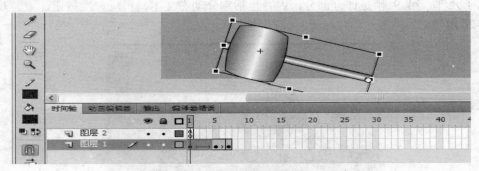

图 7-29　动锤的补间动画

步骤 4　绘制打枪鬼子元件。打枪鬼子元件也是一个影片剪辑嵌套，外层为"灭鬼"影片剪辑，在其内部第 50 帧添加了鬼打枪影片剪辑。嵌套形式如图 7-30 所示。

图 7-30　打枪鬼子内部嵌套

步骤 5　绘制灭鬼元件。选择"插入"|"元件"命令，在弹出的对话框的"名称"文本框中输入"灭鬼"，在"类型"选择卡中选择"影片剪辑"，从库中调入小鬼子元件，生字读音 MP3 和鬼叫声 MP3，创建补间动画，在第 24 帧和第 75 帧插入代码，实现动画循环，如图 7-31 所示。

步骤 6　插入枪声。在第 50 帧选择小鬼子，选择"修改"|"分离"与"修改"|"转换为元件"的命令，在弹出的"转换为元件"对话框的"名称"文本框内输入"鬼打枪"，在"类型"选项中选择"影片剪辑"，双击进入"鬼打枪"编辑状态。插入枪声 MP3，并

创建补间动画，如图 7-32 所示。

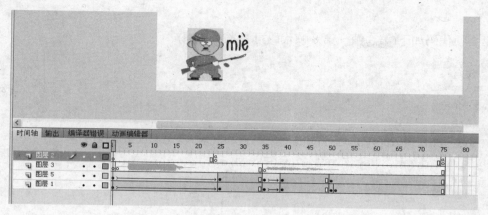

图 7-31 打枪鬼子时间轴

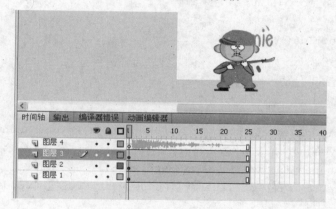

图 7-32 插入枪声

本游戏还有开始按钮、再玩一次按钮、换锤子按钮等其他元件，因动作简单，这里不做具体介绍，可参照前面按钮元件的绘制方法。

步骤 7 得分程序设计。为开始按钮添加事件侦听器并声明相对应的事件处理函数，在事件处理函数体内用 gotoAndStop(2) 语句控制游戏的开始。进入游戏页面后首先使用 daguic_mc.x=mouseX;daguic_mc.y=mouseY;语句，Mouse.show() 属性让鼠标变成大锤，更换锤上的文字是通过用影片碰撞函数和 goto 语句来实现的，打鬼子是用碰撞函数 hitTestObject 和 currentFrame 来实现的，并用变量和 currentFrame 函数来实现为变量赋值，从而实现得分。

第 1 帧代码如下。

```
stop();
var panfen:Number=100;
var tiaozuan:Number=0;
var jianfen:Number=0;
kaishidscui_mc.addEventListener(MouseEvent.CLICK,kasidacuihs);
function kasidacuihs(MouseEvent) {
```

```
        play();
}
```

第2帧代码如下(第3帧~第8帧代码可参考第2帧)。

```
stop();
panfen=100;
tiaozuan=0;
jianfen=0;
stage.addEventListener(MouseEvent.MOUSE_MOVE,dacuizouhs);
function dacuizouhs(Event:MouseEvent) {
    if (daguic_mc.hitTestObject(daohangcl_mc)) {
        Mouse.show();
        daguic_mc.x=-100;
        daguic_mc.y=-100;
    } else {
        Mouse.hide();
        daguic_mc.x=mouseX;
        daguic_mc.y=mouseY;
    }
}
daohangcl_mc.addEventListener(MouseEvent.CLICK,keyonghanshu1)
function  keyonghanshu1(MouseEvent) {
    if(daohangbenjing_mc.x==467&&Mouse.x>467){
        stage.removeEventListener((MouseEvent.MOUSE_MOVE,dacuizouhs);
    }
}*/
miecui_mc.addEventListener(MouseEvent.CLICK,cuibianmeihs);
function cuibianmeihs(EVENT:MouseEvent) {
    this.daguic_mc.youzic_mc.gotoAndStop(2);
}
miancui_mc.addEventListener(MouseEvent.CLICK,cuibianmianhs);
function cuibianmianhs(EVENT:MouseEvent) {
    this.daguic_mc.youzic_mc.gotoAndStop(3);
}
jiucui_mc.addEventListener(MouseEvent.CLICK,cuibianjiuhs);
function cuibianjiuhs(EVENT:MouseEvent) {
    this.daguic_mc.youzic_mc.gotoAndStop(5);
}
biancui_mc.addEventListener(MouseEvent.CLICK,cuibianbianhs);
function cuibianbianhs(EVENT:MouseEvent) {
    this.daguic_mc.youzic_mc.gotoAndStop(8);
}
```

```
yuancui_mc.addEventListener(MouseEvent.CLICK,cuibianyuanhs);
function cuibianyuanhs(EVENT:MouseEvent) {
    this.daguic_mc.youzic_mc.gotoAndStop(6);
}
tingcui_mc.addEventListener(MouseEvent.CLICK,cuibiantinghs);
function cuibiantinghs(EVENT:MouseEvent) {
    this.daguic_mc.youzic_mc.gotoAndStop(4);
}
shengcui_mc.addEventListener(MouseEvent.CLICK,cuibianshenghs);
function cuibianshenghs(EVENT:MouseEvent) {
    this.daguic_mc.youzic_mc.gotoAndStop(7);
}
stage.addEventListener(MouseEvent.CLICK,cuidonghs);
function cuidonghs(Event) {
    this.daguic_mc.gotoAndPlay(2);
}
guimiezi_mc.addEventListener(MouseEvent.CLICK,guizimiehs);
function guizimiehs(Event) {
    if (this.daguic_mc.youzic_mc.currentFrame==2) {
        this.guimiezi_mc.gotoAndPlay(30);
    }
}
guimiezi_mc.addEventListener(Event.ENTER_FRAME,xiyigeguizhs1);
function xiyigeguizhs1(event) {
    if (guimiezi_mc.currentFrame==47) {
        //panfen=panfen+1;
        trace(panfen);
        tiaozuan=2;
        this.play();


guimiezi_mc.removeEventListener(Event.ENTER_FRAME,xiyigeguizhs1);
    } else if (guimiezi_mc.currentFrame==51) {

        jianfen=jianfen-0.5;
        trace(jianfen);
    }
}
```

第 9 帧代码：

```
stop();
var zhoudefen:Number=100+jianfen;
defen_txt.text="消灭全部鬼子得100分,如果你的动作慢了,鬼子打一枪你就要减0.5分,你共
得"+zhoudefen+"分";
```

```
stage.removeEventListener(MouseEvent.MOUSE_MOVE,dacuizouhs);
Mouse.show();
daguic_mc.x=-100;
zhaiwai_mc.addEventListener(MouseEvent.CLICK,fanhuiyihs);
function fanhuiyihs(MouseEvent) {
    gotoAndPlay(2);
}
```

(五)发布影片

课件制作完成后必须要发布才能脱离制作工具而在计算机上播放。教学中常用的 Flash 动画格式有 exe 或 swf 等，其中 exe 格式通用性最强，即使在没安装 Flash 播放器的计算机上也可以正常使用。

下面介绍如何发布制作完的 Flash 动画。执行"文件"|"发布设置"命令，弹出"发布设置"对话框，在"类型"列表中选择要发布的文件类型。单击"发布"按钮则可将课件发布到与课件源文件相同的路径下，如图 7-33 所示。

图 7-33　发布影片

 活动建议

为一个课件制作一个游戏型的练习，在制作过程中，反思总结存在的问题，把教材中没有出现的差距题及解决办法写在下面的横线上。

_____

_____

_____。

第三节　游戏型多媒体课件的教学应用

本节导读

　　本节主要向大家介绍游戏型多媒体课件在教学中的应用。通过学习，大家应了解到游戏型多媒体课件的适用环境、适用学科以及适用的教学活动。

一、教学应用环境

　　游戏型多媒体课件是一种与学生互动的课件，课堂上学生在人机互动中实现知识点的学习，其上课环境首选当是网络教室；其次是电子白板，电子白板可以让学生直接参与课件中的游戏；最后是多媒体教室。多媒体教室可让学生到讲台上参与，而其他学生的感受不如电子白板。游戏型多媒体课件大部分是用 Flash 软件制作，Flash 课件的特点是体积小，对硬件要求不是很高，现在一般的计算机上都能运行，Flash 完成后通常发布成 EXE 文件，所以对软件没有什么要求，计算机上只要装有操作系统的都能运行。

　　游戏型多媒体课件是通过学生与计算机互动参与教学活动的，因此游戏型多媒体课件最好是每个学生一台计算机，或是两个学生一台计算机；网络环境，更突出学生互动，但如果没有网络条件也可以在电子白板室和多媒体教室中上，由学生到讲台上和教师共同参与完成教学任务。游戏型多媒体课件与演示型多媒体课件的最大区别就是互动，所以不论在哪种教学环境中组织教学，互动参与是教师第一个要考虑的问题。

二、教学应用过程

(一)课件应用举例

　　一个好的游戏型多媒体课件除了具备所有课件的共同性质外，其最大的特点是交互性强，可组织性强，它不是为哪位教师而设计的，而是针对一课而设计制作的一个教育教学的平台，教师可以根据自己的课堂教学需要自由地安排教学过程。《小英雄王二小》一课的教学课件应用过程如表 7-9 所示。

表 7-9　《小英雄王二小》课件应用计划表

《小英雄王二小》游戏型课件应用过程					
知识点	资源名称	资源类型	思维水平	来源	应用方式和作用
情景引入	动画朗读	动画	欣赏感知	自制开发	情境导入，激发动机
	歌曲欣赏	动画 MTV	欣赏感知	下载	
阅读教学	感知课文	整体朗读 分段朗读	感知、识记	自制开发	呈现过程，形成表象

《小英雄王二小》游戏型课件应用过程					
知识点	资源名称	资源类型	思维水平	来源	应用方式和作用
识字教学	识字课堂	动画、音频	识记	自制开发	交互应用，对生字的读音、结构、部首、组词、组句、笔顺进行教学
识记训练	快乐游戏	游戏	训练	自制开发	对字词等知识点进行识记训练
习题	课堂练习	演示	练习	自制开发	对学生学习的一种回顾反馈

游戏型多媒体课件设计开发时要了解学生年龄的特点和学科特点，明确教学目标和应用方式，只有这样才能在学生不同思维水平训练中发挥作用。

(二)游戏型多媒体课件应用时的注意事项

多媒体课件应用于教学的出发点是使教学效果最优化。课件的应用改变了传统的知识呈现方式，从而刺激学生多种感官，以调动学生学习的积极性。但教师在实际教学中要学会科学地应用课件，不能被课件本身带来的超强的表现力所迷惑而过分地依赖课件，甚至是为课件的美观，为课件的媒体使用，为课件的多种呈现方式而设计教学内容，让教学内容为课件服务，这是对课件认识上的一个误区，再好的课件也是为教学而设计的。因此，在教学中应用课件应注意以下几个方面。

1. 使用多媒体教学时不能忽视教师在教学中的主导地位

多媒体是现代教学工具，在教学中确实可以提高一定的教学效果，所以有些教师把多媒体说成是提高教学效果的灵丹妙药，过多地追求和利用多媒体的使用功能，尤其是游戏型多媒体课件，把动手操作权给予了学生，令学生的参与积极性空前高涨，教师自己作为一个旁观者不去把握课堂，造成学生学习进度和认识程度参差不齐，有的学生只对游戏感兴趣而对知识不去识记。教师应提高自己的主导作用，对教学过程的设计要灵活多变，让游戏型多媒体课件发挥最佳教学功能，成为教师课堂教学的威慑性武器。

2. 使用游戏型多媒体教学时学生的主体地位有度

不论是传统教学还是现代技术手段下的教学，学生的主体地位是必需的。游戏型教学更能突出学生的主体地位。但这种主体地位要有度，不能由着学生自己的兴趣来，尤其是课件中游戏环节的设置，对于那些天真好动的孩子来说玩上几节课也是乐不思疲的。所以教师一定要把握尺度。让课件真正成为学生快乐学习的工具，这才是设计课件的最终目的。

3. 使用多媒体教学时不能信息超量

游戏型多媒体课件往往不是为一节课而开发的，不是为某位教师而开发，它涵盖了所有的知识点，具有强大的信息量，而使用时有的教师不加选择地把所有内容全部搬到课堂上，让学生头昏目眩，这直接影响到学生所需信息的处理，所以教师在上课前就应对教学内容进行有计划的取舍，结合本班学生及教者本人的实际组织教学过程，并对课件的内容进行合理的取舍。选择课件中最能体现知识点的内容放到教学中让课件发挥其最大的效能。

4．是否体现了多媒体的教育性与教学性原则

课件的设计是为教育教学服务的，课件中各环节一定要体现教学目标，不能一贯地强调技术，技术手段的运用是为了解决教学难点和突出重点，改变知识的呈现方式，让学生学习知识成为一种乐趣。有些游戏型多媒体课件过分强调技术的运用，这是一个误区，不能体现教学目标的课件，其技术含量再高也是没有价值的。游戏的设计也要有教育性，这是大多数课件设计者所忽视的方面。课件不仅仅是知识的载体也应是一个教育的平台，一个好的课件除了应有教学性外更要体现教育性。游戏设计时要避免暴力、赌博等不良信息的出现。

现代教学手段与传统教学手段没有什么优劣之分，各种媒体的运用是为了更好地完成教学目标。只有合理利用教学媒体资源才能更好地完成教学任务。

三、教学应用模式

随着信息技术的发展，教育改革的不断深入，教育教学与现代信息技术的结合越来越密切，多媒体课件已成为现代教育教学的有效手段，已经广泛深入到教育教学的每个环节中，在教学中形成了信息环境下的不同教学模式。例如，以教为主的传统教学模式、探究式教学模式、讨论式教学模式、协作式教学模式、研究性教学模式等。游戏型多媒体课件在教学中的应用模式主要是以学为主。

以学为主的教学应用模式是游戏型多媒体课件一种主要的应用模式。以学生为主的教学模式主要是指以学生为中心，整个教学过程中教师成为教学的组织，学生根据教师要求或课件要求，通过独立操作计算机或同伴协作操作，同伴间交流，与教师间交流，自主完成知识的学习，该模式广泛地应用于各个学科的教学中。该模式以"学生动手动脑探究为主"的教学设计理论指导，主要活动是学生操作、提问、讨论、分析。学生在教师的指导下自主地通过操作、提问、讨论、分析、训练获得新知，并与原有知识建立联系，构建新的知识网络，以学为主的教学应用模式对学生来说是一种主动的，积极参与的课堂形式，使学生真正地成为学习的主人。教师利用游戏型多媒体课件强大的功能突出了教学重点，改变了教学难点，让学生在快乐的游戏中探索研究得到新的知识，不知不觉中强化了教学的重点，在玩乐中攻克了教学难点。游戏型多媒体课件提高了学生的学习效率，节约了教师知识传授的时间，减轻了教师的工作强度，取得良好的教学效果。

四、教学应用案例

(一)语文学科游戏型多媒体课件的应用——《小英雄王二小》

《小英雄王二小》是义务教育课程标准实验教科书语文出版社一年级的课文。课文记叙了在抗日战争时期,小英雄王二小勇敢机智,不怕牺牲的故事。王二小是个儿童团员,牺牲时刚十三岁。他用年少的生命,换得了战斗的胜利。本课主要的教学目标是:①认识"军、根、敌、扫、团、员、坡、帮、助、带、装、消、灭"13个生字。会写"灭、面、听、就、员、声、边"7个生字。学习用"常常"说话。②正确、流利、有感情地朗读课文。③读懂句段,领悟小英雄爱憎分明、机智勇敢和不怕牺牲的精神,激发学生热爱小英雄的感情。

语文是最重要的交际工具,小学语文新课程标准指出:要全面提高学生的语文素养,使学生能正确地理解和运用祖国语言,丰富语言的积累,培养语感,发展思维,使他们具有适应实际需要的识字、写字能力,阅读能力,写作能力,口语交际能力。本文是一篇描写抗日小英雄的故事。他在传授学生知识的同时对学生进行爱国主义教育,使其学习小英雄机智勇敢和不怕牺牲的精神,激发学生热爱小英雄憎恨侵略者的感情。本课件的设计制作的关键在于不但利用有趣的游戏强化了本课的知识重点、解决了难点,更重要的是把文中的情感教育融入游戏之中,课件中共有5个游戏环节,其中4个游戏除了具有知识性外,同时教育性是其最大特点,让学生在学习知识的同时受到教育是课件设计的真正意图。课件中的游戏界面如图7-34所示。

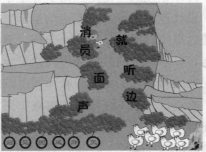

图 7-34 《小英雄王二小》课件主要界面

图 7-34 《小英雄王二小》课件主要界面(续)

(二)数学学科游戏型多媒体课件的应用——《确定位置》

《确定位置》是北师大版四年级数学第六单元《方向与位置》第一课时的内容,是在第一学段已经学习了前后、上下、左右等表示物体具体位置及简单路线等知识的基础上,让学生在具体的情境中进一步探索确定位置的方法,并能在方格纸上用"数对"确定位置。本节内容,既是第一学段学习的发展,又是第三学段学习坐标等知识的铺垫,它对提升学生的空间观念,认识周围环境都有较大作用。《确定位置》主要的教学目标是:使学生通过本课的学习①能在具体情境中探索确定位置的方法,并能说出某一物体的位置。②能在方格纸上用"数对"确定位置,在学习、探究知识的过程中发展空间观念。③能运用所学知识解决实际问题,并感受、体会数对表示位置的简洁性,从而增强学习数学的兴趣和自信心。探索确定位置的方法,能在方格纸上用数对"确定位置"为本课重点,根据"数对"确定现实中的位置为本节课难点。

数学是人们对客观世界定性把握和定量刻画、逐渐抽象概括、形成方法和理论,并进行广泛应用的过程。小学数学的教学目标中要求学生做到以下几点:①能从具体事例中,知道或能举例说明对象的有关特征(或意义);能根据对象的特征,从具体情境中辨认出这一对象。②能描述对象的特征和由来;能明确地阐述此对象与有关对象之间的区别和联系。③能在理解的基础上,把对象运用到新的情境中。④能综合运用知识,灵活、合理地选择与运用有关的方法完成特定的数学任务。

根据教学内容要求,本课件采用树状结构,从课件新知讲授到课堂练习都是让一个福娃引领导学,以游戏形式让学生通过动手操作掌握新知,通过找到自己在教室中的位置使学生形成"数对"的概念,使学生在不知不觉中形成空间观念。通过比一比小游戏增强学生对"数对"的理解。在"应用实践"中通过汇报方位、方格图、生活中的数对、生活实

践等小栏目和小游戏的设置巩固了学生对数对的认识。学生在游戏中学习到了新的知识，培养了动手动脑能力。课件的主要界面如图7-35所示。

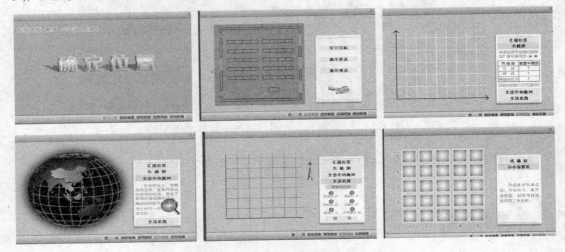

图7-35 《确定位置》课件主要界面

(三)英语学科游戏型多媒体课件的应用——《What colour is it?》

案例研习

《What colour is it?》是人民教育出版社小学快乐英语三年级的教学内容，本课要求学生初步学习英语中询问"颜色"与描述"某物是什么颜色"的表达方式，掌握 8 个表示颜色的单词 red、yellow、green、blue、black、purple、orange、white。能听、读、询问有关"颜色"的句子和描述物体颜色的简单句；能听、说、读表示"颜色"的单词。能根据提示用英语询问某物的颜色，能描述物体的颜色(说)；能听、说、读，并初步拼写表示"颜色"的单词。能在恰当的情境中用英语询问或表达某物的颜色(说)；能听、说、读并正确拼写表示"颜色"的单词。

案例分析

义务教育小学英语教学目标指出基础教育阶段英语课程的任务是：激发和培养学生学习英语的兴趣，使学生树立自信心，养成良好的学习习惯和形成有效的学习策略，发展自主学习的能力和合作精神；使学生掌握一定的英语基础知识和听、说、读、写技能，形成一定的综合语言运用能力；培养学生的观察、记忆、思维、想象能力和创新精神；帮助学生了解世界和中西方文化的差异，拓展视野，培养爱国主义精神，形成健康的人生观，为他们的终身学习和发展打下良好的基础。根据教学内容和英语课程标准的要求，本课件采用树状结构，情景导入—新知学习—快乐游戏园三个主页面，情景导入通过唱英文歌、情

境问答等方式引出课题，新知学习以五彩圣诞树小游戏引导学生学习新知，游戏开始，圣诞老人请你当助手，首先圣诞老人自己用魔棒根据读音和单词给挂满礼品的圣诞树上色，三遍后圣诞老人推出画面，鼠标变成魔棒请小助手听读音看单词上色。通过反复练习使学生学会 8 个表示颜色的单词。快乐游戏园通过 8 个可爱的卡通小动物来领礼物，它们胸前写着单词，一个小动物出来领礼物，把颜色相同的礼物拖到小动物身边，若对了小动物就会跳舞，若错了小动物就会向你伸舌头。游戏单词练习(为小动物的衣服上色)，小动物说自己要什么颜色(汉语)，你把标示英文的油漆桶拖到小动物衣服上面，若对了小动物会高兴地跳起来，若错了小动物就会对你做鬼脸。通过快乐的游戏让学生学会本课的 8 个单词。

　　游戏型多媒体课件以学生活动为主，适用于学生自主学习。游戏型多媒体课件知识的呈现方式不一定，但大都是以游戏形式呈现的，也可以以演示形式和其他形式出现。它比较适合小学课堂教学和中学英语教学，但不适合物理、化学学科。

 **活动建议**

　　请将您制作的游戏型多媒体课件应用于课堂教学，从教学目标达成、教学方法、教学过程、学生的学习效果、课堂效率、评价反馈等方面对比不用课件的课堂教学，写一篇课件应用的反思日志，能帮助您更加理性、科学地设计并应用课件。

_____
_____
_____。

第八章

网络自主学习型多媒体课件的设计与开发

本章要点

- 了解什么是网络自主学习型多媒体课件。
- 了解网络自主学习型多媒体课件的主要特点。
- 掌握网络自主学习型多媒体课件的主要教学功能。
- 学会根据自身的教学需要完成网络自主学习型多媒体课件的设计与制作。
- 能够对网络自主学习型多媒体课件的教学应用效果进行理性反思。

本章知识结构图

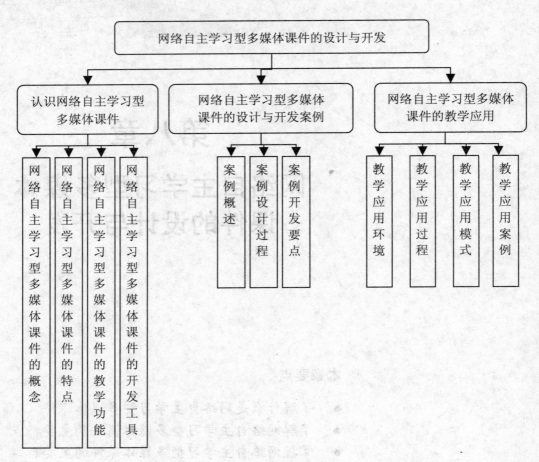

网络自主学习型多媒体课件的设计与开发

认识网络自主学习型多媒体课件

网络自主学习型多媒体课件的设计与开发案例

网络自主学习型多媒体课件的教学应用

网络自主学习型多媒体课件的概念

网络自主学习型多媒体课件的特点

网络自主学习型多媒体课件的教学功能

网络自主学习型多媒体课件的开发工具

案例概述

案例设计过程

案例开发要点

教学应用环境

教学应用过程

教学应用模式

教学应用案例

第一节　认识网络自主学习型多媒体课件

本节导读

　　本节主要帮助学习者认清什么是网络自主学习型多媒体课件，总结网络自主学习型多媒体课件有哪些突出的特点，它在教学中的主要功能是什么？知道用哪些工具可以制作网络自主学习型多媒体课件。

案例研习

张同学对人工智能和机器人非常感兴趣，积极地参加了学校的机器人学习选修课，他希望通过网络来了解更多关于机器人的知识，于是，他开始利用本学校开发的网络自主学习型多媒体课件——人工智能机器人技术，在课后时间进行学习。通过对课件的自主学习和对网络资源的充分利用，张同学掌握了人工智能的基本原理，对机器人有了更深的了解和理性的认识。

案例分析

网络技术和多媒体技术的成熟使网络成为学生获取知识、提升能力的新渠道，网络技术在教育领域的应用进一步促进了教育的改革和发展。学习者应明确学习目标，继而自主选择学习材料和学习方式方法、自主确定学习进度、自主检测和评定学习结果及自主补漏和矫正，这个过程就是借助网络自主学习型多媒体课件进行知识建构的过程。

一、网络自主学习型多媒体课件的概念

网络环境下的自主学习是指学习者利用计算机网络提供的学习支持服务系统，主动地运用和调控自己的元认知、动机和行为，自主性地选择认知工具，确定学习目标和学习内容，通过可选择的交互方式主动探究学习过程，实现有意义知识建构的学习方式。基于网络的自主学习是当前教育学家普遍提倡的一种学习方式，在这种方式下开展学习活动，能够充分体现学生的主体地位，发挥学生学习的能动性、主动性，使得学习针对性更强、效果更好，能够彻底改变传统教学中教师对学生"时空"的侵占，把学生当做知识的"容器"的现象。

网络自主学习型多媒体课件是以网络为基础，学习过程在课件所建立的环境中进行的，为学习者搭建主动探索的学习环境、建立丰富的学习资源、人性化的交互方式和科学的评价体系，强调的是学习者的学而不是教师的教。网络自主学习型多媒体课件作为网络教育的重要学习资源，它能够提供友好的学习界面，图文声像并茂的视听感官综合刺激，使得知识中抽象的概念能够形象直观地展现，便于营造一个自主式、交互式的学习环境。

二、网络自主学习型多媒体课件的特点

网络自主学习型多媒体课件是网络环境下运行的多媒体教学软件，既可以与网络教学环境相结合，也可以单独使用，它集成了网络教学的优势，以建构主义教学理论为指导，充分发挥学生的主体性，不同于传统的演示型课件，具有如下特点。

(一)媒体的集成性

网络自主学习是以学生为主体，教师的干预极少，所以课件是否丰富多彩、是否能够引起学生的学习兴趣，对于学习效果起到了关键的作用。文本元素表达信息，缺少直观性，在很大程度上影响着学生对新知识的理解。据研究，多媒体表达信息能够奠定充盈的思维基础，多媒体创设情景能够确立良好的思维基础。作为承载信息符码系统的媒体有文本、声音、图形、图像、动画等。作为这些表达信息的元素，在网络时代能够从多角度传情达意。用图、文、声、像等多种媒体元素表达信息，能做到教学信息图文并茂，声形辉映，生动逼真。多媒体课件丰富的表现力能够给学生的视、听觉产生较强的刺激，具有较强的吸引力，能够提高课堂效率。

(二)操作的交互性

多媒体网络课件不仅要集多媒体于一身，还应该具有良好的交互性，通过人机交互式对话，使学习者积极参与到学习过程之中。网络自主学习型多媒体课件的交互功能表现为：①学习内容的自主选择，学习者根据自己的需要自由选择学习内容，根据网络课件提供的导航系统，可以从任何一点开始，也可以随时转向其他内容；②学习进度的随机调整，学习者根据自身的需要自行调整学习进度，网络自主学习型多媒体课件为学习者提供了适合自己的课程；③交互式评价体系，网络多媒体课件在智能导学的基础上还提供灵活多样的练习和友好的成绩评价，能够更细心地跟踪学生的学习情况，及时反馈其学习效果，使学生实现自主学习。

(三)结构的非线性

网络自主学习型多媒体课件是非线性结构，是在超文本、超媒体技术支持下发展起来的，是用节点和链来表示知识的，它的联想式、非线性的结构类似于人类认知结构的特性，使网上外在的信息很容易转换到学生内在的认知结构上。它还具备任意想象的存储扩充器的特征，符合人的思维特点，而这种信息系统的结构组合是可变的，学习者可自主地确定学习路径，自由地选择感兴趣的学习内容。接受能力较快的学生可以自由选择学习内容进行跳跃式学习，反之，基础薄弱的学生可以反复进行一个知识点的学习。

(四)信息的共享性

网络时代的最大特点就是信息资源共享，网络自主学习型多媒体课件打破了一套教材"一统天下"的格局，学习者所学不再受制于教材内容，可以通过网络最大限度地占有信息。由于网上信息量大，通过相关的参考资料和相应网址的浏览，就某一学科甚至于某一知识点学习者可以获得相关的阐释或不同的观点，供自己深入思考，同时，又可以借助于超链接，在网上进行探究式、发现式等形式的学习。

(五)知识的模块化

基于网络的自主学习是以学生为中心的，学生大多时间是自学，而自学最大的困难是对新知识的"同化"和"顺应"，即如何把外部知识转化为自身的知识。网络自主学习型多媒体课件提供了模块化的知识结构，教学内容经过特别的设计，划分为不同的模块，其下面又分为二级单元模块，既把知识按难易区分出来，又巧妙地把各个模块的关系展现出来。这就有利于学生选择从最适于自己认知习惯的方面来学习，从而有利于新旧知识的关联以及知识的"同化"和"顺应"。

皮亚杰的认知发展理论

皮亚杰理论体系中的一个核心概念是图式(schema，在他后期著作中用 scheme 一词)。图式是指个体对世界的知觉、理解和思考的方式。我们可以把图式看做是心理活动的框架或组织结构。在皮亚杰看来，图式可以说是认知结构的起点和核心，或者说是人类认识事物的基础。因此，图式的形成和变化是认知发展的实质。皮亚杰认为，认知发展是受三个基本过程影响的：同化、顺化和平衡。

1. 同化(assimilation)

同化原本是一个生物学的概念，它是指有机体把外部要素整合进自己结构中去的过程。在认知发展理论中，同化是指个体对刺激输入的过滤或改变的过程。也就是说，个体在感受到刺激时，把它们纳入头脑中原有的图式之内，使其成为自身的一部分，就像消化系统将营养物吸收一样。所以，在皮亚杰看来，心理同生理一样，也有吸收外界刺激并使之成为自身的一部分的过程。所不同的只是涉及的变化不是生理性的，而是机能性的。

2. 顺化(accommodation)

顺化是指有机体调节自己内部结构以适应特定刺激情境的过程。顺化是与同化伴随而行的。当个体遇到不能用原有图式来同化新的刺激时，便要对原有图式加以修改或重建，以适应环境，这就是顺化的过程。就本质而言，同化主要是指个体对环境的作用；顺化主要是指环境对个体的作用。

3. 平衡(equilibration)

平衡是指个体通过自我调节机制使认知发展从一个平衡状态向另一种较高的平衡状态过滤的过程。平衡过程是皮亚杰认知发展结构理论的核心之一。皮亚杰认为，个体的认知图式是通过同化和顺化而不断发展，以适应新的环境的。就一般而言，个体每当遇到新的刺激，总是试图用原有图式去同化，若获得成功，便得到暂时的平衡。如果用原有图式无法同化环境刺激，个体便会作出顺化，即调节原有图式或重建新图式，直至达到认识上的新的平衡。同化与顺化之间的平衡过程，是认识上的适应，也是人类智慧的实质所在。所以，皮亚杰认为："智慧行为依赖于同化与顺化这两种机能从最初不稳定的平衡过渡到逐渐稳定的平衡。"

皮亚杰以同化和顺应来释明主体认知结构与环境刺激之间的关系，同化时主体把刺激整合于自己的认知结构内，一定的环境刺激只有被个体同化(吸收)于他的认知结构(图式)之中，主体才能对之作出反应。或者说，主体之所以能对刺激作出反应，也就是因为主体已具有使这个刺激被同化(吸收)的结构，这个结构正具有对之作出反应的能力。认知结构由于受到被同化刺激的影响而发生改变，这就是顺应，不作出这种改变(顺应)，同化就无法运行。简言之刺激输入的过滤或改变叫做同化，而内部结构的改变以适应现实就叫做顺应。同化与顺应之间的平衡过程，就是认识的适应，也即是人的智慧行为的实质所在。皮亚杰认为图式的同化、顺应和平衡经过相互作用，推动认知活动的发展。

三、网络自主学习型多媒体课件的教学功能

网络自主学习型多媒体课件的使用目标是帮助学生完成课程的基本教学目标，也就是在缺少师生交互的情境下，学生只通过学习网络课件就能够掌握课程所要求的基本知识和技能。因此，面向自主学习的网络课件不能仅仅局限于课程内容的系统化组织和呈现，它必须为更好掌握这些内容以及培养相应能力提供必要的途径，如学习指导、自测练习、虚拟实验等。所以，从教学功能上看，面向自主学习的网络课件应具备以下功能。

(一)呈现系统的教学内容

网络自主学习型多媒体课件应提供系统的学习内容，网络环境的优势之一是能够承载较多的信息量，网络课件呈现的学习内容要系统和全面，这也是网络课件的一个特点。另外，教学内容要具有学科性，要充分体现学科知识的深度和广度，强调学科知识的内在逻辑，强调知识传授的系统性、完整性。通过分析课件表现的教学内容，规划自主学习的结构模式，选择适合学习者学习特征和心理特征的内容表达形式，运用多媒体技术，设计出能使学习者轻松驾驭这些教学内容的系统结构体系。

(二)设计合理的学习策略

自主学习理论认为，学习策略是学习者进行自主学习的基础。优化学习者的学习策略能有效促进学习者自主学习能力的发展。林崇德教授指出："学生的学习过程是一种运用学习策略的活动。"为了帮助学生维持或激发学习动机，促进学生自主学习，网络自主学习应采用合理的教学策略。由于网络自主学习活动中教与学的时空分离，所以学习者应具有高度的能动性、独立性和开放性。网络课件不仅要依靠学习者的自主学习能力来达到课程的学习目标，还要在学习课件内容的同时培养和增进学生自主学习的能力。这就需要在网络课件的设计中整合有关的学习策略，一方面维系学习者的学习活动，另一方面培养学习者的自主学习能力，同时激发学习者的学习动机，监控整个学习过程。

(三)提供必要的学习指导

虽然在网络学习中以学生自主学习为主，他为了帮助学生明确学习方向，提高学习效率，学习指导也是必不可少的。智能化的学习指导表现为课件导航功能的设计，导航用来防止学习者迷航而偏离学习目标和方便学习者选择学习内容，它是学习者进行自主学习、

提高学习效率的有效策略。随着学习的进展，学习内容的层层深入，必须让学习者清楚知道自己的位置，并提供进、退、非线性跳转的方便渠道，以便学习者在学习过程中随意浏览已学过的或未学过的内容。因此，一方面，在网络自主学习型多媒体课件中要为学习者提供课程内容结构导航图、方便的电子书签、检索机制、目录索引表、帮助页面等。另一方面，通过交互媒体的使用也可以为学习者提供指导，帮助他们解决学习过程中遇到的各种困难等。学习者需要自主地与这些内容进行有效的相互作用，所以系统应提供随时的学习帮助，并以在线讨论、学习论坛、评价反馈等功能加以实现。

(四)创建激励性的评价体系

建立科学、高效的信息反馈机制，是实现自主学习必不可少的条件。及时的信息反馈能够使学习者修正与发展自我认识，正确地进行自我评价，从而调整学习策略，增强学习信心，完成学习任务，达到学习目标。学习评价则致力于强化学习过程和结果，引导学习者自我反思和自我评价，帮助其完善自我意义的建构。学习评价对学习者的学习活动有很强的导向作用，它能促进学习者自觉调控自己的学习活动朝着学习目标迈进。因此，基于自主学习的网络课件需要采取一系列的科学评价体系来评估学习状态，并根据评价结果来提供自主学习策略，调控学习进程。

(五)展现丰富的学习资源

网络学习突出"以学习者为中心"，即必须从学习者的心理特点和便于学习者接受、自学的指导思想出发，做到深入浅出。这就需要为学习者提供丰富的学习资源和充足、灵活的学习内容。教师要仔细研究、分析课程内容和学习者的特点，确定学习探究问题所需要资料的内容、种类、形式以及资料在学习过程中所起的作用，将课程内容涉及的学习资源合理地、系统地组织起来，做到内容详尽、结构合理、相互之间的关系清楚，以方便查找和跳转。尽可能向学习者提供与课程内容相关的大量的、多样化的学习资源，为他们构建一个良好的自主学习环境，使其能够很容易获取所需要的信息，进行积极的意义建构。同时还必须充分体现网络教育的交互性原则，把教师在传统授课中为学习者提供的各种反馈、咨询、答疑、鼓励等都融合到课件中，以减少学习者对教师的依赖。为了帮助学生拓展视野，提高能力，以及促进其对课程的理解，网络课件还应提供必要的扩展学习资源。

 拓展阅读

目前比较流行的自主学习策略

自主学习策略的核心是要发挥学生学习的主动性、积极性，充分体现学生的认知主体作用，其着眼点是帮助学生"如何学"。目前国内外比较流行的自主学习策略有以下几种。

1. 支架式策略

支架式教学也称为"脚手架式教学"或"支撑点式教学"，支架原为建筑行业中的脚手架，支架式教学即被定义为学习者建构对知识的理解提供某种概念框架的教学。教师事

先把复杂的学习任务加以分解，以便于把学习者的理解引向深入。支架揭示或给予线索、帮助学生在停滞时找到出路、通过提问帮助他们去诊断错误的原因并且发展修正的策略、激发学生达到任务所要求的目标的兴趣及指引学生的活动朝向预定目标。通过这种脚手架的支撑作用(或称"支架作用")，不停顿地把学生的智力从一个水平提升到另一个新的更高水平，真正做到使教学走在发展的前面。

支架式策略由以下几个步骤组成：

搭脚手架—进入情境—独立探索—协作学习—效果评价

2. 抛锚式策略

抛锚式教学策略是由温特比尔特认知与技术小组开发的，这种教学策略要建立在有感染力的真实事件或真实问题的基础上。确定这类真实事件或问题的过程被形象地比喻为"抛锚"，因为一旦这类事件或问题被确定，整个教学内容和教学进程也就被确定(就像轮船被锚固定一样)。教学中使用的"锚"一般是有情节的故事，而且这些故事要设计得有助于教师和学生进行探索。在进行教学时，这些故事可作为"宏观背景提供给师生"。

抛锚式策略由以下几个步骤组成：

创设情境—确定问题—自主学习—协作学习—效果评价

3. 随机进入式策略

由于事物的复杂性和问题的多面性，要做到对事物内在性质和事物之间相互联系的全面了解和掌握，真正达到对所学知识的全面而深刻的意义建构是很困难的。因为，从单一视角提出的每一个单独的观点虽不是虚假的或错误的，但却不是充分的，往往从不同的角度考虑可以得出不同的理解。为克服这方面的弊病，教师在教学中就要注意对同一教学内容，要在不同的时间、不同的情境下，为不同的教学目的，用不同的方式加以呈现，应避免内容的过于简单化，在条件许可时，尽可能保持知识的真实性与复杂性，保证知识的高度概括性与具体性相结合，使知识富有弹性，以灵活适应变化的情境，增强知识的迁移性和覆盖面。换句话说，学习者可以随意通过不同途径、以不同方式进入同样的教学内容，从而获得对同一事物或同一问题的多方面的认识与理解，这就是所谓的"随机进入教学"。

显然，学习者通过多次"进入"同一教学内容将能达到对该知识内容比较全面而深入的掌握。这种多次进入，绝不是像传统教学中那样，只是为巩固一般的知识、技能而实施的简单重复。这里的每次进入都有不同的学习目的，都有不同的问题侧重点。因此多次进入的结果，绝不仅仅是对同一知识内容的简单重复和巩固，而是使学习者获得对事物全貌的理解与认识上的飞跃。

随机进入式策略主要包括以下几个步骤：

呈现基本情境—随机进入学习—思维发展训练—小组协作学习—学习效果评价

由以上介绍可见，自主学习策略尽管有多种形式，但是又有其共性，即它们的教学环节中都包含有情境创设、协作学习，并在此基础上由学习者自身最终完成对所学知识的意义建构。

四、网络自主学习型多媒体课件的开发工具

一个好的网络自主学习型多媒体课件往往需要多个开发工具软件通力合作才能完成。例如，要制作出色的网页课件，可能需要用到网页三剑客(Flash、Firework、Dreamweaver)，或类似 FrontPage，PhotoShop，Flash 的组合。而要开发媒体丰富、交互功能完善的网络课程，除了网页三剑客外，还可能需要用到流媒体课件制作工具、虚拟现实课件制作工具，需要用到 HTML、ASP、JSP、PHP、JAVA、JavaScript、VBScript 等网络编程语言中的多种，以实现网页的动态交互性，并结合数据库技术对多媒体素材进行合理组织和管理。这就要求教师应根据自己对计算机掌握的熟练程度和对课件制作软件的功能的了解程度，选择最恰当的制作软件。这样既能事半功倍，又能使制作的课件达到最佳效果。本章将在第二节具体介绍如何利用 Dreamweaver 软件设计并制作网络自主学习型多媒体课件。

活动建议

学生利用网络自主学习型多媒体课件进行学习时，如何激发其动机？请设计一个基于网络的教学策略。

_____

_____

_____。

第二节 网络自主学习型多媒体课件的设计与开发案例

本节导读

本节将主要介绍网络自主学习型多媒体课件设计、开发的基本过程。通过本节的学习，您将了解如何利用 Dreamweaver 8.0 和 Photoshop CS 设计网络自主学习型多媒体课件的基本流程，初步掌握自主学习型网站的制作方法。

一、案例概述

本案例是面向高中通用技术选修课《简易机器人制作》模块设计的综合课堂教学应用案例。高中学生正处于创造力发展的重要阶段，他们的想象能力、逻辑思维能力和批判精神都达到了新的水平。本案例根据教材的特点，利用专题网站，创设适合实现建构主义的教学环境，即为学生创造一个发现知识意义、解决问题、建构知识的自主学习环境。充分发挥网络可以自主学习的优势，发挥教师的主导作用，使其扮演好辅导者、帮助者的角色，

确定学生的主体地位，培养学生自主学习和敢于创新的精神，使学生的创造潜能得到良好的引导和有效的开发，使其最终成为会学习、会探究的创造型人才。

二、案例设计过程

(一)教学需求分析

1. 学生的一般特征分析

高中生学习主动性明显增强：高中生的学习目的更明确，学习的动机更强烈；随着认知能力的发展，他们独立分析和解决问题的能力有很大的提高；学习的选择性有所发展，随着高中选修课的开设，高中生对学习内容具有一定的自主选择的权利，可以主动地选择学习内容；学习的计划性增强，能较科学地安排自己的学习活动，自主学习的能力明显提高。

高中生的学习途径、方式和方法更加多样化，他们不但注意向书本学习，而且注意向社会学习，他们积极参加各种课外活动，广泛地吸取信息，重视把书本知识和实践活动结合起来，形成知识、能力和个性的协调发展。他们既注意勤奋学习，又注意改进学习方法和策略，对不同学科能采取不同的学习方法。有的学生还能运用现代化的科技手段(如多媒体课件、自主学习网站等)来提高学习效率。

2. 学生已有知识水平与技能分析

高中学生在身心两个方面都已逐渐成熟，已经历初中课改，对新课程理念相对容易接受，在通用技术课程中，技术试验的内容及重要性是学生在日常生活中了解的相对较少的，因此引导学生通过自主学习网站中的信息，增加一些技术试验的基本知识，从而激发其好奇心和主动学习的欲望，对教学内容进行步步展开，使学生亲历自主探索和思维升华的过程。

3. 自主学习网站可行性分析

在课堂教学中使用网站，方便学生迅速找到相应的学习研究材料，联系自己的实际，产生意义的建构。借助网络开展研究性小课题，既能对原有课本教材进行有效的扩展，又能培养学生良好的学习习惯，激发他们的求知欲望，把学生的探究学习延伸至课外，实现新课程标准下教学的前拓后展。

1) 信息丰富，激发学生的学习兴趣

自主学习网站上为学生提供了文本、声音、视频和动画等多种形式的信息；整洁美观、布局合理的界面设计；生动形象，清晰美观的图片显示；有效调动学生的非智力因素，使其对学习的过程产生浓厚的兴趣，从而激发学生学习的主动性。教师根据教材内容、围绕学习目标，在网站上确立探究专题和任务，然后让学生自主选择学习。学生也可以通过小组交流合作，获得新知。

2) 创设一个平等、民主、和谐的课堂教学氛围

创设适合实现建构主义的教学环境，即为学生创造一个发现知识意义、解决问题、建构知识的学习环境，让学生能够自主学习。学生可以自由地通过网络等与其他在线学生或老师平等、轻松地探讨各种问题，他的观点和疑问都可以及时得到反馈和响应，他不是在被动地接受别人灌输给他的知识，而是自觉地、主动地按照自己的兴趣点去探索和寻求知

识。在学生与这样一个充满无限宝藏、充满巨大活力的系统进行交互学习的时候，他们不再觉得学习枯燥无味，任务艰巨繁重，而是会带着浓厚的兴趣、轻松地去学习。

(二)教学目标设计

1. 知识目标

能够简单了解人工智能和机器人技术，理解机器人软、硬件，掌握机器人编程及组装。

2. 能力目标

通过自主学习、小组讨论、动手实践，培养学生自主探究学习和创新能力。

3. 情感态度目标

让学生在学习中注重实事求是的精神，形成富有责任感的技术设计观，培养学生的社会责任感和科学严谨的态度。

教学重点：机器人的编程与组装。

教学难点：机器人的编程。

(三)教学内容设计

本单元主要是针对选修课的学生学习机器人技术的内容，学习过程中注重学生动手能力的培养，使学生具备独立设计与制作机器人的能力。所以在内容上，结合机器人相关的技术，通过自主学习网站，为学生搭建一个机器人设计与制作的平台。让学生既要学习机器人相关的基础知识与基本操作技能，又要逐渐掌握机器人的组装以及应用各种模块编程的方法。

(四)框架结构设计

本课件的框架结构如图 8-1 所示。

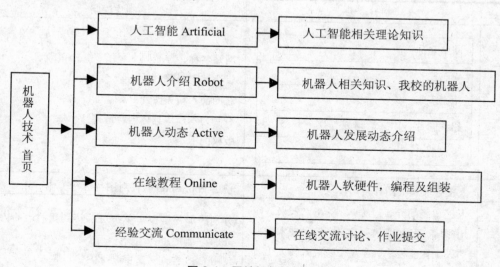

图 8-1　网站框架结构图

(五)脚本设计

1. 首页

本课件的首页脚本设计如表 8-1 所示。

表 8-1　首页脚本设计

名　称	内　容	制作说明
首页	网站名称 导航栏 内容 版权信息	1. 上面的网站名称：使用 Photoshop 软件设计图像，使用 Flash 软件制作动画效果 2. 导航：使用 Photoshop 软件制作导航的模块图片，制作按钮效果 3. 左侧内容：包括"机器人动态"、"在线教程"、"经验交流"三个模块的内容。其中"机器人动态"使用 JS 脚本实现图片幻灯效果 4. 右侧内容：包括"人工智能"、"机器人介绍"、"我们的机器人"三个模块的内容 5. 版权信息：使用 Photoshop 软件设计图像作为背景 6. 整个网站每个页面都是使用表格来进行布局的
图像	背景图片及多张其他图片	使用 Photoshop 软件对图片进行美化。使网页界面协调、生动形象

2. "人工智能"模块页面

本课件中的"人工智能"模块的脚本设计如表 8-2 所示。

表 8-2　"人工智能"模块脚本设计

名　称	内　容		制作说明
人工智能	网站名称 导航栏 搜索引擎 相关图片 文章浏览 版权信息		网站名称、导航同上 资源搜索引擎 左侧插入相关图片 右侧为本模块具体内容链接 版权同上
图像	人工智能相关图片		使用 Photoshop 软件对图片进行美化
文本	人工智能简介、过去 、现在、未来、应用领域、发展现状和前景、信息技术课中的人工智能模块、在高中阶段开设人工智能课程的必要性等相关文章		分别添加超链接，单击可跳转到相对应的内容界面 使用 CSS 样式对文字进行美化

3."机器人介绍"模块页面

本课件中的"机器人介绍"模块的脚本设计如表 8-3 所示。

表 8-3 "机器人介绍"模块脚本设计

名 称	内 容		制作说明
机器人介绍	网站名称		1."热点栏目"主要为机器人介绍及我校机器人情况 2."服务中心"使用 JS 脚本提供"设为首页"等功能 3."文章浏览"为本模块具体内容链接
	导航栏		
	搜索引擎		
	热点栏目 丰硕成果 服务中心	文章浏览	
	版权信息		
文本	机器人发展历程、机器人应用、 我校简介、我们的机器人、机器人比赛、竞赛规则等		分别添加超链接,单击可跳转到相对应的内容界面
图像	获奖证书图片		"丰硕成果"使用 JS 脚本展示我校机器人的获奖情况

4."机器人动态"模块页面

本课件中的"机器人动态"模块的脚本设计如表 8-4 所示。

表 8-4 "机器人动态"模块脚本设计

名 称	内 容		制作说明
机器人动态	网站名称		1. 主要为本模块具体内容链接 2. 学生在学习浏览时,可以将我国与其他国家的机器人发展情况进行对比 3. 在"最新资料"中提供了一些目前最前沿的信息,能激发学生的学习兴趣
	导航栏		
	搜索引擎		
	现状与未来	最新资料	
	机器人图片		
	版权信息		
文本	各国机器人发展现状;最新的机器人相关资料		分别添加超链接,单击可跳转到相对应的内容界面
图像	各种机器人图片		通过图片增加视觉效果

5."在线教程"模块页面

本课件中的"在线教程"模块的脚本设计如表 8-5 所示。

6. "在线交流"模块页面

本课件中的"在线交流"模块的脚本设计如表 8-6 所示。

表 8-5　"在线教程"模块脚本设计

名　称	内　容		制作说明
在线 教程	网站名称		"文章分类"中将本模块分为 5 类，单击右侧显示相应的内容标题
	导航栏		
	搜索引擎		
	文章分类 精彩视频 热门图片	文章浏览	
	版权信息		
文本	机器人软件、机器人硬件、机器人编程、机器人组装、机器人学习等		分别添加超链接，单击可跳转到相对应的内容界面
视频	机器人足球比赛的视频		"精彩视频"中使用 DreamWeaver 插入"插件"功能，给学生欣赏
图像	热门图片		机器人图片

表 8-6　在线交流页脚本设计

名　称	内　容		制作说明
在线 交流	网站名称		1. 本模块使用 ASP+Access 实现，需要在服务器 ASP 环境下运行 2. 问题讨论：学生可以就教师开设的问题讨论分类，进行学习中的交流和讨论，可以匿名发表或回复问题 3. 师生可以通过注册账号，登录到本系统
	导航栏		
	分类交流	师生登录	
	提交主题		
	版权信息		
学生 登录	网站名称		学生登录后的功能： 我的作业：学生管理自己的作业(可提交，修改) 个人信息：修改账户信息 密码修改：更改个人账号密码 安全退出：退出登录状态
	导航栏		
	作业列表	学生登录	
	提交作业		
	版权信息		

续表

名　称	内　容		制作说明
教师登录	网站名称		教师管理功能
	导航栏		问题分类：可对问题讨论的分类进行管理
	分类列表	教师登录	学习小组：学生可分组进行管理
	提交主题		作业管理：可对不同组的学生的作业进行查看和批复
			个人信息：修改账户信息
	版权信息		密码修改：更改个人账号密码
			安全退出：退出登录状态

7. 文章内容页面

本课件中的文章内容页面的脚本设计如表 8-7 所示。

表 8-7　文章内容页脚本设计

名　称	内　容		制作说明
文章内容页	文章标题 文章内容	相关文章	1. 文章标题和内容分别用 CSS 样式控制字体、颜色和大小，确保网页的美观性 2. 使用 JS 脚本增加如下功能：修改浏览的字号、打印此文、关闭窗口 3. 在右侧"相关文章"中列出文章标题
文本	标题、内容		

(六)界面设计

本课件的主要界面如图 8-2 所示。

图 8-2　课件网页主要界面预览

图 8-2　课件网页主要界面预览(续)

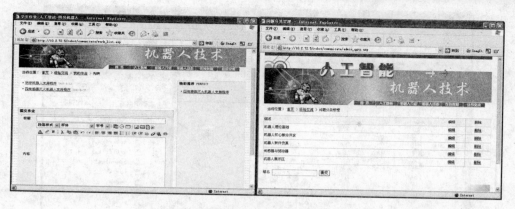

图 8-2　课件网页主要界面预览(续)

三、案例开发要点

(一)创建和管理本地站点

任务一：认识 Macromedia Dreamweaver 8

步骤 1　启动 Macromedia Dreamweaver 8。

首次启动 Dreamweaver 8 时会出现一个"工作区设置"对话框，在对话框左侧是 Dreamweaver 8 的设计视图，右侧是 Dreamweave 8 的代码视图。Dreamweaver 8 设计视图布局提供了一个将全部元素置于一个窗口中的集成布局。我们选择"面向设计者"的设计视图布局。

在 Dreamweave 8 中首先将显示一个起始页，可以勾选这个窗口下面的"不再显示此对话框"来隐藏它。在这个页面中包括"打开最近项目"、"创建新项目"、"从范例创建"3 个方便实用的项目，建议大家保留。

步骤 2　进入 Dreamweaver 8 的标准工作界面。

新建或打开一个文档，进入 Dreamweaver 8 的标准工作界面。Dreamweaver 8 的标准工作界面包括：标题栏、菜单栏、对象面板、文档窗口、状态栏、属性面板、文件面板和浮动面板组，效果如图 8-3 所示。

任务二：新建站点

步骤 1　确定网络自主学习型多媒体课件的主题。

主题要鲜明突出、力求简洁。本案例主题为"人工智能——机器人技术"。

步骤 2　规划网络自主学习型多媒体课件的结构。

规划结构时，应利用文件夹来管理文档，同时将站点资源进行分类。如本案例在 D 盘建立"机器人技术"文件夹，将图像、动画等保存在 images 文件夹下；利用文件夹来细分站点结构，如分别建立 index、artificial、robot、active、online、communicate 六个文件夹，用来放置首页、人工智能、机器人技术、机器人动态、在线教程、经验交流等内容，效果如图 8-4 所示。

多媒体课件理论与实践

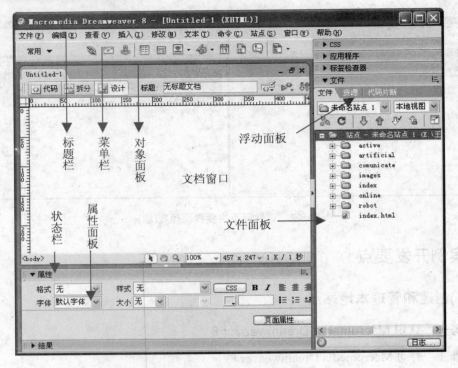

图 8-3　Dreamweaver 工作界面

步骤 3　设计网站界面。

网页布局与排版要合理、平衡，注重色调与图案搭配协调。本案例选用蓝色为主色调，表现出技术的严肃、善于分析的内涵，同时给人以平静和清新的感觉。

步骤 4　定义本地站点。

选择"站点"|"新建站点"命令，弹出站点定义对话框。切换到"高级"选项卡，在"站点名称"文本框输入"机器人技术"，在"本地根文件夹"文本框中输入"D:\机器人技术\"，也可以单击按钮🗁确定根目录。其他内容默认即可，单击"确定"按钮完成站点定义，效果如图 8-5 所示。

图 8-4　网站资源分类

图 8-5　本地站点定义

330

任务三：在站点中添加网页文件及文件夹

在站点中添加网页文件及文件夹的方法有两种。

方法一：在 Dreamweaver 8 编辑窗口中的"创建新项目"中单击 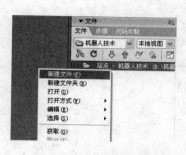 HTML ，新建 html 文档，选择"文件"|"保存"命令，在弹出的"另存为"对话框中输入文件名，如 index.html。

方法二：在右侧的"文件"面板中，在站点名称上右击，在弹出的下拉菜单中，选择"新建文件"命令，修改文件名，效果如图 8-6 所示。本案例站点的文件夹结构如图 8-7 所示。

图 8-6　新建网页文件

图 8-7　本案例站点文件夹结构

(二)文档的基本操作

任务一：打开文档

打开文档的方法常用的有两种。

方法一：选择"文件"|"打开"命令，在弹出的"打开"对话框中，选择文档，单击"打开"按钮。

方法二：在"文件"面板站点的文件列表中直接双击文件。

任务二：设置页面属性

在网页设计过程中可以对网页进行属性设置，如网页标题、网页背景颜色、背景图片、文本颜色、网页页边距等。

步骤 1　选择"修改"|"页面属性"命令，在弹出的"页面属性"对话框中，打开"外观"选项卡，设置字体大小为 12px，以及进行相应的背景图像、页边距设置，效果如图 8-8 所示。

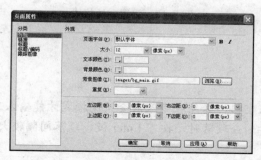

图 8-8　"页面属性"对话框

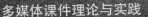

步骤 2 在"页面属性"对话框中，打开"标题/编码"设置界面，设置网页标题，效果如图 8-9 所示。

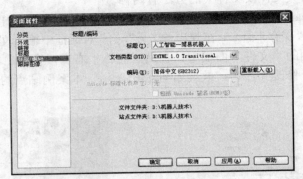

图 8-9　设置网页标题

(三)文本内容开发

任务一：添加与编辑文本内容

步骤 1 打开 index.html，在文档窗口的光标闪烁处直接输入文本即可。

步骤 2 输入的文本默认为宋体、12 像素。选中文本，在"属性面板"中修改字体、大小、颜色、对齐方式等选项，效果如图 8-10 所示。

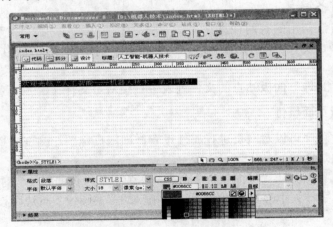

图 8-10　设置字体格式

提示卡

(1) 在文档窗口输入空格，必须在输入法全角的模式才能输入。

(2) 当文本内容需要划分段落时，按下 Enter 键，段落间隔较大。按下 Shift+Enter 组合键为正常间隔换行。

任务二：使用 CSS 样式设置文本格式

CSS 是 Cascading Style Sheet 的缩写，即层叠样式表，在网页中通常利用 CSS 来控制文本的格式，这样可以使页面整齐、美观。

步骤 1 打开 CSS 样式面板，单击"新建 CSS 样式"按钮 ，在弹出的"新建 CSS 规则"对话框中，选中"类(可应用于任何标签)"单选按钮，在"名称"下拉列表中选择.content，在"定义在"选项组中选中"新建样式表文件"单选按钮，单击"确定"按钮，效果如图 8-11 所示。

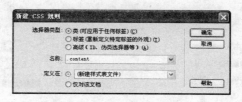

图 8-11　新建 CSS 样式

步骤 2 在弹出的"保存样式表文件为"对话框中，选择保存在 images 文件夹中，名称为 style.css，单击"保存"按钮，效果如图 8-12 所示。

图 8-12　保存样式表文件

步骤 3 在弹出的.content 的 CSS 定义对话框中，设置字体大小、行高、修饰、颜色等内容，单击"确定"按钮，效果如图 8-13 所示。

图 8-13　定义.content 的 CSS 内容

步骤 4 应用 CSS 样式。选中文本，在"属性面板"的样式中，选择定义好的.content 样式即可，效果如图 8-14 所示。

步骤 5 对文本建立其他样式时可以直接定义在 style.css 中。本案例 style.css 定义的样式如图 8-15 所示。

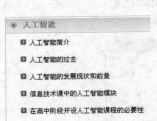

图 8-14 对文本应用.content 样式效果　　　图 8-15 本案例中的 CSS 样式

任务三：对超链接文字设置样式

文本在设置超链接后，为了区别没有链接的文本，可以使用 CSS 样式进行设置，当鼠标经过链接文本时，颜色发生变化同时出现下划线。

步骤 1 单击"新建 CSS 样式"按钮 ，在弹出的"新建 CSS 样式"对话框中，选择"高级"，在"选择器"下拉列表中选择 a:hover，在"定义在"选项组中选中"style.css"单选按钮，单击"确定"按钮，效果如图 8-16 所示。

图 8-16 新建 CSS 样式

步骤 2 在弹出的 a:hover 的 CSS 定义对话框中，设置颜色和下划线，单击"确定"按钮，效果如图 8-17 所示。

图 8-17 定义 a:hover 的 CSS 样式内容

步骤 3 a:hover 的 CSS 样式定义好后会自动应用到网页中的带有超链接的文字上。当鼠标经过文字时，颜色变成蓝色，同时会加上下划线，效果如图 8-18 所示。

图 8-18 应用 a:hover CSS 样式的效果

新建 CSS 样式时，选择"新建样式表文件"表示对 CSS 样式表的引用是外部文件方式，而选择"仅对该文档"则表示对 CSS 样式表的引用是内部文档头方式。

建议使用"新建样式表文件"，这样其他的网页也可以链接此样式文件，既能避免重复设置，又可保持整个网站的协调统一。

其他的页面中可以通过单击 CSS 样式面板上的"附加样式表"按钮 ，将样式表 style.css 链接过来。

(四)图像的设计与处理

合理地使用图像，会使网页显得充实美观。网页中的图像，按其应用可以分为以下三种形式：一是背景图像，二是导航按钮图像，三是与教学内容相关的配图。我们通常利用 Adobe Photoshop CS 来制作和处理图像。

任务一：设计网站中标题性图像

步骤 1 启动 Adobe Photoshop CS 软件。

步骤 2 选择"文件"|"打开"命令，在弹出的对话框中找到所需要的图像。

步骤 3 选择"图像"|"图像大小"命令，将图像宽度修改为 780px，高度按比例即可。

步骤 4 单击 Photoshop CS 工具箱中的"横排文字工具" T，在菜单栏下面的"选项"中选择字体、设置字号、颜色等，然后输入"人工智能"四个字。

步骤 5 在"图层面板"中的文字层右击，在弹出的快捷菜单中选择"混合选项"命令，效果如图 8-19 所示。

步骤 6 在弹出的"图层样式"对话框中选中"投影"和"渐变叠加"复选框，效果如图 8-20 所示。

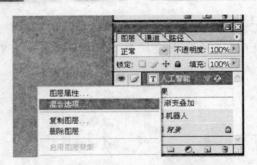

图 8-19　对"人工智能"进行样式设置

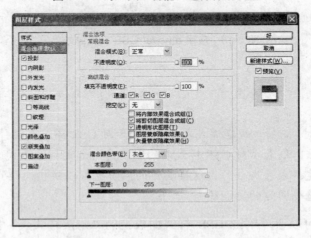

图 8-20　对"人工智能"进行投影和渐变设置

　　步骤 7　单击"渐变叠加"右侧，在出现的选项中单击颜色区域，弹出"渐变编辑器"对话框，色标设置如图 8-21 所示。

图 8-21　对"人工智能"进行颜色渐变设置

　　网站中标题性图像到此制作完毕，最终效果如图 8-22 所示。

图 8-22　对"人工智能"进行颜色渐变设置后的效果

任务二：制作网站导航栏图片

本案例使用图片翻转效果来实现网站的导航栏，所以需要提前准备两套颜色不同的图像。

步骤 1　启动 Adobe Photoshop CS 软件。

步骤 2　选择"文件"|"打开"命令，在弹出的对话框中找到蓝色背景的图像。

步骤 3　选择"图像"|"调整"|"色相/饱和度"命令，在弹出的对话框中修改相应的值，使颜色变成橙色，如图 8-23 所示。

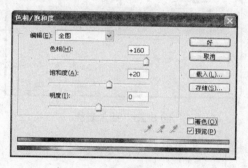

图 8-23　"色相/饱和度"设置

步骤 4　将橙色的背景图像另存为 jpg 格式文件。

步骤 5　分别打开蓝色和橙色的背景，输入各个栏目的名称。再分别选择"文件"菜单的"存储为"命令，格式选择 CompuServe gif，保存即可，效果如图 8-24 所示。

nav1.gif　　　nav2.gif　　　nav3.gif　　　nav4.gif　　　nav5.gif　　　nav6.gif

nav11.gif　　　nav21.gif　　　nav31.gif　　　nav41.gif　　　nav51.gif　　　nav61.gif

图 8-24　导航栏图片制作后的效果

(五)使用表格进行网页排版

为使网页中的文字等元素能够布局合理，可以使用表格来实现网页的精细排版。

任务一：插入及编辑表格

步骤1 选择"插入"│"表格"命令，或单击"对象面板"上插入表格按钮▦，弹出"表格"对话框，输入行、列、宽度值，单击"确定"按钮，效果如图8-25所示。

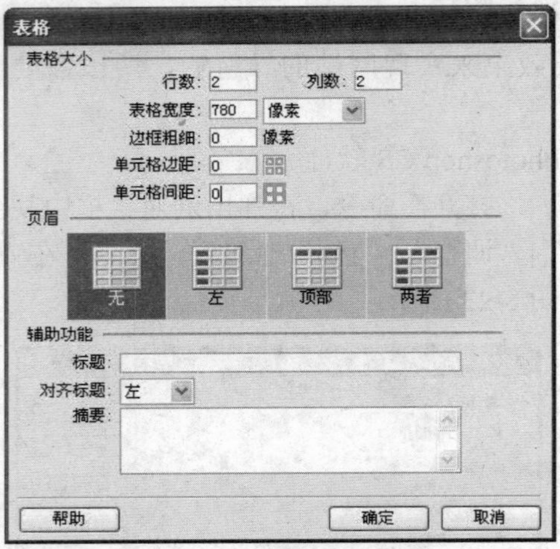

图 8-25 插入表格

"表格"对话框中选项的含义如下。

行数：表格的行数。

列数：表格的列数。

表格宽度：单位可以是像素(Pixels)或百分比(Percent)。按像素定义的表格大小是固定的，而按百分比定义的表格，会按照浏览器的大小而变化。

边框粗细：用于设置表格的边框宽度。如果用于排版，则设置为0，线条为虚线。

单元格边距：设置单元格里面的内容距离边框的距离。

单元格间距：设置单元格与单元格之间的距离。

步骤2 修改表格属性。

单击表格外边框选中表格，在"属性"面板上，将"高度"设置为168，"对齐"设置为居中对齐，单击"背景图像"后面的按钮▢选择图像或直接输入图像的地址。

步骤3 修改单元格属性。

将光标定位在某个单元格，在"属性面板"上可以修改"水平"、"垂直"的对齐方式，以及"宽度"、"高度"、"背景"和"背景颜色"等的设置。

步骤4 合并单元格。

将光标定位在起始单元格，按下鼠标左键拖动至最后一个单元格，选中多个单元格，单击"属性面板"上的合并单元格按钮▣。本案例中需要将第一列的两行合并。

步骤 5　拆分单元格。

将光标定位在需要拆分的单元格中，单击"属性面板"上的拆分单元格按钮 ⊞，在弹出的"拆分单元格"对话框中，选择是将单元格拆分为行还是列，在下面输入数值，单击"确定"按钮，效果如图 8-26 所示。

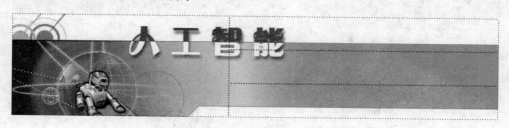

图 8-26　效果图

 提示卡

(1) 如果对表格或单元格设置了背景图像，背景颜色就会失效。

(2) 如果表格用于排版，则将边框粗细设置为 0，线条设置为虚线。

(3) 不要把整个网页放在一个大的表格里，否则会影响网页的显示速度。

任务二：向表格中插入元素

网页中的表格可以作为普通表格进行数据处理，也可以对网页进行排版，需要插入网页中的各种元素，如文本、图像、表格、Flash 动画等。

步骤 1　插入文本。

在单元格中定位光标，直接输入文本内容。

步骤 2　插入图像。

在单元格中定位光标，选择"插入"|"图像"命令，或单击"对象面板"上的插入图像按钮 ▣，选择需要的图像文件。插入的图片可以在"属性面板"上修改大小、参数等。

步骤 3　插入表格。

为使信息整齐，经常会用到嵌套表格，如本案例的导航栏的 6 个栏目需要用表格来精确定位，在单元格中定位光标，插入 1 行 6 列的表格即可。

步骤 4　插入 Flash 动画。

在单元格中定位光标，选择"插入"|"媒体"|Flash 命令，或单击"对象面板"上插入媒体下拉按钮 ❹▾ 中的 Flash 选项，选择所需的 Flash 文件。

步骤 5　插入视频文件：在单元格中定位光标，选择"插入"|"媒体"|"插件"命令，或单击"对象面板"上插入媒体下拉按钮 ❹▾ 中的插件选项，选择所需的视频文件，效果如图 8-27 所示。

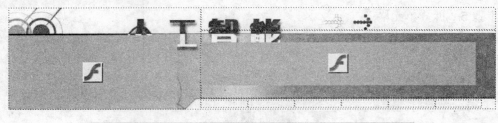

图 8-27　插入文本、图像、Flash、表格的效果

 提示卡

（1）在网页中插入图像等元素的方法与向表格中插入的方法相同，这里就不一一赘述。只要选中某个网页元素，"属性面板"就会显示相应元素的属性。

（2）插入网页中的图像如果过大，就会影响网页显示速度，所以在插入之前，应该将图像修改为适合的尺寸。

（3）不要把整个网页放在一个大的表格里，否则会影响网页的显示速度。

(六)创建超链接

超链接是指从一个网页指向一个目标的连接关系，这个目标可以是另一个网页，也可以是相同网页上的不同位置，还可以是一个图片，一个电子邮件地址，一个文件，甚至是一个应用程序。超链接是网络交互性的核心与灵魂。

任务一：对文本创建超链接

步骤 1 创建外部链接。

选中文本，在"属性"面板的"链接"栏中，直接输入链接地址，如 http://www.sy11z.edu.cn，如果在新的窗口打开，则在"目标"中选择_blank，效果如图 8-28 所示。

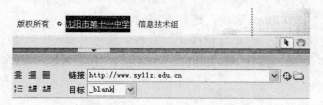

图 8-28　创建外部链接

步骤 2 创建内部链接。

选中文本，在"属性"面板的"链接"栏中，直接输入链接地址，效果如图 8-29 所示。

图 8-29 创建内部链接

或者单击按钮 📁，选择需要链接的本地网页文件，也可以创建内部的网页链接，效果
如图 8-30 所示。

图 8-30 选择需要链接的本地网页文件

提示卡

对图像创建超级链接，与文本超链接方法相同，直接选择图像，在"属性"面板的"链
接"栏中，设置超级链接即可。

任务二：制作导航栏超链接

本案例中导航栏的超链接是利用"鼠标经过图像"来实现的图像翻转效果。

步骤 1 将光标定位在导航栏表格中的第一个单元格，选择"插入"|"图像对象"|
"鼠标经过图像"命令，在弹出的"插入鼠标经过图像"对话框中"图像名称"文本框默
认即可。单击"原始图像"文本框后面的 [浏览…] 按钮，选择制作好的蓝色导航图片；单击
"鼠标经过图像"文本框后面的 [浏览…] 按钮，选择制作好的橙色导航图片，单击"按下时，
前往的 URL"文本框后面的 [浏览…] 按钮，选择链接的网页文件，单击"确定"按钮，效果
如图 8-31 所示。

图 8-31　选择需要连接的本地网页文件

步骤 2　用同样的方法，制作本案例的导航栏，当鼠标经过某个栏目时，显示橙色图像，单击后网页跳转到相应的网页，效果如图 8-32 所示。

图 8-32　导航栏

活动建议

选择一个课程的主题，设计并制作一个网络自主学习型多媒体课件。在制作的过程中，要有以下思考。

(1) 网络课件中的模块如何设置，才能够让教学环节层层深入，实现学生的自主学习。

(2) 网络课件中的内容如何提供，才能够使学生在学习过程中进行有价值的交流和探究。将反思和总结写在下面的横线上。

_____

_____

第三节　网络自主学习型多媒体课件的教学应用

本节导读

本节主要向大家介绍网络自主学习型多媒体课件在教学中的应用。通过学习，大家会了解到网络自主学习型多媒体课件的适用环境、适用学科以及适用的教学活动。

案例研习

王老师准备运用计算机网络环境引导学生进行通用技术学科简易机器人制作探究式学习。为了突出计算机网络环境的教学优势，王老师配合这节课的教学设计制作了网络课件，包含了参考资料、学习目标、重点难点、探索反思、相关资料等模块。他在授课过程中选择了自主学习教学策略，包括创设情境——确定问题——自主学习——协作学习——效果评价等环节。王老师通过远程指导的方式，辅助学生自主阅读、协作学习、利用网络自主探索，让学生在自学的过程中发现问题和解决问题，充分发挥了学生的主动性，教师也由教学活动的讲授者转变为学生学习的引导者。

案例分析

王老师课件的选择，适用于自主学习的开展，特别是对于技术学科来说，学生只有深入探索，扩展知识面才能更深刻地理解教学内容。自主探究式学习也是一种重要的建构主义学习方式，王老师运用现代信息技术手段，充分展现教学内容，设计适合的教学策略让学生主动地建构知识体系，从而达到教学目标。一方面营造宽松的课堂环境，培养了学生自主探究的能力；另一方面合理的教学设计充分发挥了教师的引导作用，有利于自主学习模式中教师角色的转变。

一、教学应用环境

网络自主学习型多媒体课件以网络课程形式为主，它必要的应用环境是联网计算机和主流的 Web 浏览器。硬件环境包括联网计算机、话筒和音箱，以及一定的带宽。软件环境要安装配备 Web 浏览器，如 Internet Explorer 8、遨游、360 浏览器等。要安装相对稳定的操作系统，如：Windows XP\Windows 2000\Windows 7 等。为了支持多媒体呈现形式还需安装 Flash 播放器、暴风影音等视频播放软件。

网络自主学习型多媒体课件的应用主要以学生自学为主，采用异步学习形式，所以教师的教和学生的学都要基于网络环境，通过网络教学平台(网络自主学习型多媒体课件)展开。网络教学平台是教学应用的重要软件环境之一。课件的设计要清晰、明确、简单，要具有较高的兼容性和较好的可移植性，课件还要包含丰富的教学资源(既包括站内资源又包括其他网站的链接资源)，提供资源是否丰富、是否有价值将直接影响到学生自主探究的结果。

拓展阅读

普通网络自主学习型多媒体课件的应用环境

1. 硬件环境

CPU：Pentium 600 以上

内存：128MB 以上

显示器：SVGA

屏幕分辨率：推荐(1024*768)，16 真彩以上

网卡：10/100M 网卡

声卡：可以正常使用

2. 软件环境

操作系统：Windows2000/Windows XP/Windows 7(推荐 XP 以上)

Office：Microsoft Office 2000/XP/2003

分辨率：1024*768(推荐)

浏览器：Internet Explorer 6.0 以上

视频播放器：Windows Media Player 9.0(推荐)

动画播放器：Flash 7.0 播放器插件

二、教学应用过程

(一)课件应用举例

本课件的应用计划表如表 8-8 所示。

表 8-8　网络自主学习型多媒体课件资源应用表

《机器人技术》网络自主学习型多媒体课件资源应用计划表			
教师行为	学生行为	网络支持	作用和效果
1. 创设情境 引导熟悉整个网络课件	激发学习动机 浏览整个网络课件	呈现网络自主学习课件	情境导入，激发动机
2. 提出问题 机器人外形是人形吗？ 机器人有哪些种类？	利用网站自主探索，阅读相关资料，查找图片	图片文本感知与体验	呈现过程，形成表象
3. 自主学习 引导学生阅读： 在线教程——《机器人技术》页面	通过《机器人技术》页面的学习归纳问题答案	图片文本感知与体验	加强理解，形成结论
4. 提出问题 畅想未来的机器人	通过超链接利用互联网寻找答案	图片文本及其他多媒体网络资源	扩展视野，探索学习
5. 协作学习 运用"经验交流"模块，集体讨论	在"经验与交流"模块集体讨论	网络交互交流讨论	各抒己见，发展创造性思维
6. 效果评价 以论文、图片或网页形式展示学习成果	畅想未来的机器人	图片文本、网页等形式	加深印象，展示成果
7. 小结 总结本节知识点，对学生成果进行点评	复习和反思	网络交互工具评价工具	归纳总结，巩固提高

网络自主学习型多媒体课件如果应用于教学，则在设计开发时要了解各种媒体的特点，提供较多的信息量，划分难易不同的学习模块，以方便学生随机进入学习。教师在教学过程中要注重教学的引导，营造一个良好的交互环境。

(二)网络自主学习型多媒体课件应用时的注意事项

网络自主学习型多媒体课件应用于教学的出发点是通过学生的自主探究，建构知识体系，习得教学内容，达到教学目标。它改变了传统的教师教、学生听的教学形式。把学习者的能动性提升到主要地位，通过充分应用现代媒体技术和网络技术，呈现出一个全新的学习方式。新事物的出现伴随着新问题，因此，在教学中应用网络自主型多媒体课件应注意以下几个方面。

1. 教师角色由知识的传授者转变为学习的帮助者

人类几千年的教育观：教师是学术的权威、课堂的主宰、教育的主导者。随着新的教学模式的兴起和课程改革的深入，教师的角色由指导者转化为引导者和辅助者，"教学"更突出学生的"学"，而非教师的"教"。学生学习的过程不是学生被动地吸收课本上的现成结论，而是其亲自参与丰富、生动的思维活动，经历一个实践和创新的过程。教师应成为学生学习的激发者、辅导者、引导者以及具有各种能力和富有积极个性的培养者。教师应该习惯并接受由主宰地位向辅助地位的转变，教育的目的是授人以渔而非授人以鱼，要注重学生个体的实践和体验。

2. 学习者要具备一定的信息技能以有效地开展学习

除了在课件设计上要具有可移植性和易操作性外，学习者自身的信息素养对网络学习成败起着关键作用。学习者应该具有基本的网络浏览、网络检索和网络获取能力，要熟悉网络课件的操作界面、交互环境以及评价机制，避免让课件的操作成为学习的负担。在学习之初教师要组织学习者对网络课件的操作进行培训，让学习者事先进行体验式应用，课件本身也应该具有"傻瓜式"导航功能和便捷的页面跳转。一个良好的网络自主学习型多媒体课件不仅体现在课件做得好，还体现在学生用得好，所以学习者掌握必要的信息技能是开展网络学习的首要条件。

3. 自主学习过程中应避免学生"信息迷航"

网络自主学习型多媒体课件最大特点是呈现的信息量大，学生在取得丰富的学习资源的同时，在自主学习时，既希望查找与学习内容相关的信息，同时又在浏览着无关的网页。有的学生搜集了很多信息，却疲于思考分析，不能为自己所用。学生面对无序而又海量的网络信息，很容易迷失在信息的汪洋大海中找不到自己的位置，忘记自己的学习目标，进而表现出迷茫、无措、烦躁和忧虑的情绪，致使学习效率低下。因此，只有提供良好的课程导航，教师随时关注学生的学习动向，予以正确引导，才能减少和消除信息迷航现象，保证学习者自主、高效地完成教学内容。

4. 自主学习过程中不能忽略集体讨论

网络自主学习是一种开放式的学习形式，如果在学习过程中学生不与教师和其他学员开展科学讨论，常常达不到良好的学习效果。自主学习过程中，教师必须让学生就所探究的过程和结果展开科学讨论，引导学生对自主探究结果做出解释，同时要认真设计问题，引导学生针对某个问题进行讨论，从而加深其学习印象，在讨论中消化吸收重难点知识。

三、教学应用模式

网络自主学习型多媒体课件的应用实质是建构主义学习理论在教学中应用的具体体

现，这种教学以学生自主学习为主，教师加以组织、引导和协调，在学生的自主学习过程中，教师组织学生相互之间协作学习，以帮助学生高效、高质地取得学习成果；这种教学是以多媒体计算机和互联网、校园网为学习工具，以网络作为重要的信息来源，强调获取信息、过滤信息、分析信息、加工信息的方法，强调学习的全过程和学生间的协作学习。其中常用的网络自主学习型多媒体课件的教学模式包括以下几种。

(一)情境化教学模式

情境化教学模式是指在教学过程中，为了达到既定的教学目标，从教学的需要出发，将"情境"作为教学平台，教师有目的地引入或创设与教学内容相适应的、具有一定情绪色彩的、以形象为主、生动具体的场景和氛围，以引起学生一定的情感态度体验，从而帮助学生迅速而正确地理解教学内容，并使学生的心理机能得到全面和谐发展，提高教学效率。一般来说，情境化教学模式主要包括四个基本步骤，如图 8-33 所示。

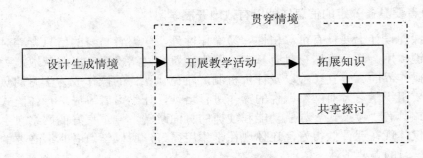

图 8-33　情境化教学模式的过程

情境化教学模式以学生的生活经验为出发点，创设相似情境来使学生建构知识体系，使学生能将所学到的知识应用于解决生活中的实际问题。无论衣、食、住、行的哪个方面或角度，只要是可以从学生生活中发现的情境题材的知识都可以应用该模式，从而提高学生联系实际、解决问题的能力。教师要做这方面的有心人，应多观察生活，处处留心，注意收集和整理与科学知识相关的情景题材，并尝试开发新的情境资源。适用于情境化教学模式的知识类型有生活中的物理、化学现象，动植物的生存，人文地理知识等。

(二)基于问题学习的教学模式

基于问题学习的教学是将学生置于实际问题情境中，通过让学生组成团队来合作解决真实的问题，把所学知识与实际生活联系起来，培养他们学习的兴趣和主动性，同时使学生在解决问题的过程中实现知识的意义建构，并形成批判性思维，获得自主学习与合作学习的技能及解决问题的能力。基于问题学习的教学模式的操作步骤如图 8-34 所示。

基于问题学习的教学模式需要学习者首先具备一定的知识基础，因此当教学内容为一些贴近生活的科学知识、原理、规律时适宜采用基于问题学习的教学模式，如历史知识、古诗词鉴赏、天文地理知识等。另外，如果单纯采用基于问题学习的教学模式不仅学时紧张还会使一些基础较差的学生难以在小组中发挥作用，而传统的以讲授为主的教学模式的系统、省时等优点恰恰能够弥补这一不足，那么将传统的以讲授为主的教学模式与基于问题学习的教学模式相结合就是一项非常有益的尝试。

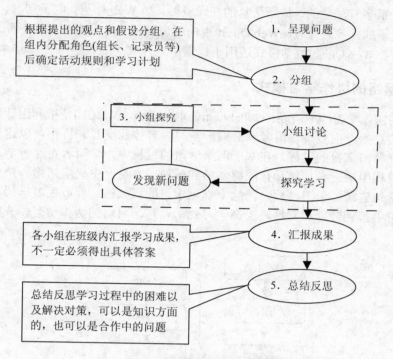

图 8-34　基于问题学习的教学模式过程

(三)Web Quest 教学模式

Web 是指"网络"，Quest 是"寻求"、"调查"的意思，所以从构词意义上看，Web Quest 是一种"网络调查"活动。Web Quest 可译为"网络专题调查"或"网络探究"，是一种以探究为导向的学习活动，在这一活动中，供学习者进行交互的信息部分或者全部都是来自互联网，或者是录像模拟资料。为了提高学习者锻炼分析、综合和评价等高级思维能力，以及学习效率，Web Quest 关注的重点是如何应用信息，而不仅仅是搜集信息。Web Quest 教学模式的操作步骤如图 8-35 所示。

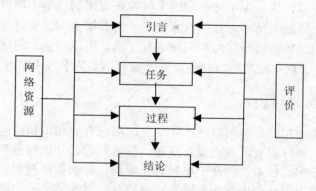

图 8-35　Web Quest 教学模式的模块组成

Web Quest 教学模式中，教师需要创建一些到其他互联网站点的链接来共享网络资源。这些链接提供了很多有质量的、最新信息的在线资源，如 Web 站点、电子刊物、虚拟旅行、电子公告板、电子邮件等。有时，Web Quest 也向学生提供容易采用的离线资源，如儿童文学读物、书目等。Web Quest 教学模式适用于探索型、开放式的教学。

(四)基于网络的协作学习模式

基于网络的协作学习(Web-Base Collaborative Learning，WBCL)是指利用计算机网络以及多媒体等相关技术，由多个学习者针对同一学习内容彼此交互和协作，以达到对教学内容比较深刻的理解与掌握的过程。在基于网络学习的过程中，学习者对这种学习环境比较陌生，在学习过程中缺乏参与感和认同感，感到孤独，容易产生厌学情绪。协作学习则可使学习者共享学习资源、学习过程，消除个别化学习的孤独感，并产生参与感、认同感与归属感，在学习中得到鼓励和支撑，提高学习效率。基于网络的协作学习模式的操作步骤如图 8-36 所示。

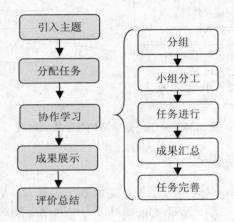

图 8-36 基于网络协作学习的过程

基于网络协作学习的教学模式，相对于课堂教授的教学模式需要更多的时间，因为这个过程要给学生充分的协作与交流的机会和时间，否则，这一个教学过程将很难完整地实现。而正常的教学环节，为各个单元分配的学时都是有限的，基于网络的协作学习很难开展。科学的学习是可以随时随地进行的，假期里学生有很多的自由时间来进行科学知识的探索，并利用网络的优势随时与老师和同学进行交流。所以，基于网络的学习，适合教师在假期开始前为学生分配一定的学习任务，开学后对学生的学习成果进行展示与评价。

(五)实验探究教学模式

"实验探究"是指在教师的指导下，让学生运用已有的知识和技能，以新知识的探索者和发现者的身份，通过实验亲自去发现问题、思考问题、分析问题和解决问题的一种教学模式。实验探究教学的根本目的在于培养有创新意识、创新精神和创新能力的人，是人们能够在知识爆炸的当今社会生存的重要方式。教育应当使学生成为研究者，或者说让学生在学习过程中像研究者一样工作、思考和发展，每个学生都可以像科学家那样发现新知识，生产新知识。实验探究教学模式的操作过程以及在该过程中教师和学生的任务和角色如图 8-37 所示。

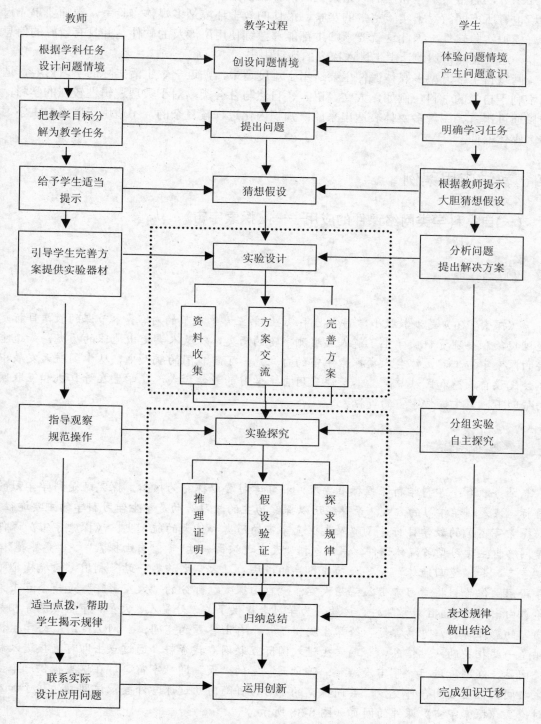

图 8-37　实验探究教学模式的操作步骤

这种模式适用于开放性质的科学知识，如常见的生活现象、自然现象、人文知识、科学知识等，通常是一些和生活联系紧密的内容。根据教学内容的不同，此模式最佳的教学环境也有所不同。对于实验室中的实验，最佳的教学环境是多媒体实验室，教师要事先设计好模拟实验软件。因此这就要求师生都能够熟练使用所涉及的软件，并具有较好的信息素养，这样就能自然地让学生进入探究的活动中去。

网络自主学习型多媒体课件主要适用于难度适中，贴近学生生活实际的学习内容，适用于利于自学的学科，例如，人文、语言、自然与社会类。对于数理逻辑性较强的学科；难以通过语言、图像多媒体表达出来的；知识内化过程较复杂的，不适用于网络自主学习型多媒体课件。

四、教学应用案例

(一)自然科学类网络课件的应用——《探索宇宙》

《探索宇宙》是浙教版小学科学七年级(上)第三章第七节的内容。本节课的教学目标是通过搜集和整理资料使学生了解人类观测宇宙的历史，以及人类走出地球的历史，知道重要的探索宇宙工具，体会人类探索宇宙的自豪感，了解我国的航天史，从中国航天发展中体会民族自豪感和民族尊严。本节课采用自主学习的教学模式，让学生在计算机和互联网的帮助下，自主探索宇宙的奥秘。

义务教育小学科学新课程标准要求：科学学习要以探究为核心。探究既是科学学习的目标，又是科学学习的方式。亲身经历以探究为主的学习活动是学生学习科学的主要途径。《探索宇宙》的教学目标是了解人类探索宇宙的历史和伟大的航天史。《探索宇宙》课件是网络自主学习型多媒体课件，课件包括"太空之旅第一站"、"自由探索"、"竞答题"、"宣言"和"返回地球"等多个功能各异的板块。"太空之旅第一站"利用"情境模拟"手段用录像资料将学习者带入茫茫太空；"自由探索"部分的"太空影院"是一个点击菜单自由出入的 Flash 教学软件，该软件为学习者提供了关于外星人、火星、宇宙黑洞等相关内容的影像资料；"竞答题"给学生提供了一个自由答题的空间；"网上漫游"给学生提供了一些相关的网站信息，帮助学生进入国际互联网查找资料，通过点击即可直接进入相关网站，在网上进行"宇宙漫游"；聊"天"室的"天"即"宇宙"，在这里提供一个生生之间、师生之间合作交流、共同探究的平台，并随时欢迎课堂外登录该网站的孩子加入讨论。《探索宇宙》课件的网页如图 8-38 所示。

图 8-38　《探索宇宙》课件的网页

利用网络自主学习型多媒体课件进行教学适用于本节课的教学内容和教学目标，该课件把学生放在了学习主体的位置上，突破了传统的以教师为主的教学模式。通过计算机呈现的图片与录像资料，不仅使学生接触到的知识面更加宽广，其呈现方式还更加形象生动，比让学生阅读、汇报，在形式和内容上更吸引人。采用"太空之旅"的形式，通过虚拟现实手段，将学生带入太空世界，由浅入深、循序渐进地进行探究式学习，符合教学规律，有利于培养学生的学习兴趣，让他们在科学的探索中体会科学学习的乐趣。

(二)外语学习类网络课件的应用——《Where did you go on vacation?》

 案例研习

《Where did you go on vacation?》是人民教育出版社初中英语七年级下册 Unit 10 中的内容。在已学习《Unit 9 How was your weekend? 》谈论周末的基础上，进一步对假期的去向和评价进行问答，是学生日常生活频繁使用的语言交际内容。本课的教学目标是学习 what 和 where 过去式疑问句及其回答，谈论假日活动及描述感受，让学生学会用一般过去时谈论过去发生的事情，并养成用英语记日记的习惯。本节课制作了网络自主学习型多媒体课件，利用多媒体的特性和视音频技术为学习者提供一个虚拟的语言环境，学习者通过收听课文内容、观看英文对话、人机会话、角色扮演、文化体验等环节自然地进入到英语环境中，得到较充分的听说训练机会。

 案例分析

《Where did you go on vacation?》这一课的教学内容具有话题性和交际性。英语教学倡导"体验式语言教学"，网络自主学习型多媒体课件符合语言教学的要求，提供了情境化

教学环境。该课件内容包括："背景介绍"、"视频点播"、"听说练习"、"交互对话"、"文化体验"几个专栏。"背景介绍"中呈现了教学背景、教学目标、教学内容，为学生自主学习打下基础；"视频点播"包括音频、视频教学内容，学生利用视频点播功能进行体验式学习；"听说练习"包括"听力练习"、"发音比较"、"跟读练习"等内容，利用人机交互功能培养学生的听说能力；"交互对话"模块中进行"师生对话"、"两两对话"和"角色扮演"，学生通过与同伴的协作学习，增进英语口语能力；"文化体验"为学生提供一个个性化的体验学习的机会，通过呈现大量的英语国家人文、社会知识，图文并茂，声像结合，学生在此展开体验之旅，乐趣无穷。该课件的网页如图 8-39 所示。

图 8-39　英语课件的网页

(三)数理类网络课件的应用——《凸透镜成像》

《凸透镜成像》是人教版初中物理教材八年级上册第三章第三节的内容，也是本章的重点内容。通过学习不仅让学生了解凸透镜成像的规律，还让学生学会实验探究的方法，强调学生学习的独立性和主动性。结合本节课的教学特点，设计一个基于实验探究模式下的物理学科的网络自主学习型多媒体课件。通过在虚拟的网络环境下进行仿真实验，经过分析、论断，最终得出科学的结论。课件还提供了丰富的凸透镜应用知识，结合实际生活介绍了照相机、投影仪等设备的知识，丰富了学习内容，扩大了学生的视野和知识面。

物理学科要培养学生对科学的求知欲，培养其探索自然现象和日常生活中的物理道理的能力。《凸透镜成像》课件的设计包括"凸透镜小百科"、"实验基地"、"问题探索"、

"照相机世界"、"投影仪介绍"和"头脑风暴"等几个功能模块。①"凸透镜小百科"呈现了本节课的基础知识，简单介绍了凸透镜的基本原理和成像规律以及生活中凸透镜应用的现象，激发学生的学习兴趣。②"实验基地"利用虚拟 Flash 课件模拟凸透镜成像实验，通过动手操作，记录实验结果，总结凸透镜成像规律。"实验基地"模块中设有子模块，包括"实验背景"、"实验目的"、"实验仪器"、"实验原理"、"实验内容"、"数据处理"、"实验思考"等项目。③"问题探索"模块为学生设计问题，布置任务，引导学生积极探索。④"照相机世界"和"投影仪介绍"为学生提供了丰富的扩展学习资料，带他们走进照相机和投影仪的世界，培养他们利用所学知识探索日常生活中的物理原理。⑤"头脑风暴"为学生提供了一个集体讨论的交互环境，学生在这个环境中可以自由思考，并对教师布置的任务或感兴趣的某一特定领域进行讨论。《凸透镜成像》课件的网页如图 8-40 所示。

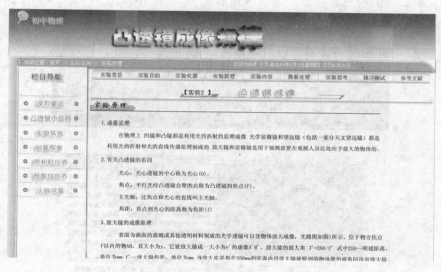

图 8-40　《凸透镜成像》课件的网页

(四)文史类网络课件的应用——《三国鼎立》

案例研习

《三国鼎立》是人教版初中历史七年级上册第四单元第一课的内容，根据新课标的要求和学生的实际需要，三国鼎立局面的形成为本课的教学重点。围绕本节课的教学内容，制作了一个基于 Web Quest 模式下的历史学科网络自主学习型多媒体课件，主题为《三国鼎立》。该课件设计采用了引言—任务—过程—资源—结论—评价的设计模式。围绕三国鼎立局面形成，利用课件教学创设情境，布置学习任务，指导学生利用网络合作探究、解决问题，使学生在感知历史、体验历史的过程中，学会分析战争胜负的主要原因，学会客观、全面地评价历史人物，认识到国家统一是历史发展的必然趋势。

案例分析

概括地说，Web Quest 教学模式是让学生扮演某一个角色，在教师的引导下，通过网络资源去完成某一特定任务。课件中设计了"活动设计"、"学习资源"、"活动过程"、"学习评价"、"扩展资源"几个栏目。依据 Web Quest 教学模式进行网络教学，其中"活动设计"呈现本节课的教学目标、学习建议、设计问题，即呈现出"任务"；"活动过程"栏目引导学生进行探索学习，是探究活动的主体，为学生提供学习建议；"学习资源"提供了丰富的图像、文字和视频资源，学生通过对资源的整合来完成任务；"学习评价"栏目为学生提供了一个交互环境，让其进行总结和互评；"扩展资源"提供了三国小故事以及《易中天品三国》的视频资源。本课件内容充实，结构完整，目的是帮助学生理解并掌握初中历史知识。《三国鼎立》课件的主页面如图 8-41 所示。

图 8-41　《三国鼎立》课件的主页面

网络自主学习型多媒体课件适合于探究式学习、协作式学习、情境化学习以及基于问题的学习。网络自主学习型多媒体课件在科学学科的应用为学生提供了丰富的天文和地理资料，图文并茂，胜过教科书以及教师的说教。物理学科利用网络自主学习型多媒体课件充分发挥了计算机和网络的仿真实验优势，特别是对于具有危险性的实验和成本较高的实验可以通过虚拟现实技术在网络自主学习型多媒体课件中实现。英语学科教学利用网络自主学习型多媒体课件，营造的体验式语言环境更有利于语言学习。历史课堂中利用网络自主学习型多媒体课件，学生通过探索历史以及对资源的收集和整合，能够更深入地体味历史事件，从而对历史有更深层面的思考。除了以上列举的学科外，生物、化学、语文、政治、音乐、美术、信息技术等学科也可以利用网络自主学习型多媒体课件进行教学，但要根据教学内容的不同而有差异地设计网络教学课件。

 拓展阅读

霍华德加德纳的多元智能理论

多元智能理论又叫"多元智力理论"。传统的智力理论认为人类的认知是一元的，个体的智能是单一的、可量化的，而美国教育家、心理学家霍华德加德纳认为过去对智力的定义过于狭窄，未能正确反映一个人的真实能力。他认为，人的智力应该是一个量度其解题能力(ability to solve problems)的指标。根据这个定义，他在《心智的架构》(*Frames of Mind*, *Gardner*, 1983)这本书里提出，人类的智能至少可以分成以下七个范畴(后来增加至八个)。

1. 语言

语言(Verbal/Linguistic)主要是指有效地运用口头语言及文字的能力，即听、说、读、写能力，表现为个人能够顺利而高效地利用语言描述事件、表达思想并与人交流的能力。这种智能在作家、演说家、记者、编辑、节目主持人、播音员、律师等职业上有更加突出的表现。

2. 逻辑

从事与数字有关工作的人特别需要这种有效运用数字和推理的智能。他们学习时靠推理来进行思考，喜欢提出问题并执行实验以寻求答案，寻找事物的规律及逻辑(Logical/Mathematical)顺序，对科学的新发展有兴趣。即使他人的言谈及行为也成了他们寻找逻辑缺陷的好地方，对可被测量、归类、分析的事物比较容易接受。

3. 空间

空间(Visual/Spatial)智能强的人对色彩、线条、形状、形式、空间及它们之间关系的敏感性很高，感受、辨别、记忆、改变物体的空间关系并借此表达思想和情感的能力比较强，表现为对线条、形状、结构、色彩和空间关系的敏感以及通过平面图形和立体造型将其表现出来的能力。他们能准确地感觉视觉空间，并把所知觉到的表现出来。这类人在学习时是用意象及图像来思考的。

空间智能可以划分为形象的空间智能和抽象的空间智能两种能力。形象的空间智能为画家的特长。抽象的空间智能为几何学家的特长。建筑学家形象和抽象的空间智能都擅长。

4. 肢体运作

肢体动作(Bodily/Kinesthetic)善于运用整个身体来表达想法和感觉，以及运用双手灵巧地生产或改造事物的能力。这类人很难长时间坐着不动，喜欢动手建造东西，喜欢户外活动，与人谈话时常用手势或其他肢体语言。他们学习时是透过身体感觉来思考的。这种智能主要是指人调节身体运动及用巧妙的双手改变物体的技能，表现为能够较好地控制自己的身体，对事件能够做出恰当的身体反应以及善于利用身体语言来表达自己的思想。运动员、舞蹈家、外科医生、手艺人都有这种智能优势。

5. 音乐

音乐(Musical/Rhythmic)智能主要是指人敏感地感知音调、旋律、节奏和音色等能力，

表现为个人对音乐节奏、音调、音色和旋律的敏感以及通过作曲、演奏和歌唱等表达音乐的能力。这种智能在作曲家、指挥家、歌唱家、乐师、乐器制作者、音乐评论家等人员那里都有出色的表现。

6. 人际

人际关系(Inter-personal/Social)智能是指能够有效地理解别人及其关系以及与人交往能力，包括四大要素。①组织能力，包括群体动员与协调能力；②协商能力，指仲裁与排解纷争能力；③分析能力，指能够敏锐察知他人的情感动向与想法，易与他人建立密切关系的能力；④人际联系，指对他人表现出关心，善解人意，适于团体合作的能力。

7. 内省

内省(Intra-personal/Introspective)智能主要是指认识到自己的能力，正确把握自己的长处和短处，把握自己的情绪、意向、动机、欲望，对自己的生活有规划，能自尊、自律，会吸收他人的长处。会从各种回馈管道中了解自己的优劣，常静思以规划自己的人生目标，爱独处，以深入自我的方式来思考。喜欢独立工作，有自我选择的空间。这种智能在优秀的政治家、哲学家、心理学家、教师等人员那里都有出色的表现。

内省智能可以划分为两个长层次：事件层次和价值层次。事件层次的内省指向对于事件成败的总结。价值层次的内省将事件的成败和价值观联系起来自审。

8. 自然探索

自然探索(Naturalist，加德纳在1995年补充)指能认识植物、动物和其他自然环境(如云和石头)的能力。自然智能强的人，在打猎、耕作、生物科学上的表现较为突出。自然探索智能应当进一步归结为探索智能，包括对于社会的探索和对于自然的探索两个方面。

 活动建议

请将你制作的网络自主学习型多媒体课件应用于教学，从教学目标达成、教学方法、教学过程、学生学习效果、课堂效率、评价反馈等方面对比不用课件的课堂教学，写一篇课件应用的反思日志，这样能帮助你更加理性、科学地设计并应用课件。

_____

_____

_____。

第九章

多媒体课件的评价

本章要点

- 了解什么是多媒体课件的评价。
- 了解多媒体课件评价的功能和原则。
- 掌握几种常用的多媒体课件评价的方法。
- 能根据自身的需要设计出课件评价量表。
- 能对多媒体课件做出客观分析和评价。

本章知识结构图

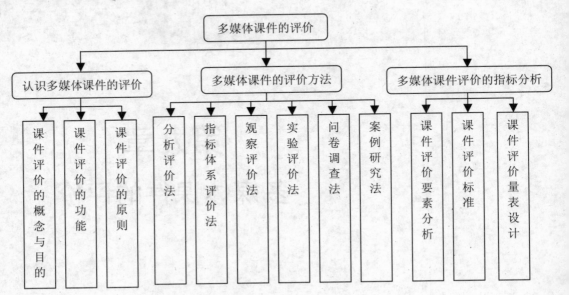

第一节　认识多媒体课件评价

本节导读

　　本节主要帮助学习者了解什么是多媒体课件评价，多媒体课件评价的目的是什么，多媒体课件评价的主要功能是什么，多媒体课件评价需要依据哪些原则。

案例研习

　　学期末，刘老师所在的光明小学为了充实教学资料，推动信息技术与学科整合的深入开展，在校内展开了多媒体课件的征集活动，并对所征集的课件进行评奖，优秀作品将报送市里参加全市的教育软件大奖赛。课件征集的具体要求如下。

　　课程范围：我校正在使用的、与教材相配套的多媒体课件，一般以一节课为单位。

　　课程内容：各学科课件，要全面体现教学改革理念，要充分体现多媒体课件信息量大、声形并茂、教学效果好等优越性。

　　运行环境：操作系统为WinXP或Win2000，多媒体为Flash\PowerPoint\Authorware\网

页等形式。具体评审方式如表9-1所示。

表 9-1 多媒体课件评审表

作品名称			作者		
指标	评审标准		分值	得分	权重
教育性	选题恰当，知识点表达准确		30	S1＝	0.25
	注意启发，促进思维，培养能力		25		
	场景设置、素材选取与知识点结合紧密		25		
	模拟仿真，举例形象		20		
技术性	画面清晰，动画连续，色彩逼真		30	S2＝	0.35
	交互设计合理，智能性好		30		
	声音清晰，音量适当，快慢适度		20		
	图像清晰、色彩搭配得当		20		
艺术性	创意新颖，构思巧妙，节奏合理		35	S3＝	0.20
	媒体多样，选用恰当，设置和谐		30		
	视像、文字布局合理，声音悦耳		35		
使用性	界面友好，操作简单、交互灵活		40	S4＝	0.20
	容错能力强、运行稳定		30		
	对硬件设备要求适当		30		
评审意见					
	负责人(签字):				
总分	(Z1=0.25×S1+0.35×S2+0.20×S3+0.20×S4)				

 案例分析

　　高明小学重视现代教育技术，开展多媒体课件征集活动，极大地鼓励了教师制作课件、应用课件的积极性，并将信息技术与学科有机地整合起来。课件内容要求从教学的实际出发，符合教学需要，课件实用性强。多媒体课件审核表以量规形式规定了作品教育性、技术性、艺术性、使用性的要求，较为详尽，该评价审核表适用于一般的多媒体课件。开展多媒体课件评价活动有利于利用现代教育技术手段改变传统课堂，有利于促进教育信息化的发展。

一、多媒体课件评价的概念与目的

　　课件(Courseware)是根据教学大纲的要求，经过教学目标确定，教学内容和任务分析，教学活动结构及界面设计等环节，而加以制作的课程软件。它与课程内容有着直接联系。

评价就是指依据明确的目标，按照一定的标准，采用科学的方法，测量对象的功能、品质和属性，并对评价对象作出价值性的判断。

课件编制完成后，能否用于教学，是否对应了教学目标的要求？这就需要进行课件评价。课件评价指根据教学目标的要求对多媒体课件的内容结构、教学策略以及界面设计等方面给予全面地衡量和判断的过程，是衡量和估计课件的教育价值以及技术性的过程。辩证地说，教学性决定了课件的技术性，反过来课件的技术性又对教学性有反作用。因此在制作课件和评价课件的时候，应该从课件的性质出发，首先评价课件的教育教学功能和价值，其次评价课件的技术要求是否达到了软件程序设计的要求。

课件评价的目的不是直接涉及教师的课堂教学情况，也不直接针对学生的学习情况，但对整个教学活动来说具有不可忽视的作用。具体体现在以下几个方面。

第一，判断课件各方面对促进受教育者达到教育目的和教学目标所起到的作用。

第二，判断课件是否根据教学对象的认知特点进行设计。

第三，判断课件是否根据教学内容选择适合的多媒体技术来表现，是否具有流畅的可操作性和交互功能。

第四，判断课件在改进教学效果和提高教学效率方面所起到的作用。

第五，综合判断课件的质量，指导课件设计、制作和改进。

多媒体课件是计算机辅助教学的重要条件，它的质量好坏直接影响着教学活动的质量和效果。对课件进行评价是获得高质量课件必不可少的环节。

二、多媒体课件评价的功能

对课件进行评价，不仅仅是对课件开发者的工作成效与水平进行判断，更重要的实质意义是对课件的教育价值进行估测，在课件制作的各个过程中，要及时地对课件进行评价，以使课件逐步完善。课件评价具有如下几种功能。

(一)诊断功能

诊断功能是指通过评价找出课件设计与编制中的成功或不足之处。这是课件评价的基本功能，其他功能是在科学诊断的基础上实现的，只有认识对象才能改变对象。诊断评价一般伴随在课件的设计和制作的过程之中，评价的目的是找出问题，进行总结，以备修改和完善，不断促进课件设计与编制水平的提高，以期进一步有益于教学质量的提升。以诊断为功能的课件评价有如下几个特点：第一，评价过程由课件制作人员以及教师共同参与，教师不仅是评价的客体，还是评价的主体，在评价的过程中教师不断地反思和改进。第二，诊断性评价是过程评价而非结果评价，只提出修改建议，不做最后的考核依据。第三，诊断性评价的目的是找出课件中的不足，为不断改进教学提供依据。

(二)激励功能

课件评价可以确定课件开发设计与编制中的成功或创新之处，特别是带有比赛性质的评价，能通过理想、榜样、评价等外在诱因和课件设计者本身的责任感、荣誉感、成就感等内在动力，两者相互作用，形成一股激发、鼓励课件设计者积极、向上的精神力量，诱发他们发明创造的欲望，从而制作出更为优秀的作品。课件评价的最终目的是为了更好地提高教学水平与效率，因此，应多提倡正面评价，鼓励原创的、个性的课件作品，对于先进的单位和个人来说，评价的结果是对自己过去成绩的肯定与表扬，这会对成功的经验起强化作用，使被评价者更加努力、更加主动，以保持或取得更大的成绩；对于落后者则是一种有力的鞭策。

(三)导向功能

导向功能就是通过课件评价，对课件的教育性和技术性提出要求，在课件题材、表现形式、技术手段等方面起到导向作用，从而作出符合设定目标的选择并对偏离设定目标的倾向进行纠正的功能。在课件评价中的导向功能表现在：媒体导向、理论导向、思想导向和技术手段导向，由于不同内容的课程选择的媒体表现形式不同(如英语学科课件以音视频媒体更能够体现出语言环境)，所以在课件评价时，选择音视频媒体要比用文本和图片好得多。理论导向是在课件评价时，有时倾向于对教学设计的评价，这就需要以教学理论来指导课件的制作和应用。例如，开放、灵活、强交互性的课件设计，要求学生要自主学、探究学、合作学，课件设计倾向以建构主义学习理论(Theory of Constructivism Learning)、混合主义学习理论(Theory of Blending Learning)为指导。思想导向是课件评价时要求课件能够运用正确的思想对受教育者进行教学和引导。例如，素质教育强调以学生能力培养为中心，强调学会学习，学会做事，学会生活。技术手段的导向主要表现在，对新技术应用的积极评价能够起到导向作用，倡导更多人使用新技术。

(四)检验功能

评价的过程是一个对评价对象的判断过程，是一个综合计算、观察和咨询等方法的复合分析过程。对课件进行评价是对课件的设计制作等过程进行综合评价，检验课件能否达到预期标准，功能是否完备，是否能为教学服务。通常课件评价所检验的项目包括课件的教育性、教学性、技术性、艺术性等。检验是课件的第一次试运行，根据多媒体课件的评价指标，以分数、等级或报告形式将检验结果反映出来，最终评价课件是否达到了教学要求，能否很好地为教学服务，提高教学质量。

三、多媒体课件评价的原则

(一)目的性原则

目的性原则指在对课件进行评价时，必须有明确的评价目的。例如，是达标性评价还是评优性评价，评价是为了判断课件完成情况还是为了查缺补漏，总之，不能做无目的或目的不明确的评价，评价目的的不同，评价的方法、标准也有差异。

(二)客观性原则

客观性原则是指在进行课件评价时，从测量的标准和方法，到评价者所持的态度，特别是最终的评价结果，都应从实际出发，实事求是，不能主观臆断或渗入个人感情，也不能掩饰缺陷，应针对教学的实际要求，客观、公平而有针对性地对课件作出评估、判断。因为评价的目的在于给作品以客观的价值判断，如果缺乏客观性就会完全失去意义，还会提供虚假信息，导致错误的决策。要使得评价是真实有效的，就要在评价的各个环节保证客观。首先应做到评价方法的客观，选择科学、恰当的评价方法；其次要做到评价工具的客观，选择科学可靠的技术工具；最后，要做到评价态度的客观，不带有主观性，做出实事求是，公正严肃的评定。

(三)系统性原则

由于教学系统的复杂性和教学任务的多样化，使得教学评价要从不同的侧面反映出来，表现为一个由多因素组成的综合体。课件评价应从教学设计、素材选择、程序设计、操作性等方面全面地、系统地进行评价，不能只顾某一方面，应从多个方面来综合考虑，防止评价结论中的简单化和片面性。对课件进行评价时，要根据系统论的观点，从整体出发，既要考察课件各个部分的关联情况和综合性能，又要注意不要过分追求全面而脱离实际。所以，评价指标体系应全面、系统、本质地反映、再现、涵盖课件各方面的要素，把定性评价和定量评价结合起来，使其相互参照，以求全面准确地判断评价客体的实际效果。

(四)可操作性原则

评价就是拿一把尺子去丈量评价对象的长短、高低，就是用一种衡器称量评价对象的分量、轻重。所以评价必须是大家都能接受的，都能使用的。课件评价指标体系应尽可能简便、实用、可行，数据要尽量真实和容易处理，其取舍要考虑到既能对多媒体课件进行质量评价，又便于评价过程的操作实施。在设计评价指标体系时，所涉及的内容和形式应简化，便于操作，使评价者和课程教学人员均能接受。课件评价指标应具体和明确，有独立的内涵和外延，措辞清晰，语义明白无歧义，评价指标应具有行为化和操作化，使评价者便于观察，易于测量，方便比较，指定的指标体系既能对课件进行度量，又便于评价过程中的操作实施。

(五)重点性原则

课件评价要从各个方面做多角度、全方位的评价，然而，事实上，当人们制定指标体系时，即使在考虑非常周到的情况下，也难免会有挂一漏万的现象。另外，指标体系面面俱到，会大大增加评价的工作量，这样必然会降低评价工作的可行性与准确性。所以，在课件评价时要把握主次，区分轻重，抓住主要矛盾。设计评价指标体系时，应根据评价对象的特点及具体的评价目的，把最能反映评价对象属性、最能满足评价目的要求的因素确定为指标，对于一些非主要、非本质的评价因素则可以忽略和舍弃，例如，通过统计发现大多数评价体系中，"教育性"上的加权数一般都是最高的。所以，要建构一套科学、合理、可行的课件评价指标体系，必须遵循全面与重点相结合的原则。

(六)一致性原则

一致性原则首先表现为课件评价标准要与教学目标相一致，多媒体教学的总目标和课件评价指标体系应该是吻合的、一致的。指标体系要充分体现多媒体教学的基本要求，否则有可能出现错误导向，造成评价中的失误。指标体系中的各层指标必须全面、完整、充分、贴切地体现被评价对象所要达到的目标，绝不能与目标相矛盾、违背、脱节，否则评价也就失去了有效性。

其次，一致性还要求评价主体之间应该是平等的，不应有强势弱势的差别，评价主体之间的和谐一致是评价有效性、客观性的基本保障。

(七)独立性原则

为了使评价工作简便易行，课件评价指标体系应根据系统的结构分解出若干个亚系统，亚系统再分为若干个子系统，但要保证评价指标之间的相对独立性，减少冗余。同级指标之间最好是独立的，即同级指标之间内涵不雷同、外延不交叉。如果指标不独立，那么在评价过程中就会出现偏差，要么漏评，要么重评，而这都将影响评价的准确性从而影响评价的科学性。指标互不独立，有些标准重复或多余，这不但没有意义，而且会增加评价的工作量，影响评价的进程。所以评价指标体系应结构清晰，层次分明，便于操作。

拓展阅读

多媒体课件评价的误区

目前在多媒体课件的评价过程中还存在对象、指标体系和评判者三方面的误区，只有正确认识到多媒体课件评价过程中存在的误区，才能真正促进和指导我国计算机辅助教学的深入开展。

一、多媒体课件理解的误区

1. 课件因其表现的教学内容越直观就被认为是越好的课件

20世纪40年代，美国教育家戴尔从教学实践的研究中，总结了一系列视听教学的方法，出版了《视听教学方法》一书，他认为："教育应从具体经验入手，逐步过渡到抽象；教育不能只满足于一些具体经验，而必须向抽象化发展；如果把具体的直接经验看得过重，使教育过于具体化，而忽视了教育的普遍化，则是很危险的。"据此，我们可以看出：内容的形象和直观不应该简单地成为课件的评价标准。形象、直观和抽象都是帮助学生获得经验的一种手段，没有好与不好的分别。随着学生抽象思维能力的提高，形象、直观的教学手段会逐渐减少。因此，在课件中是采取形象还是抽象，关键要看学习者的思维能力的水平，而不能简单地认为教学内容越直观就越好。

2. 越是使用大众化著作软件制作的多媒体课件越是低水平、低层次的片面认识

笔者参加过学校的多媒体课件评价，也参加过多次全国性的计算机辅助教学软件竞赛，关于评选方法与评选标准也值得我们去思考和研究。在现实中，就有重 Authorware 课件，轻 PowerPoint 课件的现象，把 PowerPoint 课件说成是简单的幻灯片。其实 PowerPoint 也能制作出优秀课件，而且对于广大教师来说更容易学习、掌握和操作，大可不必厚此薄彼，以著作软件的高低级来评价课件的高低。因此无论是在制作还是评价多媒体课件时，要树立不管采用何种著作软件，只要制作出来的多媒体课件能够解决教学重点、突破教学难点，就是优质课件的观点；要克服和摒弃那种越是使用大众化著作软件制作多媒体课件越是低水平、低层次的片面认识(当然这和课件评价者的认识和导向有关)。

3. 有反馈就有交互

大家都知道多媒体课件的显著特点是及时反馈和友好的人机交互，这也是它深受教师和学生青睐的主要原因。笔者通过调查发现，目前 CAI 系统多局限于简单的反馈，如"答对了"、"请再尝试一下"等，而没有对学生在当前单元学习遭到失败时，帮助学生寻找造成失败的原因，例如，偶然性失误、对新知识的误解、没有同化新知识的基础等。当 CAI 系统能帮助学生找到失败的原因时，那后面的做法就太容易了，寻求适当的补救措施和办法，如调整学生的学习方法等就可以解决问题了。例如，"在线学习的认证标准"的评价体系中，对反馈信息的评价分为四个指标："几乎没有(0 分)"、"偶尔有提示(1 分)"、"通常有提示(2 分)"和"一直都有(3 分)"。可见这种评价体系对反馈的要求仅限于"有"和"没有"之间，而忽略了反馈的信息能否给学习者的学习起到帮助。

二、评价指标体系的误区

评价方法单一化。教学软件评价是一项繁琐的工作，它不是简单地依据逻辑推理、个人情感，做出的价值判断，而是需要用系统的评价方法、合理的组织程序，并提出客观、准确的证据来证明评价结果。但是，目前对教学软件的评价方法较单一，通常采用专家分析法。按照评价实施的方法来分主要有以下几种：评价体系式、专家分析式、实验研究法、跟踪评定式和自发反馈式。实验研究法、跟踪评定式等方法由于评价的周期长、需要大量人力和物力支持来进行实验设计、测试、观察、取得数据、处理数据，因而不可能广泛应用于中小型课件的评价。所以国内外大多数使用评价体系式和专家分析式，但是同一套评价体系，不同的组织和不同的人评价同一软件时往往得出不同的结果。因此仅仅通过专家分析式和评价体系式是不能真实评价一个教学软件的价值的，必须根据实际情况，采取多种评价方式相结合的方法来准确地评价。目前我国的教育软件大部分是通过教师制作而成的，所以基本上都属于小型的软件，如果按照上述的评价方法就不能准确地对一份课件做出价值判断。结果导致我国的多媒体课件大部分都处于游离状态，优秀的课件不能得到推广，造成重复开发，人力、财力和物力也会大量浪费。

三、评判者的误区

此误区主要体现在评价人员组成的单一化。多媒体课件的性质决定了设计与开发多媒体课件不能完全依赖于软件开发人员，也不能完全落实在学科教师身上。同样要对一个课件进行评价，需要学科专家、教学设计专家和计算机应用专家等组成。目前由于种种原因评审小组通常比较单一。学科专家比较熟悉课件所要表现的教学内容，懂得教学方法，并且掌握课件使用对象的情况。他们的工作就是判断课件所表达的知识内容和有关学习者特征的信息是否准确，是否明确课件的教学目标，课件要解决什么问题，达到什么目的。教学设计专家的工作就是应用系统的观点和方法，判断课件中教学目标是否准确、教学策略是否得当、教学媒体的选择是否合理有效。计算机应用专家的工作就是判断软件的课件是否能脱离创作平台而独立运行，课件的交互界面是否友好，程序是否稳定可靠，各种支持性文档是否齐全等。通过上面的分析可以看出：在评审组中少了任何一方都不能对一份课件做出正常的评价。

活动建议

根据多媒体课件评价原则评价你所设计制作的多媒体课件。

_____

_____

_____

第二节 多媒体课件的评价方法

本节导读

本节主要介绍多媒体课件常用的评价方法，包括分析评价法、指标体系评价法、观察评价法、实验评价法、问卷调查法和案例研究法。通过本节的学习，您将了解到各种评价方法的差别，以及知道如何选择合适的评价方法评价多媒体课件。

多媒体课件评价是一项繁琐的工作，它需要根据一定的原则，运用系统的评价方法合理地组织程序，并提出客观、准确的证据来证明评价结果，而不是简单地依据逻辑推理、个人情感做出的价值判断。

教育软件的评价方法主要有四种：分析评价法、指标体系评价法、观察评价法和实验评价法，多媒体课件作为特殊的教育软件，这些评价方法也同样适用。另外，问卷调查法和案例研究法也是多媒体课件评价的重要方法。

一、分析评价法

分析评价法是一种自上而下的体系建立方法。它是指将度量对象和度量目标划分成若干部分，并逐步细分，由一些有经验的计算机辅助教育评价人员进行讨论，得出多媒体课件的评价应有的几个方面，力求全面地列成清单，然后将列出的各项细化成可观测和评定的内容，通过检查文档资料，观察与记录课件的进行状况以及其观察体验，对软件的整体印象及使用价值和主题做出总体评价，这种评价方式节省人力、物力、成本低、简单易行，但受参评人员的主观影响较大。因此，分析评价法对于评价人员的素质要求较高，在评价进行之前需要对评价人员进行相关培训，同时应统一标准，再对评价内容进行分析和细化。

二、指标体系评价法

绝大多数多媒体课件评价采用指标体系评价法，目前国内外有许多成熟的评价指标体系，如美国培训与发展协会(American Society of Training and Development，ASTD)的E-Learning 课件认证标准(The ASTD Institute E-Learning Courseware Certification(ECC) Standards)、高级分布式学习(Advanced Distributed Learning，ADL)、实验室的网络教学的设计与评价指南(Guidelines for Design and Evaluation of Web-Based Innutrition)、网络教学资源的应用评价(刘成新，2000)和网络课程绩效评价指标体系(熊才平，吴瑞华，2001)等。这种方式是根据教育软件评价组织制定的相关的评价内容和评价标准对软件的性能特征进行评定。在实际应用过程中，课件评价者根据评价原则、评价目的和评价功能制定出适用于具体要求的评价指标体系。指标体系评价法的优点是能对软件进行全面考察，直接利用现成的评价体系，节约评价成本，评价效率高。它的缺点是评价者的主观性和评价指标的缺陷会影响评价结果，如果是现场评价，在较短时间内完成几十条甚至更多的评价指标会有一定的困难。

三、观察评价法

观察评价法是分析课件使用效果最客观的方法，是指评价者根据一定的研究目的、研究提纲或观察表，用自己的感官和辅助工具去直接观察被评价对象的使用情况，从而获得资料的一种方法。把通过非正式观察所获得的信息进行整理和分析，与评价指标体系相比对，对课件的设计和使用进行全方面的评定。通过观察可以了解课件应用过程中学生的兴趣和态度，教师的使用情况以及课堂的氛围，同时，通过观察可以更直接找到课件存在的问题，及时发现和修改，从而更好地适应教学内容和课堂环境，达到教学目标。观察评价法的优点是能够为多媒体课件评价进行实证论证，效果明显，准确度高，它的缺点是需投入大量的人力和物力，且耗时过多，对评价人员素质要求很高，因此，这种方法使用率不高。

四、实验评价法

实验评价法是选取一部分学生为试验组，使用多媒体课件；另一部分学生为控制组，不使用多媒体课件。在其他条件相同的情况下，对两组分别采取不同的教学手段进行教学，然后用教学测量的方法采集数据进行分析处理比较，并从比较中得出评价结果，这种方法具有很大的可靠性，通过对比，得出结论，评价者可以直观地发现课件的优缺点在哪里，但它需要较大的人力、物力支持，因而不能得到广泛的使用。

五、问卷调查法

问卷调查法是一种自底向上的评价体系监理方法，由于一线教师是多媒体课件的制作者和使用者，在具体实践中，他们最具有发言权。所以评价者通过对一线教师的调查和座谈，既能够比较全面地反映各类人员的共识，又能清楚地用共同理解的语言表达评价内容体系，把所得到的与多媒体课件的价值有关的项目，都一一列举出来，由此形成一个详细的价值判断要素列表，然后，将各要素进行综合分析，得出评价体系。它的优点是评价能够参考一线教师的意见，贴近教学实际，缺点是评价来源于调查所得的意见，若没有收集到广泛的调查结果，则很难形成体系的完备性。

六、案例研究法

课件评价中的案例研究法是以研究的课件作为典型案例，通过具体分析、解剖，促使人们进入特定的教学情境。案例研究法是运用理论与实践相结合的方法构建课件评价体系。它通过初步制定的评价体系来评价所收集的案例(多媒体课件)，经过分析概括来调整指标。这种方法的优点是具有较强的实践性和可操作性。缺点是缺少系统性，个案选择不好，还可能不具有代表性。

最常用的多媒体教学课件评价方法是指标体系评价法，特别是在课件评价活动中，以评价指标体系作为评价标准较为常见，这种方法是一种定量评价方法，具有评价标准、等级标准和具体说明，具有节约成本、评价效率高的优点，下一节内容将主要介绍指标体系的分析和制定方法。但是，要想使课件评价更有效和准确，几种课件评价方法应结合使用，综合分析和评定。

 活动建议

根据你制作的多媒体课件，选择其中一个评价方法，详细设计一个评价计划。

_____

_____

_____。

第三节　多媒体课件评价指标分析

 本节导读

本节主要向大家介绍多媒体课件评价指标的分析和设计方法。通过学习，大家会了解

多媒体课件评价的要素有哪些、常用的多媒体课件评价标准包括哪些属性以及课件评价量表设计。

一、多媒体课件评价要素分析

多媒体课件评价要全面和客观，应充分考虑教学应用过程中的各个要素。构成多媒体课件评价的主要因素有：教学内容、教学设计、教师、学生、技术手段和外观界面。

(一)与教学内容相关的要素

完整的教学内容体系包括：课程导学、课程内容、重难点突破、练习设计等。完整的课件要包含课程导学内容，即对前一节教学内容的巩固，为导入新课打下基础。教学内容要取材合适，概念表达要准确精练，重难点突出。结合教学内容应提供不同难易程度的练习或测试，在使用的过程中启发学生的思维，培养学生的能力与学习兴趣。

(二)与教学设计相关的要素

教学设计是以教学过程为研究对象，以优化教学效果为目的，以学习理论和教学理论为理论基础，运用系统的方法分析教学问题，确定教学目标，设计解决教学问题的策略方案，试行解决方案，评价试行结果和对方案进行修改的过程。对教学设计的评价是对课件能否以教学理论和学习理论为依据应用于教学，能否优化教学效果的评定，它包括课程定位、学习目标、教学交互、评价和反思环节。课程定位是声明课件的使用对象以及所需掌握的基本知识点。课件中要有明确的学习目标或教学基本要求陈述以及进度安排。要设计有效的师生交互和生生交互的学习活动，如：专题讨论、网上协作、网上练习等。评价环节包括作业评价、在线反馈等，评价应该是及时、有效和可靠的。

教学设计的评价通常在网络自主学习型多媒体课件评价中使用较多，因为这一类型的课件以学生为主体，教师事先对教学的各个环节做出全面的设计，这样学生才能更好地进行自主学习，从而达到教学目标的要求。

(三)与学习者有关的要素

课件评价要看课件是否符合学习者的心理特征，能否被学习者所接受。首先，课件应符合学生的认知规律，以建构主义的思想培养学生的思维，提高学生以探索的方式认知。其次，课件的选择要配合不同的教学策略，知识点的难易程度尽量适中，能够适合个性化教学，这样才能激发学生的兴趣和求知欲。最后，课件要具有充分的交互功能，以使学生对教学内容进行及时的讨论和反馈。

根据学习者的心理特征和兴趣，在课件评价时，一般非线性的优于线性的；模拟探索环境优于结果呈现；互动游戏优于直观展示。

(四)与技术手段有关的要素

技术因素是决定课件评价结果的关键，如果课件不易操作，容错能力差，即使包含再丰富的教学内容也无法用现代化的技术手段呈现出来。从技术手段角度评价课件主要考虑三方面要素：一是课件所用素材的加工，多媒体课件优劣的一个重要部分是所选素材的处理，素材的质量如何？体积大小如何？素材的体积过大，则课件的体积极必然较大，应用的环境要求必然较高，适应性不强。二是课件的动态智能化，如前面说到的非线性、复杂环境模拟，互动游戏等的实现，也体现了课件技术的应用(如声音视频播放的随时停止，背景音乐的声音大小，随时停止等)。三是多媒体课件的导航清晰明确，便于检索，链接要准确，无死链，这样才能保证课件的正常运行。

(五)与外观界面有关的要素

与外观界面有关的要素指课件的外观和媒体元素的呈现是否清晰、美观，具有统一的风格。课件界面是否具有艺术性将会极大地影响课件的使用，首先，界面要美观大方，色彩搭配要合理，比如，小学低年级学生宜选择色彩比较丰富的界面来展现教学内容，数理科目的课件一般选用冷色调的界面。其次，界面设计应友好，使用应简单，各个功能模块的布局要符合日常行为习惯。最后，界面操作元素的风格要统一，音乐、解说要与画面相协调。

二、多媒体课件评价标准

(一)科学性

科学性是课件评价的最重要指标及原则之一，多媒体课件内容的选择和表述应具有科学合理的精神和态度，在学术上应给予公平、公正的反映和评述。它的评价标准包括以下几个方面。

(1) 内容正确，逻辑严谨，无二义性，不出现教学内容方面的知识性错误。

(2) 内容来源须为教育部的各级各类大纲指定教材或其他与之相符的出处。

(3) 场景设置、素材选取、名词术语、操作示范等符合有关规定。

(4) 模拟实验符合教学原理，教学媒体要为体现教学内容、完成教学目标服务。

(5) 内容健康，无迷信、黄色和反动内容。

(二)教育性

教育性是指多媒体课件要有明确的教育目的和任务。多媒体课件是为实现特定的教育教学目的而设计，为完成一定的教学任务而制作的，它既可以用来帮助学生学习，也可以用来帮助教师教学，可以提高学生的思想品德，也可以发展学生的智能和技能。它的评价标准包括以下几个方面。

(1) 符合教育方针、政策，紧扣教学大纲，教学目的明确。

(2) 选题适当，适应教学对象的需要，能起到传统教学手段所不能或较难起到的作用，充分体现多媒体教学的优势。

(3) 体现教育理念，注意启发，培养学生的创新精神和实践能力，激发学生主动参与学习的热情。

(4) 内容丰富充实，知识信息量大，具有一定的深度和广度。

(5) 突出主题及重点，突破难点，能解决传统教学难以解决的问题。

(6) 具备完整的文字说明和制作脚本的电子稿。

(7) 提供与学习内容相关的丰富资源，充分体现网络资源的共享性。

(8) 具有形成性练习和反馈系统。作业典型，例题、练习量适当，善于引导。

(三)技术性

技术性是指多媒体课件在其制作和编辑技巧上要达到特定的标准。课件的技术性最容易被人们重视，也比较容易为人们衡量和评判。技术性的评价标准包括以下几方面。

(1) 能够无故障运行，完成预定的整个教学活动。

(2) 图片经过优化处理，视图合理、画面清晰、色彩搭配得当。

(3) 声音经过优化处理，音质清晰、音量适当、音色优美。

(4) 视频素材经过优化处理，画面连续，载入迅速。

(5) 交互设计合理，智能性好，运行稳定。

(6) 安装和卸载效率高。

(7) 界面友好，导航清晰，可控性好，操作简单。

(8) 链接自然流畅。

(四)艺术性

艺术性是指课件的画面、声音等要素的表现要符合审美的规律，要在不违背科学性和教育性的前提下，使内容的呈现有艺术的表现力和感染力，调动学生的各种感官参与学习。

(1) 创意新颖，构思巧妙，节奏合理，原创度高。

(2) 媒体多样，选用恰当，设置和谐。

(3) 界面布局简洁美观、色彩逼真、搭配合理，符合学生的视觉心理。

(4) 语言文字清楚、规范、简洁。

(5) 要突出重点，显示的命令或窗口应依重要性排列，可能会造成不利影响的项目应尽量排在次要的位置上。

(五)使用性

使用性是指多媒体课件应做到安装简单、方便，屏幕提示简单明了，能使学生灵活控制，教师使用简便。

(1) 界面友好、汉化，联机帮助功能及时有效，便于教师和学生控制，师生经过简单的训练就可以灵活使用。

(2) 容错能力强、运行稳定，当出现操作失误时，具有简单易行的恢复能力。

(3) 软硬件配置要求适中，在一般的计算机系统(单机和网络)中能正常稳定运行。

(4) 学习者可以控制多媒体信息的呈现。

(5) 安全性好，学习者不能随意删除和添加数据。

(六)兼容性

兼容性是指软件在不同硬件和其他软件上互相配合的程度。课件的兼容性主要表现在系统和平台的兼容性，具体来说，包括以下几点。

(1) 课件的容量要尽可能小。

(2) 对主流的操作平台和硬件系统兼容。

(3) 对主流浏览器兼容。

(4) 具有可扩展性和可修改性。

三、多媒体课件评价量表设计

课件评价量表设计要遵循课件的功能和评价原则，通过深入分析课件评价的相关要素，依据课件评价标准，设计出评价量表。常用的课件评价量表可根据上文提到的课件评价标准制定，课件的类型不同，评价量表以及权重也有所不同。

(一)演示型多媒体课件评价量表

演示型多媒体课件的评价量表请参照表9-2。

表 9-2 演示型多媒体课件评价量表

项 目	评价内容	分 值	得 分
教育性	知识密度合理，难易适度	8	
	目标明确，选题恰当，有利于发挥学生的主体作用，能激发学生主动参与学习的热情	7	
	突出重点，分散难点，适合不同层次学生的学习	7	
	体现教育理念，培养学生的创造精神和实践能力	8	
科学性	内容科学正确，逻辑严谨，层次清楚	10	
	素材选取、名词术语、操作示范等符合教育科学要求	10	
	内容健康，无迷信、黄色和反动内容	10	
技术性	画面清晰，动画连续，色彩逼真；声音清晰适当、可控；文字设计规范合理、醒目	6	
	交互设计合理，智能性好，运行稳定	8	
	导航清晰、方便，易于检索，没有无效链接	6	
艺术性	创意新颖，构思巧妙，设置恰当，原创程度高	5	
	画面主题突出、简洁、美观， 音乐、解说与画面协调	5	
实用性	界面友好，操作简单、灵活，容错能力强	4	
	反馈评价及时，合理，有效	3	
	文档齐备	3	
总分			

(二)模拟实验型多媒体课件评价量表

模拟实验型多媒体课件的评价量参考表9-3。

表9-3 模拟实验型多媒体课件评价量表

项 目	评价内容	分 值	得 分
教学内容	实验背景目的明确，体系完整，符合课程教学要求	10	
	重难点突出，具有启发性和实用性	6	
	完整的体系包括导学、课程内容、总复习和习题	8	
技术要求	文字通畅，图表正确，动画连贯，载入迅速	8	
	素材选取、名词术语、操作示范等符合有关规定	8	
	模拟实验符合教学原理，教学媒体要为体现实验内容服务	10	
	交互设计合理，智能性好，运行稳定	8	
	界面友好，导航清晰，操作简单，链接有效	8	
	实验演示清晰流畅，原理正确	10	
	软件安装和卸载方便	6	
艺术要求	媒体多样，选用恰当，设置和谐	6	
	界面布局简洁美观、色彩逼真、搭配合理	6	
	创意新颖	6	
总分			

(三)训练复习型多媒体课件评价量表

训练复习型多媒体课件的评价量表参照表9-4。

表9-4 训练复习型多媒体课件评价量表

项 目	评价内容	分 值	得 分
教学指标	知识密度合理，难易适度	10	
	习题全面，试题和答案描述清楚	10	
	突出重点，分散难点，适合不同层次学生的学习	8	
	体现教育理念，培养学生的创造精神和实践能力	8	
	学习者可以控制自己的学习进度	8	
科学指标	内容科学正确，逻辑严谨，层次清楚	8	
	素材选取、名词术语、操作示范等符合教育科学要求	8	
	习题无知识点错误	8	
技术指标	画面清晰，动画连续，色彩逼真	6	
	声音清晰适当、可控	4	
	文字设计规范合理、醒目	4	
	交互功能合理，智能性好	10	
	导航清晰、方便，界面友好，操作简单	8	
总分			

(四)游戏型多媒体课件评价量表

游戏型多媒体课件的评价量表参照表9-5。

表 9-5 游戏型多媒体课件评价量表

项　目	评价内容	分　值	得　分
道具规则	道具简单，实用性强	5	
	规则清晰、合理、公平	6	
	规则适用于不同层次的学生	6	
方向性	具有确切的游戏目标	8	
	提供可供参考的游戏策略	4	
变化性	游戏进程富于变化	5	
	游戏具有不确定性和未知性	4	
交互性	交互功能合理，智能性好	8	
	导航清晰、方便，界面友好，操作简单	4	
竞争性	障碍设置科学合理，对突破教学难点有所帮助	5	
	具有恰当的激励策略	5	
	具有公平的竞争环境	5	
安全性	游戏中避免物理伤害	4	
	能够在虚拟世界中体验到危险	5	
教育性	体现教育理念，培养学生的创造精神	8	
	符合教育教学规律	8	
	知识内容和结构体系确保科学性	5	
艺术性	界面布局简洁美观、色彩逼真、搭配合理，符合学生的视觉心理	5	
总分			

(五)网络自主学习型多媒体课件评价量表

网络自主学习型多媒体课件的评价量表参照表9-6。

表 9-6 网络自主学习型多媒体课件评价量表

项　目		评价内容	分值	得分
教学设计	课程定位	声明课件的使用对象以及所需掌握的基础知识	5	
	学习目标	课件中有明确的学习目标或教学基本要求陈述，以及进度安排(体现到章节)	5	
	教学交互	课件中利用网络特性，设计有效的师生交互和生生交互的学习活动；包括专题讨论、网上协作、网上练习	10	
	练习设计	提供练习或测试(至少到章/讲)	5	
	学习评价	作业评价、在线练习反馈应是及时、有效和可靠的	5	

续表

项 目		评价内容	分值	得分
教学内容	科学性	教学内容正确，模拟仿真准确	10	
	内容规范	文字、符号、单位符合国家标准及学校相关要求	10	
	知识覆盖面	知识点覆盖面达到了教学大纲所规定的要求	5	
	支持教学的资源	课件中提供与学习内容相关的丰富资源，充分体现网络资源的共享性	5	
可用性	导航	导航清晰、明确	5	
	链接	链接准确、无死链	5	
	帮助	联机帮助及时有效、易读、易懂	2	
	可控性	学习者可以控制多媒体信息的呈现	4	
	安全性	学习者不能随意删除或添加数据	4	
	界面设计	页面的长度适中，页面元素布局合理，按统一的风格设计页面，色彩协调，教学内容、层次表现分明，全局导航设计合理	10	
文档资料	技术文档资料	软件要有完整的技术文档材料，包括技术实现方式、运行环境和具体的用户使用手册	10	
总分				

 拓展阅读

近年来，全国开展的各个类型的课件大奖赛广泛采用了评价量表来评价课件，因此课件的评价日益正规化和客观化。图 9-1～图 9-4 是对国内 CAI 课件评价指标的对比。

教学内容	教学目标	易用性	可靠性	信息呈现	支持材料	数据管理
正确性	目标合理	安装简单	无中断	画面美观	易理解	安全性
适用性	目标完备	易操作	响应快	媒体使用有效	使用指导	准确性
方便性		帮助系统易用	防破坏	教学指导清晰		可打印
可修改性		输入过程可控	不用附加软件			

图 9-1　20 世纪 90 年代北京师范大学教学软件评价指标

教学目标、内容与策略	权重 0.3	技术性能	权重 0.2	系统特色用户界面	权重 0.25	多媒体与互动性	权重 0.25
目标明确，解决重点、难点		易于安装卸载		整体风格统一		图、影像丰富	
教学思想先进		运行环境合理		导航清晰		动画运用有效	
内容组织合理		容错能力好		信息组织合理		文字表达适当	
内容准确、无科学错，取材恰当		运行可靠		版面设计美观		媒体质量高	
文字表达规范		兼容性强		激发学习兴趣		媒体可控	
提供学习评价		提供操作指南		界面亲切直观		交互多样	
多种教与学工具		安装尺寸合理		颜色合谐		有反馈信息	
学生参与				提供在线帮助		易于操作	
发展学生能力							
教学资料典型、珍贵							

图 9-2　1998 年华南师范大学多媒体教学软件评价指标

教学性	权重 0.4	科学性	权重 0.1	使用性	权重 0.1	技术性	权重 0.2	艺术性	权重 0.1	经济性	权重 0.1
目的明确	0.04	模拟仿真准确	0.05	界面友好	0.05	正确性	0.02	表现形式多样	0.05		
内容符合大纲	0.04	程序模块合理	0.02	操作简单	0.03	健壮性	0.03	讲究构图	0.05		
环境自主	0.06	字符标号正规	0.03	帮助系统得力	0.02	效率	0.02				
反馈及时	0.05					兼容性	0.02			低投入、高产出	0.1
组织结构合理	0.05					支持网络协作	0.04				
教学策略灵活	0.06					识别自然语言	0.03				
有主观题评分	0.05					视听觉质量	0.03				
过程可逆	0.05										

图 9-3　2001 年江西师范大学学习软件评价指标

教学性	科学性	适用性	技术性	艺术性	可延续性
符合教学要求	内容准确严谨	适用多种环境	操作简便可靠	布局合理美观	提供良好专业服务
目标明确	分析推理符合逻辑	适用不同对象	容错能力强	色彩真实清晰	
重点难点突出	操作演示规范	使用实效长	跳转容易	音质清晰稳定	升级服务
注重能力培养	选材典型		导航清晰	字幕规范	
符合教学原则	信息适量		界面友好	内容背景协调	
学生认知规律	结构合理		技术创新		

图 9-4　2001 年中央电化教育馆教学软件评价指标

活动建议

　　请利用自制的多媒体课件评价量表自评一下自己曾经制作的课件，把评价结果写在下面的横线上。

_____

_____

_____。

附　　录

第七章

附录 7-1："送牛回家"游戏代码

```
stop();
var tuonuidf:Number=0;
this.nuiyuan_mc.addEventListener(MouseEvent.MOUSE_DOWN,nuiyuantdhs);
this.nuiyuan_mc.addEventListener(MouseEvent.MOUSE_UP,nuiyuanbtdhs);
function nuiyuantdhs(Event:MouseEvent) {
    this.nuiyuan_mc.startDrag();
}
function nuiyuanbtdhs(Event:MouseEvent) {
    this.nuiyuan_mc.stopDrag();
    if (nuiyuan_mc.hitTestObject(fangyuan_mc)) {
        nuiyuan_mc.x=382.4;
        nuiyuan_mc.y=338.6;
        fangyuan_mc.gotoAndStop(2);
        tuonuidf=tuonuidf+1;
    } else {
        nuiyuan_mc.x=34.5;
        nuiyuan_mc.y=135.7;
    }
}
this.nuiyuanp_mc.addEventListener(MouseEvent.MOUSE_DOWN,nuiyuanp_mctdhs)
;
this.nuiyuanp_mc.addEventListener(MouseEvent.MOUSE_UP,nuiyuanp_mcbtdhs);
function nuiyuanp_mctdhs(Event:MouseEvent) {
    this.nuiyuanp_mc.startDrag();
}
function nuiyuanp_mcbtdhs(Event:MouseEvent) {
    this.nuiyuanp_mc.stopDrag();
    if (nuiyuanp_mc.hitTestObject(fangquan_mc)) {
        nuiyuanp_mc.x=37.3;
        nuiyuanp_mc.y=315.3;
        fangquan_mc.gotoAndStop(2);
        tuonuidf=tuonuidf+1;
    } else {
```

```
            nuiyuanp_mc.x=119.3;
            nuiyuanp_mc.y=123.4;
        }
    }
    this.nuijei_mc.addEventListener(MouseEvent.MOUSE_DOWN,nuijei_mctdhs);
    this.nuijei_mc.addEventListener(MouseEvent.MOUSE_UP,nuijei_mcbtdhs);
    function nuijei_mctdhs(Event:MouseEvent) {
        this.nuijei_mc.startDrag();
    }
    function nuijei_mcbtdhs(Event:MouseEvent) {
        this.nuijei_mc.stopDrag();
        if (nuijei_mc.hitTestObject(fangxiao_mc)) {
            nuijei_mc.x=118.5;
            nuijei_mc.y=295.0;
            fangxiao_mc.gotoAndStop(2);
            tuonuidf=tuonuidf+1;
        } else {
            nuijei_mc.x=200.4;
            nuijei_mc.y=102.0;
        }
    }
    this.nuihuo_mc.addEventListener(MouseEvent.MOUSE_DOWN,nuihuo_mctdhs);
    this.nuihuo_mc.addEventListener(MouseEvent.MOUSE_UP,nuihuo_mcbtdhs);
    function nuihuo_mctdhs(Event:MouseEvent) {
        this.nuihuo_mc.startDrag();
    }
    function nuihuo_mcbtdhs(Event:MouseEvent) {
        this.nuihuo_mc.stopDrag();
        if (nuihuo_mc.hitTestObject(fangda_mc)) {
            nuihuo_mc.x=448.8;
            nuihuo_mc.y=334.8;
            fangda_mc.gotoAndStop(2);
            tuonuidf=tuonuidf+1;
        } else {
            nuihuo_mc.x=294.9;
            nuihuo_mc.y=117.6;
        }
    }
    this.nuimian_mc.addEventListener(MouseEvent.MOUSE_DOWN,nuimian_mctdhs);
    this.nuimian_mc.addEventListener(MouseEvent.MOUSE_UP,nuimian_mcbtdhs);
    function nuimian_mctdhs(Event:MouseEvent) {
```

```
        this.nuimian_mc.startDrag();
    }
    function nuimian_mcbtdhs(Event:MouseEvent) {
        this.nuimian_mc.stopDrag();
        if (nuimian_mc.hitTestObject(fangqian_mc)) {
            nuimian_mc.x=196.9;
            nuimian_mc.y=320.0;
            fangqian_mc.gotoAndStop(2);
            tuonuidf=tuonuidf+1;

        } else {
            nuimian_mc.x=384.9;
            nuimian_mc.y=152.0;
        }
    }
    this.nuihui_mc.addEventListener(MouseEvent.MOUSE_DOWN,nuihui_mctdhs);
    this.nuihui_mc.addEventListener(MouseEvent.MOUSE_UP,nuihui_mcbtdhs);
    function nuihui_mctdhs(Event:MouseEvent) {
        this.nuihui_mc.startDrag();
    }
    function nuihui_mcbtdhs(Event:MouseEvent) {
        this.nuihui_mc.stopDrag();
        if (nuihui_mc.hitTestObject(fanglai_mc)) {
            nuihui_mc.x=288.3;
            nuihui_mc.y=311.6;
            fanglai_mc.gotoAndStop(2);
            tuonuidf=tuonuidf+1;
        } else {
            nuihui_mc.x=478.2;
            nuihui_mc.y=135.7;
        }
    }
    stage.addEventListener(Event.ENTER_FRAME,rxbiaoyang_hs);
    function rxbiaoyang_hs(Event) {
        if (tuonuidf==6) {
            gotoAndStop(3);
        }
    }
```

附录 7-2: "不见鬼子别拉线"游戏代码

```
stop();
var guizigs:Number=0
var jijigs:Number=0
mielaxian_mc.addEventListener(MouseEvent.CLICK,xiaomiezhs);
cenglaxian_mc.addEventListener(MouseEvent.CLICK,cenjiuzhs);
tuanlaxian_mc.addEventListener(MouseEvent.CLICK,tuanyuanzhs);
jianlaxian_mc.addEventListener(MouseEvent.CLICK,tingjianzhs);
qianlaxian_mc.addEventListener(MouseEvent.CLICK,qianmianzhs);
shentlaxian_mc.addEventListener(MouseEvent.CLICK,shenbianzhs);
yinlaxian_mc.addEventListener(MouseEvent.CLICK,yinyuezhs);
function xiaomiezhs(ME:MouseEvent) {
    if (mielaxian_mc.currentFrame==1) {
        leixiao_mc.play();
        mielaxian_mc.gotoAndStop(2);
    }

}
function cenjiuzhs(Event:MouseEvent) {
    if (cenglaxian_mc.currentFrame==1) {
        leijiu_mc.play();
        cenglaxian_mc.gotoAndStop(2);
    }
}

function tuanyuanzhs(Event:MouseEvent) {
    if (tuanlaxian_mc.currentFrame==1) {
        leiyuan_mc.play();
        tuanlaxian_mc.gotoAndStop(2);
    }

}
function tingjianzhs(Event:MouseEvent) {
    if (jianlaxian_mc.currentFrame==1) {
        leiting_mc.play();
        jianlaxian_mc.gotoAndStop(2);
    }
}
function qianmianzhs(Event:MouseEvent) {
    if (qianlaxian_mc.currentFrame==1) {
```

```
            leimian_mc.play();
            qianlaxian_mc.gotoAndStop(2);
        }
    }
    function shenbianzhs(Event:MouseEvent) {
        if (shentlaxian_mc.currentFrame==1) {
            leibian_mc.play();
            shentlaxian_mc.gotoAndStop(2);
        }
    }
    function yinyuezhs(Event:MouseEvent) {
        if (yinlaxian_mc.currentFrame==1) {
            leiseng_mc.play();
            yinlaxian_mc.gotoAndStop(2);
        }
    }
    stage.addEventListener(Event.ENTER_FRAME,guzishihs1);
    function guzishihs1(EVENT) {
        if (toujiguizi1_mc.hitTestObject(leijiu_mc)&&leijiu_mc.currentFrame>1)
{
            toujiguizi1_mc.gotoAndStop(500);
            this.play();
            guizigs=guizigs+1;
                stage.removeEventListener(Event.ENTER_FRAME,guzishihs1);
            }
        if
(toujiguizi1_mc.hitTestObject(leixiao_mc)&&leixiao_mc.currentFrame>1) {
            toujiguizi1_mc.gotoAndStop(500);
            play();
            guizigs=guizigs+1;
            stage.removeEventListener(Event.ENTER_FRAME,guzishihs1);
        }
        if
(toujiguizi1_mc.hitTestObject(leiyuan_mc)&&leiyuan_mc.currentFrame>1) {
            toujiguizi1_mc.gotoAndStop(500);
            play();
            guizigs=guizigs+1;
            stage.removeEventListener(Event.ENTER_FRAME,guzishihs1);
        }
        if
(toujiguizi1_mc.hitTestObject(leiting_mc)&&leiting_mc.currentFrame>1) {
```

```
            toujiguizi1_mc.gotoAndStop(500);
            play();
            guizigs=guizigs+1;
            stage.removeEventListener(Event.ENTER_FRAME,guzishihs1);
        }
        if
(toujiguizi1_mc.hitTestObject(leimian_mc)&&leimian_mc.currentFrame>1) {
            toujiguizi1_mc.gotoAndStop(500);
            play();
            guizigs=guizigs+1
            stage.removeEventListener(Event.ENTER_FRAME,guzishihs1);
        }
        if
(toujiguizi1_mc.hitTestObject(leibian_mc)&&leibian_mc.currentFrame>1) {
            toujiguizi1_mc.gotoAndStop(500);
            play();
            guizigs=guizigs+1
            stage.removeEventListener(Event.ENTER_FRAME,guzishihs1);
        }
        if
(toujiguizi1_mc.hitTestObject(leiseng_mc)&&leiseng_mc.currentFrame>1) {
            toujiguizi1_mc.gotoAndStop(500);
            play();
            guizigs=guizigs+1
            stage.removeEventListener(Event.ENTER_FRAME,guzishihs1);
        }
        if (toujiguizi1_mc.currentFrame==499) {
            this.jiji1_mc.gotoAndStop(2);
            play();
            jijigs=jijigs+1
            stage.removeEventListener(Event.ENTER_FRAME,guzishihs1);
        }
    }
```

附录 7-3："大炮打鬼子"游戏代码

```
stop();
var sdsp:Number=0;
var tsp:Number=0;
var zzp:Number=0;
var kzp:Number=0;
var tankes:Number=0;
```

```
var wlting:Number=5;

ditanke_mc.addEventListener(Event.ENTER_FRAME,tankehuihs);
function tankehuihs(Event) {
    if (this.ditanke_mc.currentFrame==54) {
        this.ditanke_mc.gotoAndStop(1);
        ditanke_mc.x=280;
    }

    if (ditanke_mc.x>80) {
        ditanke_mc.x-=wlting;
    }

    if (this.ditanke_mc.currentFrame==1&&this.ditanke_mc.x==80) {
        this.dipaodan_mc.play();
    }

    if (dipaodan_mc.currentFrame==25) {
        drczzd_mc.play();
    }
}
huazuo_mc.buttonMode=true;
huazuo_mc.addEventListener(MouseEvent.MOUSE_DOWN,huatd_hs);
function huatd_hs(Event) {
    huazuo_mc.startDrag();
}
huazuo_mc.addEventListener(MouseEvent.MOUSE_UP,huabtd_hs);
function huabtd_hs(Event) {
    huazuo_mc.stopDrag();
    if (huazuo_mc.hitTestObject(huayou_mc)) {
        huayou_mc.x=700;
        huazuo_mc.x=302;
        huazuo_mc.y=336;
        poyou_mc.x=391.2;
        poyou_mc.y=372;
        pandan_mc.gotoAndPlay(2);
        poduyi_mc.gotoAndPlay(2);
        huaxian_mc.gotoAndStop(2);
        tankes=tankes+1;
    } else {
        huazuo_mc.x=302;
        huazuo_mc.y=336;
```

```
        }
    }
    pozuo_mc.buttonMode=true;
    pozuo_mc.addEventListener(MouseEvent.MOUSE_DOWN,potd_hs);
    function potd_hs(Event) {
        pozuo_mc.startDrag();
    }
    pozuo_mc.addEventListener(MouseEvent.MOUSE_UP,pobtd_hs);
    function pobtd_hs(Event) {
        pozuo_mc.stopDrag();
        if (pozuo_mc.hitTestObject(poyou_mc)) {
            poyou_mc.x=700;
            pozuo_mc.x=285;
            pozuo_mc.y=336;
            jiuyou_mc.x=391.2;
            jiuyou_mc.y=372;
            poxian_mc.gotoAndStop(2);
            pandan_mc.gotoAndPlay(2);
            jiuduyi1_mc.gotoAndPlay(2);
            tankes=tankes+1;
        } else {
            pozuo_mc.x=285;
            pozuo_mc.y=336;
        }
    }

    jiuzuo_mc.buttonMode=true;
    jiuzuo_mc.addEventListener(MouseEvent.MOUSE_DOWN,jiutd_hs);
    function jiutd_hs(Event) {
        jiuzuo_mc.startDrag();
    }
    jiuzuo_mc.addEventListener(MouseEvent.MOUSE_UP,jiubtd_hs);
    function jiubtd_hs(Event) {
        jiuzuo_mc.stopDrag();
        if (jiuzuo_mc.hitTestObject(jiuyou_mc)) {
            jiuyou_mc.x=700;
            jiuzuo_mc.x=302;
            jiuzuo_mc.y=370;
            xiaoyou_mc.x=391.2;
            xiaoyou_mc.y=372;
            pandan_mc.gotoAndPlay(2);
```

```
            xiaoduyi1_mc.gotoAndPlay(2);
            jiuxian_mc.gotoAndStop(2);
            tankes=tankes+1;
        } else {
            jiuzuo_mc.x=302;
            jiuzuo_mc.y=370;
        }
}
xiaozuo_mc.buttonMode=true;
xiaozuo_mc.addEventListener(MouseEvent.MOUSE_DOWN,xiaotd_hs);
function xiaotd_hs(Event) {
    xiaozuo_mc.startDrag();
}
xiaozuo_mc.addEventListener(MouseEvent.MOUSE_UP,jxiaobtd_hs);
function jxiaobtd_hs(Event) {
    xiaozuo_mc.stopDrag();
    if (xiaozuo_mc.hitTestObject(xiaoyou_mc)) {
        xiaoyou_mc.x=700;
        xiaozuo_mc.x=318;
        xiaozuo_mc.y=336;
        saoyou_mc.x=391.2;
        saoyou_mc.y=372;
        sdsp=3;
        pandan_mc.gotoAndPlay(2);
        saoduyin1_mc.gotoAndPlay(2);
        xiaoxian_mc.gotoAndStop(2);
        tankes=tankes+1;
    } else if (sdsp>=3) {
        xiaozuo_mc.x=700;
    } else {
        xiaozuo_mc.x=318;
        xiaozuo_mc.y=336;
    }
}
saozuo_mc.buttonMode=true;
saozuo_mc.addEventListener(MouseEvent.MOUSE_DOWN,saotd_hs);
function saotd_hs(Event) {
    saozuo_mc.startDrag();
}
saozuo_mc.addEventListener(MouseEvent.MOUSE_UP,saobtd_hs);
function saobtd_hs(Event) {
```

```
        saozuo_mc.stopDrag();
        if (saozuo_mc.hitTestObject(saoyou_mc)) {
            saoyou_mc.x=700;
            saozuo_mc.x=318;
            saozuo_mc.y=353;
            miexia_mc.x=391.2;
            miexia_mc.y=372;
            pandan_mc.gotoAndPlay(2);
            mieduyin1_mc.gotoAndPlay(2);
            saoxian_mc.gotoAndStop(2);
            tankes=tankes+1;
        } else {
            saozuo_mc.x=318;
            saozuo_mc.y=353;
        }
    }
miesang_mc.buttonMode=true;
miesang_mc.addEventListener(MouseEvent.MOUSE_DOWN,mietd_hs);
function mietd_hs(Event) {
    miesang_mc.startDrag();
}
miesang_mc.addEventListener(MouseEvent.MOUSE_UP,miebtd_hs);
function miebtd_hs(Event) {
    miesang_mc.stopDrag();
    if (miesang_mc.hitTestObject(miexia_mc)) {
        miesang_mc.x=302;
        miesang_mc.y=353;
        miexia_mc.x=700;
        biannei_mc.x=391.2;
        biannei_mc.y=372;
        pandan_mc.gotoAndPlay(2);
        bianduyin1_mc.gotoAndPlay(2);
        miexian_mc.gotoAndStop(2);
        tankes=tankes+1;
    } else {
        miesang_mc.x=302;
        miesang_mc.y=353;
    }
}
bianwai_mc.buttonMode=true;
bianwai_mc.addEventListener(MouseEvent.MOUSE_DOWN,biantd_hs);
```

```
function biantd_hs(Event) {
    bianwai_mc.startDrag();
}
bianwai_mc.addEventListener(MouseEvent.MOUSE_UP,bianbtd_hs);
function bianbtd_hs(Event) {
    bianwai_mc.stopDrag();
    if (bianwai_mc.hitTestObject(biannei_mc)) {
        bianwai_mc.x=285;
        bianwai_mc.y=353;
        biannei_mc.x=700;
        tingyou_mc.x=391.2;
        tingyou_mc.y=372;
        pandan_mc.gotoAndPlay(2);
        tingduyin1_mc.gotoAndPlay(2);
        bianxian_mc.gotoAndStop(2);
        tankes=tankes+1;
    } else {
        bianwai_mc.x=285;
        bianwai_mc.y=353;
    }
}
tingzuo_mc.buttonMode=true;
tingzuo_mc.addEventListener(MouseEvent.MOUSE_DOWN,tingtd_hs);
function tingtd_hs(Event) {
    tingzuo_mc.startDrag();
}
tingzuo_mc.addEventListener(MouseEvent.MOUSE_UP,tingbtd_hs);
function tingbtd_hs(Event) {
    tingzuo_mc.stopDrag();
    if (tingzuo_mc.hitTestObject(tingyou_mc)) {
        tingzuo_mc.x=318;
        tingzuo_mc.y=370;
        tingyou_mc.x=700;
        yuanxia_mc.x=391.2;
        yuanxia_mc.y=372;
        pandan_mc.gotoAndPlay(2);
        yuanduyin1_mc.gotoAndPlay(2);
        tingxian_mc.gotoAndStop(2);
        tankes=tankes+1;
    } else {
        tingzuo_mc.x=318;
```

```
        tingzuo_mc.y=370;
    }
}
yuansang_mc.buttonMode=true;
yuansang_mc.addEventListener(MouseEvent.MOUSE_DOWN,yuantd_hs);
function yuantd_hs(Event) {
    yuansang_mc.startDrag();
}
yuansang_mc.addEventListener(MouseEvent.MOUSE_UP,yuanbtd_hs);
function yuanbtd_hs(Event) {
    yuansang_mc.stopDrag();
    if (yuansang_mc.hitTestObject(yuanxia_mc)) {
        yuansang_mc.x=285;
        yuansang_mc.y=370;
        yuanxia_mc.x=700;
        /*yuanxia_mc.x=391.2;
        yuanxia_mc.y=372;*/
        pandan_mc.gotoAndPlay(2);
        yuanxian_mc.gotoAndStop(2);
        wlting=0;
        tankes=tankes+1;
        /*dapaopanfen_mc.gotoAndStop(2);*/
        /*this.dapaopanfen_mc.tankesu_txt.text=tankes;
        this.dapaopanfen_mc.datankefen_txt.text=100/9*tankes;*/
zwycwm_mc.gotoAndStop(2)
    } else {
        yuansang_mc.x=285;
        yuansang_mc.y=370;
    }
    ditanke_mc.removeEventListener(Event.ENTER_FRAME,tankehuihs);
}
this.zwycwm_mc.addEventListener(MouseEvent.CLICK,zwychs1);
function zwychs1(MouseEvent) {
this.gotoAndPlay(1);
}
stage.addEventListener(Event.ENTER_FRAME,dapaohasu1);
function dapaohasu1(Event) {
    if (pandan_mc.hitTestObject(ditanke_mc)) {
        this.ditanke_mc.gotoAndPlay(2);
    }
}
```

附录7-4："猜字游戏"代码

```
stop();
var sijian1:Number=50;
var fensuz:Number;
var sjjt1:Timer=new Timer(500);
sjjt1.addEventListener(TimerEvent.TIMER,sj1hs);
shuomingyuanjian_mc.addEventListener(MouseEvent.CLICK,shuomingyuanjianzo
uhs)
function shuomingyuanjianzouhs(MouseEvent) {
    shuomingyuanjian_mc.x=-900
sjjt1.start();
}
function sj1hs(TimerEvent) {
    sijian1--;
    jisi1_txt.text="剩余时间"+sijian1+"秒";


}
var danzifen1:Number=100;
var zhongfens:Number=0;
stage.addEventListener(Event.ENTER_FRAME,jisib1jianths);
function jisib1jianths(Event) {
    if (sijian1==0) {
        danzifen1=0;
        fz1_mc.gotoAndStop(2);
        fz2_mc.gotoAndStop(2);
        fz3_mc.gotoAndStop(2);
        fz4_mc.gotoAndStop(2);
        fz5_mc.gotoAndStop(2);
        fz6_mc.gotoAndStop(2);
        fz7_mc.gotoAndStop(2);
        fz8_mc.gotoAndStop(2);
        fz9_mc.gotoAndStop(2);
        zhongfens=zhongfens+danzifen1;
        danzhdefen_txt.text=""+danzifen1;
        zongdefen_txt.text=""+zhongfens;
    }
}
fz1_mc.addEventListener(MouseEvent.CLICK,fanzhuanhs1);
fz2_mc.addEventListener(MouseEvent.CLICK,fanzhuanhs2);
fz3_mc.addEventListener(MouseEvent.CLICK,fanzhuanhs3);
fz4_mc.addEventListener(MouseEvent.CLICK,fanzhuanhs4);
```

```
fz5_mc.addEventListener(MouseEvent.CLICK,fanzhuanhs5);
fz6_mc.addEventListener(MouseEvent.CLICK,fanzhuanhs6);
fz7_mc.addEventListener(MouseEvent.CLICK,fanzhuanhs7);
fz8_mc.addEventListener(MouseEvent.CLICK,fanzhuanhs8);
fz9_mc.addEventListener(MouseEvent.CLICK,fanzhuanhs9);
function fanzhuanhs1(MouseEvent) {
    if (fz1_mc.currentFrame==1) {
        fz1_mc.gotoAndStop(2);
        danzifen1=danzifen1-10;
        danzhdefen_txt.text=""+danzifen1;
    }
}
function fanzhuanhs2(MouseEvent) {
    if (fz2_mc.currentFrame==1) {
        fz2_mc.gotoAndStop(2);
        danzifen1=danzifen1-10;
        danzhdefen_txt.text=""+danzifen1;
    }
}
function fanzhuanhs3(MouseEvent) {
    if (fz3_mc.currentFrame==1) {
        fz3_mc.gotoAndStop(2);
        danzifen1=danzifen1-10;
        danzhdefen_txt.text=""+danzifen1;
    }
}
function fanzhuanhs4(MouseEvent) {
    if (fz4_mc.currentFrame==1) {
        fz4_mc.gotoAndStop(2);
        danzifen1=danzifen1-10;
        danzhdefen_txt.text=""+danzifen1;
    }
}
function fanzhuanhs5(MouseEvent) {
    if (fz5_mc.currentFrame==1) {
        fz5_mc.gotoAndStop(2);
        danzifen1=danzifen1-10;
        danzhdefen_txt.text=""+danzifen1;
    }
}
function fanzhuanhs6(MouseEvent) {
```

```
        if (fz6_mc.currentFrame==1) {
            fz6_mc.gotoAndStop(2);
            danzifen1=danzifen1-10;
            danzhdefen_txt.text=""+danzifen1;
        }
    }
    function fanzhuanhs7(MouseEvent) {
        if (fz7_mc.currentFrame==1) {
            fz7_mc.gotoAndStop(2);
            danzifen1=danzifen1-10;
            danzhdefen_txt.text=""+danzifen1;
        }
    }
    function fanzhuanhs8(MouseEvent) {
        if (fz8_mc.currentFrame==1) {
            fz8_mc.gotoAndStop(2);
            danzifen1=danzifen1-10;
            danzhdefen_txt.text=""+danzifen1;
        }
    }
    function fanzhuanhs9(MouseEvent) {
        if (fz9_mc.currentFrame==1) {
            fz9_mc.gotoAndStop(2);
            danzifen1=danzifen1-10;
            danzhdefen_txt.text=""+danzifen1;
        }
    }
    var genzaidian:Number=0;
    gen_mc.addEventListener(MouseEvent.CLICK,genzixuanhs);
    function genzixuanhs(MouseEvent) {
        if (this.currentFrame==1&&genzaidian==0) {
            fz1_mc.gotoAndStop(2);
            fz2_mc.gotoAndStop(2);
            fz3_mc.gotoAndStop(2);
            fz4_mc.gotoAndStop(2);
            fz5_mc.gotoAndStop(2);
            fz6_mc.gotoAndStop(2);
            fz7_mc.gotoAndStop(2);
            fz8_mc.gotoAndStop(2);
            fz9_mc.gotoAndStop(2);
            genzaidian=1;
```

```
            zhongfens=zhongfens+danzifen1;
            zongdefen_txt.text=""+zhongfens;
        } else {
            fz1_mc.gotoAndStop(2);
            fz2_mc.gotoAndStop(2);
            fz3_mc.gotoAndStop(2);
            fz4_mc.gotoAndStop(2);
            fz5_mc.gotoAndStop(2);
            fz6_mc.gotoAndStop(2);
            fz7_mc.gotoAndStop(2);
            fz8_mc.gotoAndStop(2);
            fz9_mc.gotoAndStop(2);
            danzifen1=0;
            danzhdefen_txt.text=""+0;
            zhongfens=zhongfens+danzifen1;
            zongdefen_txt.text=""+zhongfens;
        }
}
var junzaidian:Number=0;
jun_mc.addEventListener(MouseEvent.CLICK,genzixuanhs2);
function genzixuanhs2(MouseEvent) {
    if (this.currentFrame==2&&junzaidian==0) {
        fz1_mc.gotoAndStop(2);
        fz2_mc.gotoAndStop(2);
        fz3_mc.gotoAndStop(2);
        fz4_mc.gotoAndStop(2);
        fz5_mc.gotoAndStop(2);
        fz6_mc.gotoAndStop(2);
        fz7_mc.gotoAndStop(2);
        fz8_mc.gotoAndStop(2);
        fz9_mc.gotoAndStop(2);
        junzaidian=1;
        zhongfens=zhongfens+danzifen1;
        zongdefen_txt.text=""+zhongfens;
    } else {
        fz1_mc.gotoAndStop(2);
        fz2_mc.gotoAndStop(2);
        fz3_mc.gotoAndStop(2);
        fz4_mc.gotoAndStop(2);
        fz5_mc.gotoAndStop(2);
        fz6_mc.gotoAndStop(2);
```

```
            fz7_mc.gotoAndStop(2);
            fz8_mc.gotoAndStop(2);
            fz9_mc.gotoAndStop(2);
            danzifen1=0;
            danzhdefen_txt.text=""+0;
            zhongfens=zhongfens+danzifen1;
            zongdefen_txt.text=""+zhongfens;
        }
    }
var dizaidian:Number=0;
di_mc.addEventListener(MouseEvent.CLICK,genzixuanhs3);
function genzixuanhs3(MouseEvent) {
    if (this.currentFrame==3&&dizaidian==0) {
        fz1_mc.gotoAndStop(2);
        fz2_mc.gotoAndStop(2);
        fz3_mc.gotoAndStop(2);
        fz4_mc.gotoAndStop(2);
        fz5_mc.gotoAndStop(2);
        fz6_mc.gotoAndStop(2);
        fz7_mc.gotoAndStop(2);
        fz8_mc.gotoAndStop(2);
        fz9_mc.gotoAndStop(2);
        dizaidian=1;
        zhongfens=zhongfens+danzifen1;
        zongdefen_txt.text=""+zhongfens;
    } else {
        fz1_mc.gotoAndStop(2);
        fz2_mc.gotoAndStop(2);
        fz3_mc.gotoAndStop(2);
        fz4_mc.gotoAndStop(2);
        fz5_mc.gotoAndStop(2);
        fz6_mc.gotoAndStop(2);
        fz7_mc.gotoAndStop(2);
        fz8_mc.gotoAndStop(2);
        fz9_mc.gotoAndStop(2);
        danzifen1=0;
        danzhdefen_txt.text=""+0;
        zhongfens=zhongfens+danzifen1;
        zongdefen_txt.text=""+zhongfens;
    }
}
```

```
var saozaidian:Number=0;
sao_mc.addEventListener(MouseEvent.CLICK,genzixuanhs4);
function genzixuanhs4(MouseEvent) {
    if (this.currentFrame==4&&saozaidian==0) {
        fz1_mc.gotoAndStop(2);
        fz2_mc.gotoAndStop(2);
        fz3_mc.gotoAndStop(2);
        fz4_mc.gotoAndStop(2);
        fz5_mc.gotoAndStop(2);
        fz6_mc.gotoAndStop(2);
        fz7_mc.gotoAndStop(2);
        fz8_mc.gotoAndStop(2);
        fz9_mc.gotoAndStop(2);
        saozaidian=1;
        zhongfens=zhongfens+danzifen1;
        zongdefen_txt.text=""+zhongfens;
    } else {
        fz1_mc.gotoAndStop(2);
        fz2_mc.gotoAndStop(2);
        fz3_mc.gotoAndStop(2);
        fz4_mc.gotoAndStop(2);
        fz5_mc.gotoAndStop(2);
        fz6_mc.gotoAndStop(2);
        fz7_mc.gotoAndStop(2);
        fz8_mc.gotoAndStop(2);
        fz9_mc.gotoAndStop(2);
        danzifen1=0;
        danzhdefen_txt.text=""+0;
        zhongfens=zhongfens+danzifen1;
        zongdefen_txt.text=""+zhongfens;
    }
}
var bangzaidian:Number=0;
bang_mc.addEventListener(MouseEvent.CLICK,genzixuanhs5);
function genzixuanhs5(MouseEvent) {
    if (this.currentFrame==5&&bangzaidian==0) {
        fz1_mc.gotoAndStop(2);
        fz2_mc.gotoAndStop(2);
        fz3_mc.gotoAndStop(2);
        fz4_mc.gotoAndStop(2);
        fz5_mc.gotoAndStop(2);
```

```
            fz6_mc.gotoAndStop(2);
            fz7_mc.gotoAndStop(2);
            fz8_mc.gotoAndStop(2);
            fz9_mc.gotoAndStop(2);
            bangzaidian=1;
            zhongfens=zhongfens+danzifen1;
            zongdefen_txt.text=""+zhongfens;
        } else {
            fz1_mc.gotoAndStop(2);
            fz2_mc.gotoAndStop(2);
            fz3_mc.gotoAndStop(2);
            fz4_mc.gotoAndStop(2);
            fz5_mc.gotoAndStop(2);
            fz6_mc.gotoAndStop(2);
            fz7_mc.gotoAndStop(2);
            fz8_mc.gotoAndStop(2);
            fz9_mc.gotoAndStop(2);
            danzifen1=0;
            danzhdefen_txt.text=""+0;
            zhongfens=zhongfens+danzifen1;
            zongdefen_txt.text=""+zhongfens;
        }
    }
var yuanzaidian:Number=0;
yuan_mc.addEventListener(MouseEvent.CLICK,genzixuanhs6);
function genzixuanhs6(MouseEvent) {
    if (this.currentFrame==6&&yuanzaidian==0) {
        fz1_mc.gotoAndStop(2);
        fz2_mc.gotoAndStop(2);
        fz3_mc.gotoAndStop(2);
        fz4_mc.gotoAndStop(2);
        fz5_mc.gotoAndStop(2);
        fz6_mc.gotoAndStop(2);
        fz7_mc.gotoAndStop(2);
        fz8_mc.gotoAndStop(2);
        fz9_mc.gotoAndStop(2);
        zhongfens=zhongfens+danzifen1;
        zongdefen_txt.text=""+zhongfens;
        yuanzaidian=1;
    } else {
        fz1_mc.gotoAndStop(2);
```

```
        fz2_mc.gotoAndStop(2);
        fz3_mc.gotoAndStop(2);
        fz4_mc.gotoAndStop(2);
        fz5_mc.gotoAndStop(2);
        fz6_mc.gotoAndStop(2);
        fz7_mc.gotoAndStop(2);
        fz8_mc.gotoAndStop(2);
        fz9_mc.gotoAndStop(2);
        danzifen1=0;
        danzhdefen_txt.text=""+0;
        zhongfens=zhongfens+danzifen1;
        zongdefen_txt.text=""+zhongfens;


    }
}
var zhuzaidian:Number=0;
zhu_mc.addEventListener(MouseEvent.CLICK,genzixuanhs7);
function genzixuanhs7(MouseEvent) {
    if (this.currentFrame==7&&zhuzaidian==0) {
        fz1_mc.gotoAndStop(2);
        fz2_mc.gotoAndStop(2);
        fz3_mc.gotoAndStop(2);
        fz4_mc.gotoAndStop(2);
        fz5_mc.gotoAndStop(2);
        fz6_mc.gotoAndStop(2);
        fz7_mc.gotoAndStop(2);
        fz8_mc.gotoAndStop(2);
        fz9_mc.gotoAndStop(2);
        zhuzaidian=1;
        zhongfens=zhongfens+danzifen1;
        zongdefen_txt.text=""+zhongfens;
    } else {
        fz1_mc.gotoAndStop(2);
        fz2_mc.gotoAndStop(2);
        fz3_mc.gotoAndStop(2);
        fz4_mc.gotoAndStop(2);
        fz5_mc.gotoAndStop(2);
        fz6_mc.gotoAndStop(2);
        fz7_mc.gotoAndStop(2);
        fz8_mc.gotoAndStop(2);
        fz9_mc.gotoAndStop(2);
```

```
            danzifen1=0;
            danzhdefen_txt.text=""+0;
            zhongfens=zhongfens+danzifen1;
            zongdefen_txt.text=""+zhongfens;
        }
}
var xiaozaidian:Number=0;
xiao_mc.addEventListener(MouseEvent.CLICK,genzixuanhs8);
function genzixuanhs8(MouseEvent) {
    if (this.currentFrame==8&&xiaozaidian==0) {
        fz1_mc.gotoAndStop(2);
        fz2_mc.gotoAndStop(2);
        fz3_mc.gotoAndStop(2);
        fz4_mc.gotoAndStop(2);
        fz5_mc.gotoAndStop(2);
        fz6_mc.gotoAndStop(2);
        fz7_mc.gotoAndStop(2);
        fz8_mc.gotoAndStop(2);
        fz9_mc.gotoAndStop(2);
        xiaozaidian=1;
        zhongfens=zhongfens+danzifen1;
        zongdefen_txt.text=""+zhongfens;
    } else {
        fz1_mc.gotoAndStop(2);
        fz2_mc.gotoAndStop(2);
        fz3_mc.gotoAndStop(2);
        fz4_mc.gotoAndStop(2);
        fz5_mc.gotoAndStop(2);
        fz6_mc.gotoAndStop(2);
        fz7_mc.gotoAndStop(2);
        fz8_mc.gotoAndStop(2);
        fz9_mc.gotoAndStop(2);
        danzifen1=0;
        danzhdefen_txt.text=""+0;
        zhongfens=zhongfens+danzifen1;
        zongdefen_txt.text=""+zhongfens;
    }
}
var zhuangzaidian:Number=0;
zhuang_mc.addEventListener(MouseEvent.CLICK,genzixuanhs9);
function genzixuanhs9(MouseEvent) {
```

```
      if (this.currentFrame==9&&zhuangzaidian==0) {
          fz1_mc.gotoAndStop(2);
          fz2_mc.gotoAndStop(2);
          fz3_mc.gotoAndStop(2);
          fz4_mc.gotoAndStop(2);
          fz5_mc.gotoAndStop(2);
          fz6_mc.gotoAndStop(2);
          fz7_mc.gotoAndStop(2);
          fz8_mc.gotoAndStop(2);
          fz9_mc.gotoAndStop(2);
          zhuangzaidian=1;
          zhongfens=zhongfens+danzifen1;
          zongdefen_txt.text=""+zhongfens;
      } else {
          fz1_mc.gotoAndStop(2);
          fz2_mc.gotoAndStop(2);
          fz3_mc.gotoAndStop(2);
          fz4_mc.gotoAndStop(2);
          fz5_mc.gotoAndStop(2);
          fz6_mc.gotoAndStop(2);
          fz7_mc.gotoAndStop(2);
          fz8_mc.gotoAndStop(2);
          fz9_mc.gotoAndStop(2);
          danzifen1=0;
          danzhdefen_txt.text=""+0;
          zhongfens=zhongfens+danzifen1;
          zongdefen_txt.text=""+zhongfens;
      }
}
var miezaidian:Number=0;
mie_mc.addEventListener(MouseEvent.CLICK,genzixuanhs10);
function genzixuanhs10(MouseEvent) {
    if (this.currentFrame==10&&miezaidian==0) {
        fz1_mc.gotoAndStop(2);
        fz2_mc.gotoAndStop(2);
        fz3_mc.gotoAndStop(2);
        fz4_mc.gotoAndStop(2);
        fz5_mc.gotoAndStop(2);
        fz6_mc.gotoAndStop(2);
        fz7_mc.gotoAndStop(2);
        fz8_mc.gotoAndStop(2);
```

```
            fz9_mc.gotoAndStop(2);
            miezaidian=1;
            zhongfens=zhongfens+danzifen1;
            zongdefen_txt.text=""+zhongfens;
        } else {
            fz1_mc.gotoAndStop(2);
            fz2_mc.gotoAndStop(2);
            fz3_mc.gotoAndStop(2);
            fz4_mc.gotoAndStop(2);
            fz5_mc.gotoAndStop(2);
            fz6_mc.gotoAndStop(2);
            fz7_mc.gotoAndStop(2);
            fz8_mc.gotoAndStop(2);
            fz9_mc.gotoAndStop(2);
            danzifen1=0;
            danzhdefen_txt.text=""+0;
            zhongfens=zhongfens+danzifen1;
            zongdefen_txt.text=""+zhongfens;
        }
    }
var daizaidian:Number=0;
dai_mc.addEventListener(MouseEvent.CLICK,genzixuanhs11);
function genzixuanhs11(MouseEvent) {
    if (this.currentFrame==11&&daizaidian==0) {
        fz1_mc.gotoAndStop(2);
        fz2_mc.gotoAndStop(2);
        fz3_mc.gotoAndStop(2);
        fz4_mc.gotoAndStop(2);
        fz5_mc.gotoAndStop(2);
        fz6_mc.gotoAndStop(2);
        fz7_mc.gotoAndStop(2);
        fz8_mc.gotoAndStop(2);
        fz9_mc.gotoAndStop(2);
        daizaidian=1;
        zhongfens=zhongfens+danzifen1;
        zongdefen_txt.text=""+zhongfens;
    } else {
        fz1_mc.gotoAndStop(2);
        fz2_mc.gotoAndStop(2);
        fz3_mc.gotoAndStop(2);
        fz4_mc.gotoAndStop(2);
```

```
            fz5_mc.gotoAndStop(2);

            fz6_mc.gotoAndStop(2);

            fz7_mc.gotoAndStop(2);

            fz8_mc.gotoAndStop(2);

            fz9_mc.gotoAndStop(2);

            danzifen1=0;

            danzhdefen_txt.text=""+0;

            zhongfens=zhongfens+danzifen1;

            zongdefen_txt.text=""+zhongfens;

        }

    }

var tuanzaidian:Number=0;

tuan_mc.addEventListener(MouseEvent.CLICK,genzixuanhs12);

function genzixuanhs12(MouseEvent) {

    if (this.currentFrame==12&&tuanzaidian==0) {

        fz1_mc.gotoAndStop(2);

        fz2_mc.gotoAndStop(2);

        fz3_mc.gotoAndStop(2);

        fz4_mc.gotoAndStop(2);

        fz5_mc.gotoAndStop(2);

        fz6_mc.gotoAndStop(2);

        fz7_mc.gotoAndStop(2);

        fz8_mc.gotoAndStop(2);

        fz9_mc.gotoAndStop(2);

        tuanzaidian=1;

        zhongfens=zhongfens+danzifen1;

        zongdefen_txt.text=""+zhongfens;

    } else {

        fz1_mc.gotoAndStop(2);

        fz2_mc.gotoAndStop(2);

        fz3_mc.gotoAndStop(2);

        fz4_mc.gotoAndStop(2);

        fz5_mc.gotoAndStop(2);

        fz6_mc.gotoAndStop(2);

        fz7_mc.gotoAndStop(2);

        fz8_mc.gotoAndStop(2);

        fz9_mc.gotoAndStop(2);

        danzifen1=0;

        danzhdefen_txt.text=""+0;

        zhongfens=zhongfens+danzifen1;

        zongdefen_txt.text=""+zhongfens;
```

```
        }
    }
var pozaidian:Number=0;
po_mc.addEventListener(MouseEvent.CLICK,genzixuanhs13);
function genzixuanhs13(MouseEvent) {
    if (this.currentFrame==13&&pozaidian==0) {
        fz1_mc.gotoAndStop(2);
        fz2_mc.gotoAndStop(2);
        fz3_mc.gotoAndStop(2);
        fz4_mc.gotoAndStop(2);
        fz5_mc.gotoAndStop(2);
        fz6_mc.gotoAndStop(2);
        fz7_mc.gotoAndStop(2);
        fz8_mc.gotoAndStop(2);
        fz9_mc.gotoAndStop(2);
        pozaidian=1;
        zhongfens=zhongfens+danzifen1;
        zongdefen_txt.text=""+zhongfens;
    } else {
        fz1_mc.gotoAndStop(2);
        fz2_mc.gotoAndStop(2);
        fz3_mc.gotoAndStop(2);
        fz4_mc.gotoAndStop(2);
        fz5_mc.gotoAndStop(2);
        fz6_mc.gotoAndStop(2);
        fz7_mc.gotoAndStop(2);
        fz8_mc.gotoAndStop(2);
        fz9_mc.gotoAndStop(2);
        danzifen1=0;
        danzhdefen_txt.text=""+0;
        zhongfens=zhongfens+danzifen1;
        zongdefen_txt.text=""+zhongfens;
    }
}
xiayitill_mc.addEventListener(MouseEvent.CLICK,xiayitillhs);
function xiayitillhs(MouseEvent) {
    this.gotoAndStop(2);
    fz1_mc.gotoAndStop(1);
    fz2_mc.gotoAndStop(1);
    fz3_mc.gotoAndStop(1);
    fz4_mc.gotoAndStop(1);
```

```
    fz5_mc.gotoAndStop(1);
    fz6_mc.gotoAndStop(1);
    fz7_mc.gotoAndStop(1);
    fz8_mc.gotoAndStop(1);
    fz9_mc.gotoAndStop(1);
    danzifen1=100;
    sijian1=50;
}
```

参 考 文 献

1. 缪亮. 多媒体课件与课程整合典型案例：高中生物[M]. 北京：人民邮电出版社，2005

2. 乔立梅. 现代教育技术与小学英语教学[M]. 北京：高等教育出版社，2009

3. 王晞. 课堂教学技能[M]. 福州：福建教育出版社，2008

4. 缪亮，肖祝生，陈学宏. 多媒体课件与课程整合典型案例. 高中物理[M]. 北京：人民邮电出版社，2005

5. 李兆君. 现代教育技术[M]. 北京：高等教育出版社，2007

6. 刘毓敏，梁斌. 教育信息资源开发与利用[M]. 北京：国防工业出版社，2007

7. 马永涛. 课件开发方法与开发过程控制[M]. 昆明：云南大学出版社，2007

8. 张小真. 多媒体与网络课件：设计原理·制作技术(第 3 版)[M]. 重庆：西南师范大学出版社，2009

9. 梁斌. 网络教育软件设计与开发[M]. 北京：国防工业出版社，2006

10. 夏亚. 多媒体课件设计与制作[M]. 杭州：浙江大学出版社，2005

11. [美]Sharon E. Smaldino. 教学技术与媒体：Eighth edition[M]. 北京：高等教育出版社，2005

12. 黄堂红，李志河. 多媒体课件制作技术[M]. 北京：清华大学出版社，2005

13. 钱冬明，蔡新. 网络课件设计师：国家职业资格二级[M]. 北京：中国劳动社会保障出版社，2008

14. 张慕灵. 浅谈多媒体素材管理库的开发[J]. 中等职业教育，2008(10)

15. 彭绪富，邹友宽. 面向对象多媒体素材管理系统设计[J]. 湖北师范学院学报(自然科学版)，2003(04)

16. 吴芳. 关于创建基于 Intranet 的多媒体素材管理系统的探讨[J]. 科技信息(学术研究)，2008(24)

17. 郑频捷. 多媒体素材的获取及多媒体数据库管理[J]. 福建电脑，2007(10)

18. 高艳萍.《网页学城》专题学习网站管理系统的设计[D]. 华中师范大学硕士论文，2004(07)

19. 蒋玲. 专题学习网站管理系统的设计与实现[D]. 华中师范大学硕士论文，2004(07)

20. 王馨，常涓. 现代教育技术与小学语文教学. 北京：高等教育出版社 2009

21. 李文. 现代教育技术技能实训. 长春：东北师范大学出版社 2009

22. 范翠丽. 会声会影视频制作入门[J]. 影视制作，2009(08)

23. 安宝生. 教育信息技术的掌握与运用. 北京：中国和平出版社 2001

24. 张建新. 中学化学实验教学反思[J]. 中学化学教学参考，2003(1-2)

25. 梁斌. 多媒体网络课件交互性设计[J]. 电化教育研究，2002(05)

26. 张恩宜，童艳荣. 网络课程开发的综合性思考[J]. 电化教育研究，2002(09)

27. 纪永毅，黄建军. 网络课程设计与开发的实践探索[J]. 电化教育研究，2004(05)

28. 许红梅. 多媒体作品的创作与开发[J]. 南宁职业技术学院学报，2006(01)

29. 肖月宁. 基于网络的"多媒体课件原理与制作"课程设计[D]. 曲阜师范大学，2004(08)

30. 华建新. 网络教育语境下自主学习模式设计[J]. 中国远程教育，2002(02)

31. 唐剑岚，胡建兵. 自主学习模式下的网络环境设计[J]. 现代教育技术，2003(06)

32. 门鹏. 基于三种模式的多功能网络教学平台的设计与实现[D]. 第四军医大学，2005(07)

33. 李红美. 远程教育环境下培养学生自主学习能力的研究[D]. 南京师范大学，2004(10)

34. 王英玫. 基于网络的自主学习模式在高职物理教学中的应用[D]. 山东师范大学，2006(08)

35. 王冀. 网络环境下自主学习的理论与实践[D]. 山东师范大学，2007(01)

清源 QING CHI WEN YUAN

读者回执卡

欢迎您立即填妥寄回函

您好！感谢您购买本书，请您抽出宝贵的时间填写这份回执卡，并将此页剪下寄回我公司读者服务部。
门会在以后的工作中充分考虑您的意见和建议，并将您的信息加入公司的客户档案中，以便向您提供全
的一体化服务。您享有的权益：

免费获得我公司的新书资料；　　　　　　　★ 免费参加我公司组织的技术交流会及讲座；
寻求解答阅读中遇到的问题；　　　　　　　★ 可参加不定期的促销活动，免费获取赠品；

读者基本资料

姓　　名＿＿＿＿＿＿＿＿＿＿性　别□男　　□女　年　龄＿＿＿＿＿＿＿＿
电　话＿＿＿＿＿＿＿＿＿＿职　业＿＿＿＿＿文化程度＿＿＿＿＿＿＿
E-mail＿＿＿＿＿＿＿＿＿邮　编＿＿＿＿＿＿＿
通讯地址＿＿＿＿＿＿＿＿＿＿＿＿＿＿＿＿＿＿＿＿＿＿

您认可处打√（6至10题可多选）

您购买的图书名称是什么：＿＿＿＿＿＿＿＿＿＿＿＿＿＿＿＿＿＿
您在何处购买的此书：＿＿＿＿＿＿＿＿＿＿＿＿＿＿＿＿＿＿

您对电脑的掌握程度：	□不懂	□基本掌握	□熟练应用	□精通某一领域
您学习此书的主要目的是：	□工作需要	□个人爱好	□获得证书	
您希望通过学习达到何种程度：	□基本掌握	□熟练应用	□专业水平	
您想学习的其他电脑知识有：	□电脑入门	□操作系统	□办公软件	□多媒体设计
	□编程知识	□图像设计	□网页设计	□互联网知识
影响您购买图书的因素：	□书名	□作者	□出版机构	□印刷、装帧质量
	□内容简介	□网络宣传	□图书定价	□书店宣传
	□封面、插图及版式	□知名作家（学者）的推荐或书评		□其他
您比较喜欢哪些形式的学习方式：	□看图书	□上网学习	□用教学光盘	□参加培训班
您可以接受的图书的价格是：	□ 20 元以内	□ 30 元以内	□ 50 元以内	□ 100 元以内
您从何处获知本公司产品信息：	□报纸、杂志	□广播、电视	□同事或朋友推荐	□网站
您对本书的满意度：	□很满意	□较满意	□一般	□不满意

您对我们的建议：＿＿＿＿＿＿＿＿＿＿＿＿＿＿＿＿＿＿＿＿＿＿

| 1 | 0 | 0 | 0 | 8 | 4 |

贴　邮
票　处

北京100084—157信箱

读者服务部　　　　　　　收

邮政编码：□□□□□□

技术支持与资源下载：http://www.tup.com.cn　http://www.wenyuan.com.cn

读 者 服 务 邮 箱：service@wenyuan.com.cn

邮　购　电　话：(010)62791865　(010)62791863　(010)62792097-220

组　稿　编　辑：孙兴芳

投　稿　电　话：(010)62788562-311　13810495417

投　稿　邮　箱：yuyu_fang@163.com